长毛兔
养殖技术

◎ 吕见涛　主编

中国农业科学技术出版社

图书在版编目(CIP)数据

长毛兔养殖技术 / 吕见涛主编. -- 北京 : 中国农业科学技术出版社，2018.5

ISBN 978-7-5116-3655-3

Ⅰ. ①长… Ⅱ. ①吕… Ⅲ. ①毛用型-兔-饲养管理 Ⅳ. ①S829.1

中国版本图书馆 CIP 数据核字(2018)第 075839 号

责任编辑 闫庆健
文字加工 李功伟
责任校对 马广洋
出 版 者 中国农业科学技术出版社
北京市中关村南大街 12 号 邮编:100081
电 话 (010)82106632(编辑部) (010)82109702(发行部)
(010)82109709(读者服务部)
传 真 (010)82106625
网 址 http://www.castp.cn
经 销 者 各地新华书店
印 刷 者 北京富泰印刷有限责任公司
开 本 889mm×1194mm 1/32
印 张 9.75 彩插 12 页
字 数 268 千字
版 次 2018 年 5 月第 1 版 2018 年 5 月第 1 次印刷
定 价 45.00 元

作者简介

吕见涛　浙江省新昌县畜牧兽医所高级兽医师，浙江省畜牧兽医学会理事，从事畜牧兽医一线工作37年，主持新昌县畜牧兽医局（新昌县畜牧兽医站、新昌县畜牧兽医总站、新昌县畜牧管理中心）工作24年。曾荣获中共浙江省委省政府授予的浙江省防治高致病性禽流感三等功，浙江省人民政府授予的浙江省农业科技成果转化推广奖，浙江省畜牧业转型升级先进个人，浙江省防治动物疫病指挥部授予的全省动物防疫先进工作者，浙江省农业厅授予的全省农技人员联基地联大户先进工作者，绍兴市委市政府授予的第六、第七、第八批专业技术拔尖人才（学术技术带头人）等荣誉称号。参编出版专业著作4部。在各级刊物上发表论文30多篇。主持完成省、市、县科研项目11项，为主要完成人参与科研项目7项。主持或为主要完成人的科研项目获全国农牧渔业丰收奖二等奖、浙江省农业丰收奖三等奖、绍兴市科学技术进步奖一等奖、二等奖等奖项7次。

《长毛兔养殖技术》编委会

主　　编　吕见涛

副 主 编　任　丽　施杏芬　李苗德

编写人员　吕见涛　任　丽　施杏芬

　　　　　李苗德　杨玉澜　石学良

　　　　　吕　濛　王晓明　韩扬云

审　　稿　陶岳荣

序

长毛兔属食草类经济动物，其毛具有长、松、软、白、净、美等特点，为高档天然毛纺原料之一，且粗纺精纺皆宜。兔毛制品具有蓬松、轻软、美观、通透性好、吸湿性强、保温性好等优点，深受消费者青睐。农作物秸秆、野草、野菜、树叶、农副产品及各种牧草等都可作为长毛兔的饲料。我国人多地少，特别是在当今人均占有耕地面积缩小、饲料用粮紧缺的情况下，发展以食草为主的长毛兔生产，是畜牧业结构调整的重要方向之一，也是推动农村经济发展，促进农业增效、农民增收的重要途径。

浙江新昌的长毛兔培育与发展工作和产业扶持政策，以及长毛兔的优良品质，在国内业界有较大的影响力和较高的知名度，而且受到世界家兔协会以及日本、德国、意大利等国际专家、学者的高度关注和肯定。在新昌已多次举办全国科学养兔、全国兔业研讨等全国性专业会议，新昌被确定为全国长毛兔生产社会化服务体系建设示范县。新昌县畜牧兽医系统科技工作者，承担了国家、省、市有关部门下达的长毛兔科研项目 30 多项，获国家、省、市、县科技进步奖 19 项。新昌县向全国 20 多个省市累计供应良种兔近 200 万只，为 23 个省市提供技术辅导员等近 500 名，为推动全国长毛兔产业的发展作出了积极贡献。

本书主编吕见涛高级兽医师在“国内有影响力的长毛兔之乡”——浙江省新昌县畜牧兽医系统从事技术工作近37年，凭借其丰富的实践经验和理论基础，结合当前实际，融入相关研究成果，编写完成了《长毛兔养殖技术》书稿。全书分十一章共26.8万字，从宏观发展概况到微观环境选址、饲养管理、疾病防治等，内容丰富，技术新颖，层次清楚，结构合理，通俗易懂，实用性强，贴近长毛兔养殖生产实际。本书不仅可以作为畜牧兽医及相关专业教学，也可以作为养殖场长毛兔养殖技术自学用书。

浙江大学求是特聘教授

博士生导师

2018年2月

前　言

兔毛具有长、松、软、白、净、美等特点，为高档天然毛纺原料之一，其制品也因此具有蓬松、轻软、美观、通透性好、吸湿性强、保温性好等优点，深受消费者青睐。

浙江省新昌是“国内有影响力的长毛兔之乡”，新昌以其长毛兔培育发展工作和产业扶持政策，以及长毛兔的优良品质，在国内业界有较大影响力和较高知名度，而且受到世界家兔协会以及日本、德国、意大利等国专家学者的高度关注和肯定。在新昌多次举办了科学养兔会议、兔业研讨等全国性专业会议。新昌县的有关科技工作者，承担了国家、省、市有关部门下达的长毛兔科研项目 30 多项，获国家、省、市、县科技进步奖 19 项；位于浙东的新昌县向全国 20 多个省市累计供应良种兔近 200 万只，为 23 省市提供技术辅导员等技术人员 500 名，对推动全国长毛兔产业发展作出了积极贡献。

本书主编长期在新昌畜牧兽医系统从事技术工作，已 37 年，是新昌长毛兔产业从发展到辉煌的经历者和见证者。为转化成果，传承经验，推广技术，特编写此书，努力为长毛兔饲养技术水平整体提升，提供有益借鉴，为进一步推动长毛兔产业发展尽绵薄之力。

本书的编写出版，还有抛砖引玉之意。不积跬步，无以至千里；不积小流，无以成江海。特别是在浮躁喧哗、物质至上的当今社会，更需要广大科技人员不忘初心，孜孜不倦，敢于试验的进取精神；几十年如一日，锲而不舍，精益求精的工匠精神。要一步一步不懈探索，一点一滴积累成果，不断丰富基础理论，持续提升操作水平，来推进我国长毛兔养殖技术的整体提升，赶超世界先进水平。促进我国长毛兔产业的迅速发展壮大，为兔农增收致富多作贡献。

在本书编写过程中，得到了众多领导、专家及同行大力支持和尽心帮助。浙江省畜牧技术推广总站推广研究员何世山站长多次给予精心指导和莫大鼓励；浙江省畜牧兽医局动物疫病防治处推广研究员陆国林处长为本书提供了技术资料，并给予大力支持；浙江大学陶岳荣教授谆谆教导，并为本书审稿修改；浙江大学动物科学学院原院长、浙江大学求是特聘教授刘建新博士悉心辅导书稿的编写并作序；全国先进工作者、国家兔产业联盟专家组成员高柏绿高级畜牧师提供了诸多宝贵建议；新昌县长毛兔研究所所长刘晓亮高级兽医师提供了大量技术资料。同时，还得到了新昌县农林局领导、同事们的关心帮助和大力支持。在此，一并表示诚挚感谢！

由于编撰水平有限，错漏在所难免，敬请专家、学者与广大读者批评指正。

吕见涛

2018年3月

目 录

第一章　长毛兔的起源与发展

长毛兔属食草类经济动物，长毛兔的主要经济价值是它的兔毛。长毛兔的毛具有长、松、软、白、净、美等特点，为高档天然毛纺原料之一，且粗纺、精纺皆宜。兔毛制品具有蓬松、轻软、美观、通透性好、吸湿性强、保温性好等优点，深受消费者青睐。

饲养长毛兔所需的饲料，来源广泛，农作物秸秆、野草、野菜、树叶、农副产品及各种牧草等，都是长毛兔的主要饲料来源。

我国是人多地少的国家，特别是在当今人均占有耕地面积缩小，饲料用粮紧缺的情况下，发展以食草为主的长毛兔生产，符合我国国情和农业结构调整的方向，是推动农业经济发展，促进农业增效，农民增收的良好途径。

第一节　长毛兔的起源

长毛兔即通常称的安哥拉兔。关于长毛兔的起源，至今说法不一，一般认为安哥拉兔起源于小亚细亚一带，名字来自安哥拉城，即现在的土耳其首都安卡拉。也有人认为安哥拉兔最早发现于英国，于18世纪30年代由海员带出国，再传到世界各地。长毛兔是我国民众对毛用兔的俗称，世界上统称为“安哥拉兔”。最初出现的安哥拉兔体型较小，产毛量较低，但其毛绒奇特美观，毛白眼红，非常讨人喜欢，因而仅作玩赏之用。

安哥拉兔从18世纪开始，先传入法、美、德、日等国。随着毛纺工业的不断发展， 逐渐开始利用兔毛纺织高档毛织品，从而使长毛兔养殖业得到了迅速的推广和发展。

安哥拉兔被其他国家引进后，由于社会经济条件和育种手段不同，于是形成了各具特色的种群，比较著名的有英系、法系、德系、日系安哥拉兔，毛色有白色、黑色、蓝色、灰色、巧克力色和青紫蓝色等，尤以白色最为普遍。目前饲养长毛兔数量较多的国家有中国、法国、德国、日本、美国、英国、捷克和斯洛伐克等。

第二节 长毛兔的发展

一、国外发展概况

（一）生产现状

国外饲养长毛兔始于18世纪中、后期，但真正成为一项产业，也只有100多年历史。早在20世纪40年代，白色安哥拉兔毛的年产量，法国曾达140余吨，英国达180余吨，日本210余吨，美国400余吨。但是随着工业经济的快速发展，劳动力紧缺和劳动力市场的转移，这些国家的兔毛产量逐渐下降。到了20世纪60年代，一些劳动力低廉的发展中国家，着手发展长毛兔生产，使安哥拉兔毛的年产量又有了一波大幅度的增长。

目前，世界兔毛年产量为1.2万吨左右。我国是白色安哥拉兔毛的主要生产国和出口国，年产毛量为10000吨左右，占世界兔毛生产量和贸易量的90%~95%；其次是智利，年产300~500吨；阿根廷300吨左右；捷克150吨左右；法国100吨左右；德国50吨左右； 安哥拉兔毛产毛国还有英国、美国、日本、西班牙、瑞士、比利时等国，但其产量较少。近年来，巴西、匈牙利、波兰和朝鲜等国，也在积极发展长毛兔生产。一般来说，今后的兔毛生产国主要是在发展中国家。

世界上兔毛需求量较大的国家和地区有欧洲、日本和我国香港。欧洲产地主要集中在意大利、德国、英国、法国、比利时和瑞士等国。近 10 多年来，意大利平均年进口兔毛 1000 吨左右，德国约500 吨。日本从 1965 年开始，已成为世界最大兔毛进口国之一，1976—1985 年间平均年进口兔毛 1700 余吨，目前已达 3000~3300 吨，其中从我国进口的占 90%左右。我国香港和澳门的毛纺工业十分发达，年出口兔、羊毛衫约占世界贸易量的 1/3，每年进口兔毛 400 吨左右，从日本进口兔毛纱 2000 吨左右。

安哥拉兔毛的贸易特点会出现周期性循环，一般是维持高价位时间短，低谷时间长。但现在随着兔毛纺织技术的跟进，以及全球经济形势的变化，贸易特点会随之改变，那么，周期性循环可能也会出现新的变数。但不管怎样变化，这种事实上存在的动荡不定的需求状况，严重影响着兔毛的持续增产和长毛兔产业的稳定发展。

（二）生产特点

目前，长毛兔饲养产业主要分布在比较发达的国家，而且其长毛兔生产特点明显。

1. 饲养现代化

在发展千家万户养兔业的同时，出现了较大规模的集约化现代化养兔场。采用兔舍封闭式、自动控温、自动控湿、自动喂料、自动饮水和自动清理粪便，不仅大幅度提高了劳动生产效率，而且不受季节影响，可以常年繁殖。德国赛芮斯毛用种兔场，饲养母兔 300 只，种公兔 50 只，每只母兔每年可配种 8 次以上，年繁殖仔兔 30 只左右，机械化自动化的应用，大大提升了长毛兔饲养产业的生产效率。

2. 品种良种化

近年来，国外对长毛兔的选育工作极为重视，进展很快。选育的重点主要考虑产毛量和兔毛品质，而不重视体型外貌，如德系安哥拉兔的产毛量已经达到非常高的水平，年均产毛量公兔已达 1190 克，母兔已达 1406 克，最高产毛量公兔已达 1720 克，母兔已达 2036 克。法国对安哥拉兔的选育工作着重于粗毛的含量及毛纤维的长度与强度，已培育出粗毛含量达 15%以上的粗毛型长毛兔。

3. 日粮标准化

随着集约化、现代化养兔业的兴起，饲料加工出现了工厂化生产和专业化经营，日粮配合标准化、饲料形状颗粒化的发展趋势日趋成熟。一些国家如美国、英国、德国和法国，均制定了家兔饲养标准，采用专用饲料配方。德国的赛芮斯种兔场和英国的喀米里公司养兔场等，均由饲料公司供应全价颗粒饲料。在美国，颗粒饲料按照哺乳期、妊娠期、断奶期、配种期各种需求而分别设制。减少了饲料浪费，提高了饲料利用率，从而提高了长毛兔饲养产业的经济效益。

二、国内发展概况

我国从 1924 年开始饲养长毛兔，但当时数量很少，发展缓慢，直到新中国成立后才加快了发展速度。据文献资料记载，1924 年我国首先从日本引进英系安哥拉兔，1926 年又从法国引入法系安哥拉兔，零星饲养在江浙一带的农村，并与当地的中国白兔进行了杂交。20 世纪 50 年代初期，随着兔毛外销渠道的打通，优毛优价政策的落实，提高了群众养兔和选择培育良种长毛兔的积极性。50 年代中期，在江浙一带，出现了耳毛、头毛、脚毛都很丰盛的毛用兔种，群众称之为“狮子头全耳毛老虎爪兔”，当时年产毛 300~350 克，定名为“中系安哥拉兔”。

为迅速提高我国长毛兔的产毛量，自 1978 年起，我国多次引进德系安哥拉兔，用以改良中系安哥拉兔。经过十几年的群选群育，取得非常显著的成效，在长毛兔主产区已基本实现了良种化。为了适应国际兔毛市场的要求，我国在 20 世纪 80 年代又引进了体型大、毛长、粗毛含量高的法系安哥拉兔。

几十年来，我国养兔业虽然出现过多次波动，但总的趋势还是呈螺旋式上升。特别是近 30 多年来，长毛兔生产发展迅速，饲养规模扩大，技术水平提高，种兔品质优良，可以说是取得了辉煌成就。但存在的问题和制约因素也不少，与德国等国相比较，还有一定差距。

（一）产量增长

我国从 20 世纪 60 年代开始生产总量增长迅速，尤其是 20 世纪 80 年代以来，发展迅猛。据统计，我国自 1954 年开始兔毛出口，首次出口安哥拉兔毛为 400 千克，占当时国际兔毛交易额的 0.3%左右。随着长毛兔生产的发展，我国年产兔毛超过 10000 吨，占世界兔毛总产量的 90%左右。每年出口兔毛 6000~10000 吨，占世界兔毛贸易量的 75%~90%。1994 年我国出口兔毛 10677 吨，创历史最高纪录。出口市场主要有日本市场占我国兔毛出口量的 30%左右，西欧市场占 60%左右，东南亚市场占 10%左右；我国出口口岸主要有山东、浙江、上海、江苏、河南和安徽。

浙江省新昌县的长毛兔发展情况是一个典型例子，足以说明问题。1955 年，新昌县的长毛兔年末存栏量只有 200 只左右，但经县政府的政策扶持和各项措施的落实，1985 年新昌县的长毛兔饲养量达 100 万只，存栏兔 82.26 万只，销售兔毛 232 吨，出售种兔 11.49 万只，养兔业总收入达 3567.22 万元。这就是当年该县长毛兔迅猛发展的真实写照。

据有关部门的估计，目前全国长毛兔的存栏数量为 6000 万~8000 万只。饲养长毛兔数量最多的省份依次为山东、河南、四川、重庆、安徽、浙江、江苏等省（市）。

（二）水平提高

几十年来我国长毛兔生产水平迅速提高。良种的引进试验、推广应用及科学技术的进步，起到了积极的推动作用，在养兔生产数量和生产规模发展的同时，我国长毛兔的生产水平也有了大幅度的提高，个体年产毛量已由最初的 150~200 克，提高到了目前的 1000~1200 克。一些长毛兔新品系或高产群体的产毛量已达到或超过世界先进水平，其中浙江镇海种兔场培育的巨高长毛兔，2000 年经国家家兔育种委员会测定，800 只母兔平均每只估测年产毛量达 1940 克，200 只公兔平均每只估测年产毛量 1715 克，创造了千只长毛兔群体产毛量的世界纪录。浙江省新昌县举办的第十一届赛兔会上，参赛长毛兔 64 只，年平均产毛量 1985.4 克，新昌县的俞千渭兔场，包揽了公母兔冠军，公兔年产毛量 2355 克，母兔年产毛量 3035 克，打破了此前由宁波市镇海区创造的世界纪录（2884 克）。

（三）规模扩大

我国饲养长毛兔初期，连续几十年一直以传统的家庭副业为主，“家养几只兔，不愁油盐醋”，“家养百只兔，由穷变成富”，就是当时我国广大农户饲养长毛兔的目的和状况。但是，随着社会经济的快速发展和改革开放的的不断深入，特别是 20 世纪 80 年代后期以来，长毛兔的生产方式有了较快转变，生产规模逐步扩大，长毛兔饲养业已从传统的家庭副业型变成了农业经济的重要部分，是发展农村经济的一个重要特色产业。浙江省嵊州、新昌、镇海、平阳等地都已出现了兔笼超万的规模养殖场，“小兔子，大产业”已成为业界的共识和有目共睹的事实。

（四）存在问题

我国的长毛兔产业虽然发展迅猛，在数量、规模、品种、技术等各方面取得了可喜成绩，但是在发展过程中并非一帆风顺，也暴露出诸多问题。为了长毛兔产业的更好发展，提高饲养经营者的经济效益，有必要在此梳理归纳一下。

1. 集约化现代化程度不高

我国的长毛兔养殖，虽然饲养数量和生产规模上得到了快速发展，长毛兔的生产技术水平也有了大幅度的提高，但总体上还是依赖传统的生产经营方式。大规模生产现代化管理，在日常生产中采用自动控温、控湿、喂料、饮水、清粪等现代化手段的兔场屈指可数，传统饲养方式比例过重，自动化机械化生产程度不高。

2. 需求市场价格起伏大

我国的兔毛生产由于受国际市场周期性经济危机、产品流行周期、国内兔毛纺织技术及经营等因素的影响，生产大起大落，持续期长，危害性大。浙江省新昌县长毛兔研究所刘晓亮所长根据 1993 年 1 月至 2016 年 10 月的兔毛价格走势，详细记录了兔毛市场需求价格的起伏变化。为了更为直观，笔者把数据进行统计分析，计算成年平均价格，绘制了这一时期的市场价格曲线图，见图1-1。

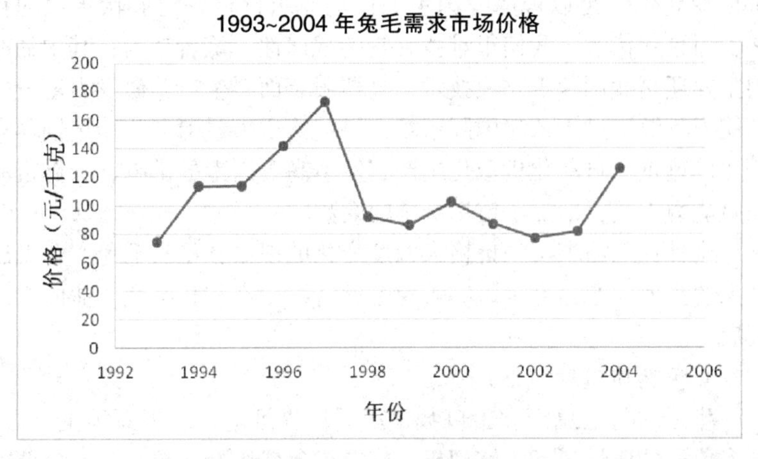

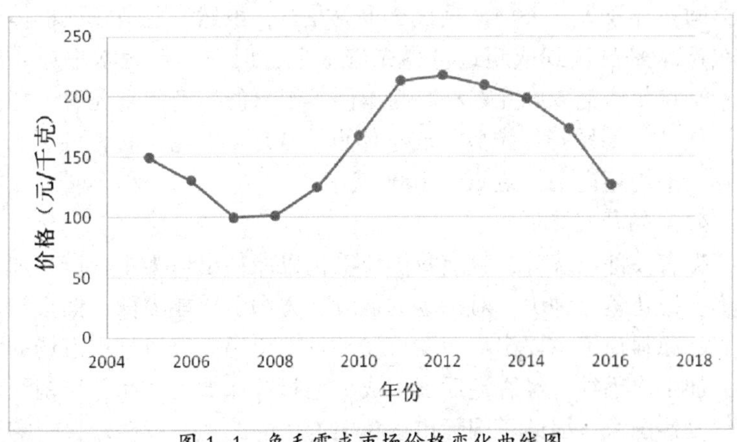

图 1-1　兔毛需求市场价格变化曲线图

从曲线图中可以看到，1993 年平均价为 75 元/千克，一路上扬，到 1997 年上涨到近 180 元/千克，但在随后的 6 年时间内一直在每千克 80 至 90 元低谷中徘徊，直到 2003 年年底才出现一个上涨波段，价格在每千克 130 至 150 元之间，维持时间为 3 年，2006

年又跌入低谷，2009 年 6 月才开始上扬，价格最高达 240 元/千克， 2014 年年底又开始下跌，至今价格仍然低迷。从这 20 多年的价格变化中，足以说明我国兔毛市场需求价格跌宕起伏现象的存在，而且起伏大，我们很难找到它的规律性。笔者认为，其中的原因主要还是我国兔毛纺织技术、高档服装面料生产等研发力度及生产能力不够，过于依赖国际市场，科技队伍力量薄弱，传统饲养方式比例过重，自动化机械化生产程度不高等因素的影响，抵御市场风险能力不足，增加了市场价格的变数。

这种兔毛需求市场价格大幅度变化的现象，是长毛兔产业发展壮大的主要问题，严重影响着兔毛的持续增产和长毛兔产业的稳定发展。

3. 兔群质量参差不齐

我国的兔毛总产和出口数量虽居世界第一位，但总体上来看，许多兔群的质量还是不够理想，或者说兔群质量参差不齐，兔群间个体间差异较大，平均体重仅 3 千克左右，虽然一些兔场或群体兔毛单产水平已达到或超过世界先进水平，但平均产毛水平还是较低，平均年产毛 600 克左右，与德国等国家的生产水平还有一定差距。优良的德系安哥拉兔，成年体重达 3.5~4 千克，高者可达 5.75 千克，平均年产毛量达 800~1000 克。

4. 产品开发滞后

据有关部门统计，目前我国兔毛仍以原料出口为主，产品加工跟不上，花色品种少，对市场的适应能力和引导能力低，销售渠道单一，原料兔毛主要出口西欧市场和日本市场。出口日本市场的兔毛，加工成毛纱。经香港后加工成兔毛衫等深加工产品，转销至西欧等发达国家。因此，国际市场兔毛价格的波动，就会直接影响到国内的长毛兔产业，一旦国际市场需求低下，就会直接导致兔毛价格下跌，挫伤长毛兔养殖场（户）的积极性，从而影响长毛兔产业的发展。

5. 地区发展不平衡

目前，我国长毛兔生产存在的另一个问题，就是地区发展不平衡。在饲养长毛兔数量最多的山东、河南、四川、重庆、安徽、浙江、江苏等地，现已初步形成产业化经营模式，区域特色逐步显现，一批具有较高组织化程度的兔业合作社和兔业龙头企业脱颖而出。但就全国而言，发展很不平衡，特别是山区农户仍以副业经营为主，饲养规模小，兔群质量差，产毛数量低，经济效益低下。

（五）制约因素

1. 用地因素

集约化现代化程度高的长毛兔养殖场，需要较为平缓的地块和良好的交通、电力、通信等公共资源条件。但我国人多地少，用地资源紧缺，随着工业经济的快速发展和工业园区的开发，可利用土地更加紧张，特别是交通、电力、通信、水资源等基础条件较好的地块更是稀少金贵，尤其是经济发达地区，问题更加突出。近年来，各地的用地政策和行业管理也逐步规范，用地审查也越来越严格，并相继出台了畜禽禁养区限养区规定。这是长毛兔产业发展的主要制约因素之一。

2. 环境因素

随着经济社会的发展，人们生活水平的提高，不再是只求吃饱穿暖的时代，人们追求生活品质，对经济发展了，环境污染了，吃好穿好了，疾病却多了的情况深恶痛绝，对环境要求也越来越高，对保护环境的意识也越来越强，从中央到地方各级政府对环境污染的整治力度也不断加大。而长毛兔养殖场也需要良好的饲养环境，以避免外部环境的干扰。在这种形势下，新建或扩建一个上规模的长毛兔养殖场，需考虑地理位置、排泄物处理设施建设条件、装备、排泄物消纳条件、交通、电力、通信、水资源等诸多因素和条件，要选择环境理想的建场地块越来越难。

3. 市场因素

长毛兔产业的饲养经营，不但要养好兔，还要有好的行情，才能获取盈利。兔毛虽然是高档的天然纺织原料，但我国的兔毛深加工研发力度不够，成品率过低，以原料出口为主，依赖国际市场过重，抗市场风险能力低下，这样就增加了市场价格的变数。

4. 劳力因素

随着我国经济的快速发展，特别是工业经济的发展，吸引了大量的农村劳动力进工厂做工，人工工资也随之不断上涨，而我国的大多数长毛兔养殖场，还是靠人工操作饲养管理为主，工厂化自动化养兔程度比例过低，由于人工工资较高，长毛兔养殖场经营效益受到一定影响。同时，招聘饲养员也越来越困难，要招聘有饲养长毛兔经验的饲养员或者熟练的技工更难。

5. 饲料因素

长毛兔的主要饲料原料苜蓿等优质牧草以及豆粕、玉米的供应与价格，会对长毛兔饲养产业带来至关重要的影响。但我国北方天然草地受干旱、风沙、水蚀、盐碱、内涝、地下水位变化等不利自然因素的影响；加上过度放牧，不适当开垦，挖药材和草地管理不当等诸多因素影响，产量会逐渐下降；而我国豆粕、玉米等主要饲料原料又供应不足，相当数量依赖进口。上述种种因素，使饲料原料的供应以及饲料原料价格的变化增加了不稳定因素。

6. 投入与管理水平因素

饲养长毛兔的资金投入，说多可多，说少可少，小规模的长毛兔饲养投入不多，全靠人工饲养管理，但人工成本就高；大规模的长毛兔养殖场，采用工厂化饲养、自动化控制投入资金就大。我们权且把长毛兔养殖业主分为两大类型，一类是业主没有原始资本积累，不具备大规模投资条件，只能小规模生产经营；而另一类是商家投资建办的长毛兔养殖场，具备大规模投资生产条件，但由于大规模长毛兔场的管理水平、生产技术及市场等因素制约，一次性投资到位并高效运行者从总量来说还是较少。究其原因，主要是我国小规模饲养长毛兔的生产管理经验丰富，日常管理及生产技术普及率高；但我国饲养长毛兔，还是以中小规模为主，大规模养兔场起步晚，缺乏管理技术，大规模工厂化自动化长毛兔场的管理水平比起德国等国家，还有一定差距，需要进一步研究探索和梳理总结。这是当前事实上存在的问题，笔者认为这也制约着长毛兔产业的跨跃式发展。

7. 科技研发因素

总的来说有三方面问题：一是长毛兔饲养装备的研发和采毛技术；二是兔毛成品深加工的研发；三是在规模化饲养环境条件下出现的疾病防治技术。目前，我国长毛兔饲养装备的研发程度不高，如果大规模饲养长毛兔，需解决自动控温、自动控湿，自动喂料、自动饮水、自动清理粪便和自动控制通风等问题。目前，自动饮水、自动控温和自动清粪方面的装备有所提高，但不够成熟；自动喂料技术刚刚起步。由于长毛兔的产品是兔毛，自动控湿难度相对较大，目前还没有理想的装备。长毛兔采毛耗时费力，目前主要是靠人工剪毛，人工采毛成本可谓很高，目前还没有既省时省力，又不会对兔只个体带来较大应激反应的采毛技术。目前我国兔毛成品深加工的研发滞后。据业内人士消息，我国生产的兔毛纱，或面料生产技术无法与日本及西欧国家同日而语。由于规模化饲养，环境条件改变，一些腹胀病、腹泻病、传染性鼻炎、真菌病等也成了长毛兔饲养过程中的主要问题，缺乏有效简便的防控和治疗手段。

8. 发展观念因素

我国的长毛兔饲养，多数规模较小，饲养者多数文化程度不高，观念相对陈旧，发展理念较为淡薄，缺乏高远目标，怕担风险，只求小富即安，自满自足，不求规模效益。这样的格局和状况，在一定程度上也制约了长毛兔产业的发展和整体水平的提高。

（六）对策措施

1. 政府重视是关键

面对我国长毛兔发展过程中存在的问题和制约因素，政府重视是关键，各级政府应出台相应的扶持政策，在用地、信贷、人才培养、科技研发、环境治理、良种培育等方面予以政策倾斜，加强资金扶持力度，注重培育具有带动型的龙头企业和合作组织，着力打造科技研发平台和人才培养，着力提升良种培育水平，着力扶持发展起点高、规模大、竞争力强的现代化兔毛深加工企业，着力推进兔毛深加工技术进步。提高长毛兔发展产业链的整体水平，提高抗风险能力。

2. 科技研发是动力

针对长毛兔养殖产业发展中存在的技术问题，应加强科技投入，加强队伍建设和科技人才培养，在自动控温、控湿、通风、投料、饮水以及自动清粪、消毒净化环境等等自动化装备的研发上得到新提升；并在采毛新技术，疾病防控新技术，兔毛纺织新技术等研究开发方面取得突破。

3. 良种培育是基础

近 30 多年来，我国加大了长毛兔良种的培育力度，不管是单个体重，还是个体产毛量都有较大幅度提高，少数良种兔的单产可以说已经达到非常高的水平，但是整体产毛水平或者说群体产毛水平，与德国等国家相比，还是有较大差距。为此，我国长毛兔产业要有质的飞跃，就必须致力于良种兔的培育和选育。长毛兔良种培育的方向应以产毛量的提升、兔毛品质和繁殖率的提高等经济性状为重点，同时，也要注重培育体型大、抗病力强的长毛兔。在这方面，一是应组建专门研究机构，集聚专门人才；二是应提供设施设备、试验场所等必要条件；三是应组建良种兔推广队伍和新技术推广应用队伍；四是应多开展举办类似于“赛兔会”这样的活动。要做到良种能普及，技术能领先，推广有力度，管理能到位。以此进一步推动我国长毛兔产业的快速发展，整体提高我国长毛兔的生产水平。

第三节　长毛兔产业的重要地位

长毛兔食草节粮，农牧双赢，产品优良，投资少，收效快。长毛兔和兔毛的特性，决定了长毛兔产业的重要地位。

一、产品优良

长毛兔的主要产品是兔毛。以其质地轻盈、柔软、保暖性、通透性好、吸湿性强、触感舒适而著称于世，是天然的保健产品，长毛兔的毛具有长、松、白、净、美 等特点，为高档天然毛纺原料之一。是国内国际市场内衣、服装面料、围巾及保健产品护膝护腕等高档产品都以兔毛为首选原料。兔毛制品其蓬松、轻软、保暖、美观等优点，不但可粗纺，而且能精纺。一般绒毛型兔毛是生产紧身毛衫等流行织品的理想原料；粗毛型兔毛是生产表面毛感性强，毛尖外露的外衣、披肩、头巾等的优质原料。

生产实践表明，兔毛产品价值高，用途广，开发潜力大。随着人民生活水平的提高，国际市场兔毛需求量很大，市场潜力看好。同时，随着国内兔毛加工企业的不断发展，兔毛制品市场正在逐步打开，为大力发展长毛兔产业提供了后盾，抵御市场风险能力会不断加强。

二、食草节粮

长毛兔属食草类的经济动物，日粮中的饲草含量可达 40%~50%。饲养长毛兔所需的青粗饲料，来源广泛，野草、野菜、树叶、农作物秸秆和各种农业副产品等，都可作为长毛兔的饲料。在规模养殖时，各种高产优质牧草和农副产品等，都是长毛兔的主要饲料来源。

我国是人多地少的国家，特别是在当今人均占有耕地面积缩小、饲料用粮紧缺的情况下，发展以食草为主的长毛兔生产，符合我国国情和农业结构调整的方向，可以就地利用广大农村的自然山草资源，也可充分利用荒芜的山地种植优质牧草来发展长毛兔产业。所以，饲养长毛兔，既能调整畜牧业的产业结构，促进我国畜牧业的发展，又能节约饲料用粮。是广大农民勤劳致富的好门路。不少地方，尤其是经济欠发达地区，已把发展长毛兔生产作为当地农村脱贫致富的首选项目。事实表明，大力发展长毛兔产业，完全适合广大农村实际，是很有发展前途的养殖业。

三、出口创汇

兔毛是我国出口创汇的大宗农产品。我国是世界上饲养长毛兔数量最多的国家，存栏量在6000万只以上，也是兔毛的出口大国，在国际兔毛市场上占有绝对优势。据有关部门统计，一般情况下，每年出口的兔毛数量均稳定在6000~10000吨。占世界总贸易量的75%~90%，尤其是近年来新开发的手拔粗毛型兔毛和兔绒的情况更加看好，外销量逐年增加。

兔毛出口多受国际市场的影响，机遇与风险并存，既有旺季也有淡季，既有高峰也有低谷。只要政府重视，理顺体制，抓好人才培养，壮大科技队伍，加强科技研发，建好产业基地，培育好优良品种，提高饲养管理水平，随着今后国内兔毛加工企业的不断提升发展，尽管原料兔毛的出口数量可能增加不大，但半成品和成品的出口数量增加将成为趋势，出口创汇能力将不断增强。

四、高效增收

长毛兔饲养业具有投资少、周期短、见效快、饲养成本较低、长毛兔繁殖力强、基本的饲养技术易掌握等特点。长毛兔是典型的高效节粮小动物，长毛兔生长快，多胎高产。在良好的饲养管理条件下，1只母兔每年可产4胎左右，每胎产仔6~8只，能获得20~30只后代。幼兔长到6~7月龄时，又可配种繁殖。其多胎高产潜力之大，繁殖效率之高，远优于其他家畜。

几十年的长毛兔生产实践证明，长毛兔既适宜规模化、工厂化饲养，也适宜于家庭个体小规模饲养；既能有效地利用自然牧草资源，又可解决地、林、牧之间的矛盾；实行农牧循环，既能发展长毛兔生产，又能为种植业提供优质基肥，同时也能保护生态环境。目前，小规模饲养长毛兔已成为广大地区促进农村经济发展，增加农民收入的优选项目。一般农村可利用整、半劳动力，养上百只兔，赚上万元钱，乃是常见之事。

五、农牧双赢

俗话说“兔子吃吃草，全身都是宝”。长毛兔不但其毛是宝，而且兔子的粪尿也是优质有机肥料，1只成年兔每年可积肥100~

150千克。兔粪中的氮、磷、钾含量远远高于其他畜禽粪尿。据测算，100千克兔粪相当于10.84千克硫酸铵和1.79千克硫酸钾的肥效。兔粪尿或沼液（兔尿及兔场冲洗污水经厌氧发酵处理排出的液体）有机肥料具有改善土壤结构、增加土壤有机质、提高土壤肥力、减少病原菌及害虫的危害作用。

据资料显示，施用兔粪尿有机肥料，可使海涂土壤有机质含量提高40%~45%，含氮量提高42%~47%；可使小麦增产25%~35%，早稻或晚稻增产20%~25%，对玉米、油菜等农作物也有普遍的增产效果。在果园、林地、茶园、竹园、花木园等种植园地作基肥追肥施用， 能获得更好的长势。在浙江省，从2014年开始启动“五水共治”决策部署以来，关停清养了几万个畜禽养殖场户，然而猪粪及家禽粪便仍然难卖，但兔粪非常畅销，而且价格较高，每袋(40千克左右）卖到20~25元，兔粪已成为兔业生产的一项重要收入。

就长毛兔排泄物的资源化利用问题，后面章节再作详细阐述。

第四节　长毛兔产业发展趋势

纵观国内外长毛兔产业的生产现状，长毛兔生产发展总的趋势，将随着经济社会的发展，科学技术的进步，长毛兔饲养业将朝着育种专业化、生产工厂化、饲料标准化方向发展。

一、国外发展趋势

1. 育种专业化

专业化育种目的不单是为了获取兔毛，也是为了输出种兔，这样会大幅度提高长毛兔饲养业的经济效益。当然饲养长毛兔的最终目的还是为了获取兔毛，所以从20世纪70年代初期开始，国外对长毛兔的选育重点已从形态特征转变为经济性状选育为主，如兔毛产量、兔毛品质、繁殖率等。德国近40年来，着重从兔毛密度和细度方面进行选育，培育出了著名的细毛型德系安哥拉长毛兔。目前，德国、法国、英国、美国等国家的专业化育种工作者，培育长毛兔的目的，就不仅仅是为了增加兔毛产量，而是为了向国外高价输出更多的种兔，以获取更高的利润。

2. 饲养工厂化

工厂化饲养长毛兔在欧洲起步已有几十年，几十年来世界各国都在重视发展长毛兔生产发展，出现了不少专业性的工厂化养兔行业。工厂化饲养长毛兔，一般都采用封闭式兔舍，在人工控制温度、湿度、光照等条件下饲养，自动供给饲料、饮水、清理粪尿，使长毛兔生产不受自然条件和季节的限制，达到常年可以生产，兔毛均衡上市目的。目前，欧洲各国年产 4 万~5 万只商品兔的工厂化、专业化的养兔场已不罕见。随着纺织工业的迅速发展和技术进步，为了满足毛纺工业的原料需求和兔毛制品的市场需求，专业性的工厂化饲养长毛兔将是一种发展趋势。

3. 饲料颗粒化

国外不少国家都在研究长毛兔的营养需要，制定和完善饲养标准，并严格按照饲养标准加工成颗粒饲料饲喂。由于科学的配方，不但能促进长毛兔的生长发育、减少饲料浪费，而且还可降低长毛兔的发病率和死亡率。根据德国安哥拉兔的生产指标，每千克兔毛消耗的颗粒饲料，公兔为 65 千克，母兔为 55 千克；休闲母兔每天消耗颗粒饲料 140 克， 妊娠母兔为 150~180 克，哺乳母兔为300 克。现在，国外饲养长毛兔的方法与过去相比较，最明显的变化在于饲料加工专业化，已由天然饲料向人工配合饲料转变，向颗粒饲料转化。因颗粒饲料具有避免饲料成分的自动分级、提高饲料消化率、减少兔子挑食、储存运输经济方便、减少环境污染、杀灭饲料中寄生虫及有害菌等优点。颗粒饲料的应用是长毛兔产业发展过程中的必然趋势。

二、国内发展趋势

我国幅员辽阔，各地环境气候不同，各地自然资源和生态条件差异很大，适合长毛兔饲养的条件各有不同，所以发展长毛兔生产应因地制宜，从实际出发。2009 年以来，我国的长毛兔生产总体上基本保持相对稳定的发展态势，2015 年来开始有所下降，但是总的来说，随着国内外兔毛制品工艺技术的提高，毛纺企业的发展，社会需求的增加，我国的长毛兔产业呈平稳发展趋势。

1. 区域优势日趋明显

我国的长毛兔生产主要集中在山东、河南、四川、重庆、浙江、安徽、江苏等地。其长毛兔的存栏量和兔毛的产量占全国总量的 90%以上，呈现出明显的区域化现象。这种现象不但与饲养长毛兔的习惯有一定关系，而且与地理环境条件，以及社会经济发展的需要有关，并将日趋明显。

2. 科技含量日趋提升

与传统长毛兔产业链相比，我国在长毛兔饲养管理技术、疾病防治、种质水平、设施装备、毛纺技术等各方面都有了显著提高和较大突破，在全球的影响力也随之扩大。随着长毛兔产业的不断发展壮大，我国长毛兔产业链中的上中下游各段产业区块其科技含量必将进一步提升。

3. 组织化程度日趋改善

从目前我国长毛兔生产主产区的情况来看，主产区具有自然条件优越、气候四季分明、资源丰富等自然优势，且有饲养长毛兔的社会氛围，围绕国内外市场发展需要，大都实行“龙头企业+规模兔场+标准化生产”的模式。目前，山东、江苏、河南、浙江、安徽等地，多采用家庭规模饲养，以养殖小区为经营单位，采取“公司+园区+农户”“公司+基地+农户”“协会+基地+农户”等生产模式。这些生产模式，有利于提高生产组织化程度，规范化服务，有利于新品种新技术推广应用，有利于信息共享，有利于长毛兔产业的推动和发展，有利于长毛兔种兔销售，有利于兔毛与市场对接，从而提高长毛兔产业的经营效益，实现共同致富的目的。为此，随着长毛兔产业的发展和壮大，在长毛兔产业经营中，紧密型的组织化经营模式将继续成为发展趋势。

4. 品种结构日趋优化

产品必然要随市场需求发展。我国养兔业发展初期，饲养品种单一，但随着国内外市场需求的变化，各种适应市场需求的种兔产业也随之形成，品种资源更趋丰富，种质水平也不断提高，生产水平不断提升。我国不但先后从国外引进和选育了一批优良长毛兔品种，国外引进品种主要有德系安哥拉兔、法系安哥拉兔、英系安哥拉兔、日系安哥拉兔等，而且国内也先后育成了一些性能优良的新品种（系）或高产群，如浙系长毛兔、皖系长毛兔、苏I系粗毛型长毛兔等等。今后的长毛兔品种结构，随市场需求的发展，将紧跟市场，日趋优化，出现新的高潮。

5. 成果转化率日趋提高

长毛兔的产品主要是兔毛，兔毛制品是一种穿戴用消费品，与千家万户的肉食品安全关系较疏，所以其科学研究和成果，比较其他食用畜禽相对较少。而近几十年来，由于各级政府及有关部门的重视和支持，大专院校、科研单位等的密切配合，与长毛兔饲养有关的科研和技术书藉、著作出版，技术推广等各方面也做了大量工作，特别是在长毛兔的营养需要、日粮配合、选种选配、兔病防治等方面，结合生产实际，开展了一系列科学研究，取得了不少成果。这些新成果受到各级相关部门的重视，并积极推广应用，取得了良好的经济效益和社会效益。应该说，长毛兔产业方面的科研成果转化率在日趋提高，科研成果能及时推广应用，这将成为一种发展趋势。

6. 生态循环日趋形成

我国耕地资源有限，但草山草坡草地较多，农副产品资源丰富，发展长毛兔生产可充分加以利用饲草、饲料和农副产品资源。据估计，每饲养1000只长毛兔，年需消耗青干草和农作物秸秆30吨左右。通过发展长毛兔生产，可明显提高各类秸秆饲草的利用率，解决各类农作物秸秆的出路问题，以减少秸秆焚烧污染环境。另外，利用荒山、坡地、滩涂等种植牧草，有利于改善自然生态环境和农业产业结构调整，解决人、畜争粮问题；兔粪及兔场沼液可作种植业有机肥料，改良土壤，提高土壤肥力，促进水稻、小麦等粮食和蔬菜、水果的无公害生产，并能使农作物增产增收，其效显著。由此可见，这种农牧双赢，一举多得的生态循环体系正在形成，并将日趋完善。

第二章　长毛兔的饲养环境与影响因素

环境时刻影响着地球上所有生物的生存、繁衍和健康，每种生物的生长繁衍都有其特定的环境要求。著名生物学家、遗传学家达尔文的学说提出了“适者生存”的规律。如果环境是一个渐变过程，可以相信多数生物能随着环境变化而进化适应，但是如果环境变化过快，许多生物只能选择灭亡。

在这里大家必须理解一个基本规律：环境变化过快，必定影响生物的健康与繁衍，动物也一样，必定受到严重影响，更谈不上发挥其良好的生产性能，长毛兔也不会例外，同样如此。

从业者都会知道，不管是饲养管理还是疫病防控，都会受到环境的作用和影响。不知大家是否注意到，许多文献资料及专著中会经常提到环境对包括长毛兔在内的畜禽生产的重要性，因为环境也同样每时每刻影响着长毛兔饲养业的每一个环节。下面笔者探讨一下与长毛兔养殖业有关的环境问题。

第一节　饲养环境的基本概念和内容

一、基本概念

长毛兔的饲养环境，是指可直接或间接影响长毛兔生长发育和性能发挥的自然与社会因素之总和。而每一个因素我们又称做环境因素。所谓直接影响，是指可直接作用于兔体的影响，例如气温、气湿、光照、微生物、有毒有害动植物、寄生虫等，还有人为造成的诸多社会因素等，内容非常广泛，在此只是笼统地提一下其中道理。而土壤中的重金属元素可能通过饲料或饮水而危害长毛兔，成为间接环境因素。环境因素也无时间和空间上的限制，同样的因素，由于时间空间上的不同，可能是有利因素，也可能会给长毛兔饲养带来不利影响。

为了进一步说明这个问题，可以举个例子：太阳距离我们饲养的长毛兔虽然非常遥远，但其光和热时刻在影响着长毛兔的生长发育和各种性能的发挥，是一个非常重要的因素。但其有两面性，由于长毛兔的各生长阶段、生产用途不同，需要光和热的总量是不同的；又如，如果在长毛兔饲养舍内的墙上放一个与墙壁相同颜色的物体，虽然距离长毛兔很近，但其影响可忽略不计。

在时间上，有些因素的作用不是立即发生的，所以有时需要追溯至此前相当一段时间。

二、饲养环境的主要内容

饲养环境的主要内容有温热环境，光环境，空气环境，水、土壤和噪声环境，行为环境（笼养、圈养、限位饲养等）等。

作用于长毛兔的环境因素，一般可分为物理因素、化学因素、生物因素、地理因素和社会因素等。前四项主要是自然因素，而社会因素多为人为因素，但各种因素相互亦有交叉作用。

1. 物理因素

物理因素包括气象因素，主要有噪声、气压、气温、湿度、风、蒸发、辐射、日照，以及兔舍兔笼建筑等。在兔舍内的物理因素，一般有人为的控制因素在内。如兔舍内的光照、保暖、降温措施等。但随着新品种（系）的不断培育成功，生产力水平的提高，必须有相应的措施变化，才能发挥一个新品种的最好生产性能。

物理因素对饲养长毛兔而言，影响非常大，尤其是温热因素和光照的控制，不过，一个各方面性能优良的长毛兔品种（系）要在不同环境条件下推广，就离不开一些人为措施。

2. 化学因素

化学因素包括空气中的氧、二氧化碳、有害气体、水和土壤中的化学成分。一般情况下空气中氧和二氧化碳的组成不会有太大的变化，但随海拔的升高，氧气的含量会减少而危害长毛兔生产。在长期通风不良的兔舍，也会引起这两种成分的变化。

长毛兔舍中的有害气体主要有内源性的也有外源性的。内源性主要为粪尿和尸体等分解产生的氨和硫化氢。而外源性的主要为工业生产排放的废弃物，对包括长毛兔在内的所有畜禽会造成严重危害。内源性有害气体会使长毛兔体质下降而致使抗病力低下，影响长毛兔的生长发育，影响长毛兔生产性能的发挥。而外源性的有害气体影响更加广泛，不但影响长毛兔本身，有时会形成酸雨而危害包括长毛兔在内的所有畜禽和饲料原料质量，这些都应该在长毛兔场址选择时加以避免。

土壤中化学成分是形成包括长毛兔在内的畜禽地方性营养缺乏症的重要原因，饲喂就地收割草料的长毛兔尤为明显。

3. 生物因素

生物因素的作用可分为种内关系和种间关系。同种生物的不同个体或群体之间的关系，叫做种内关系。生物在种内关系上，既有种内互助，也有种内竞争。种间关系是指不同物种种群之间的相互作用所形成的关系，两个种群的相互关系可以是间接的，也可以是直接的相互影响。这种影响可能是有害的，也可能是有利的。包括共生、寄生、竞争、捕食等。

在我们长毛兔饲养过程中，关系密切的生物因素主要有微生物、霉变饲料、有毒有害动植物、各种体内外寄生虫、传染病、其他动物混养等，也包括长毛兔不及时分群单独饲养问题。

4. 社会因素

这里所指的社会因素，也可称人与社会因素，其内容比较广泛。总体上可分为三个方面，一是来自兔场内的人为管理因素，二是来自兔场外部的社会环境影响，三是兔场所处位置的公共资源条件。

来自兔场内的人为管理因素，包括长毛兔单个饲养和群养（如仔兔分群前），特别是群养时的群体大小、来源（如各窝仔兔混养）；栏舍大小、笼位材料与结构、养殖用房的空间结构等；饲料和饮用水质量等；还有机械设备的运行、饲料加工噪声等一些人为造成的物理因素；饲料加工产生的粉尘、消毒、防疫的控制，以及温、光、湿、空气、通风制度的执行情况等。

而来自兔场外的社会环境因素，主要是兔场外人类社会活动带来的一切不利因素。包括兔场周边燃放烟花爆竹，兔场附近工矿企业生产活动带来的空气污染、环境污染、噪声，以及交通、耕作、交易、疫病传播等人类行为活动带来的影响，特别是化工厂、农药厂、畜禽产品加工厂，对长毛兔场带来的影响更大，其潜在威胁不可低估，在兔场选址时应引起高度重视。

公共资源条件，包括交通、邮政、通信、网络、信息、供电、供水、防汛、抗旱、消防、污水处理等设施和条件，这些政府行为的公共资源基础条件，是日后能否便于兔场管理，能否管理好兔场的重要因素之一。

上述种种都是重要的社会因素。这些因素在长毛兔生产中影响更直接，是非常重要的环境因素。

5. 地理因素

地理因素主要是指长毛兔场所处的地理位置而带来的特定自然因素，包括地形、地势、海拔、土壤等。兔场的地理状况影响着许多因素，与多种因素有着密切关系，地理因素关系到温热环境，光环境，空气环境，水和土壤环境，牧草资源环境，也关系到行为环境。地理因素是长毛兔养殖场选址的根本要素，也会影响到其他因素的作用大小，是决定长毛兔养殖环境控制难易程度、控制成本高低的基础。

第二节　环境因素对长毛兔养殖的影响

环境因素一般存在有利和有害两方面的作用，我们应有基本的分辨能力，做到取长补短，趋利避害。当然，同一个因素在不同时期影响结果不同，如冬季的热辐射有利，但在夏季，则成为不利因素。同样某一环境因素的作用强度和时间，也可能使其从有益转化为有害。

环境影响因素对长毛兔生产很少单个存在，但存在着主次之分，主次也会随着其他条件的变化产生转换。

一、自然因素的影响

在人为不加控制的情况下，自然因素的影响主要有光、热、空气、温度、湿度、气流、水和土壤等，这些因素对长毛兔生产的影响程度，受地理条件和季节的变化而随之变化，如果长毛兔场选址不理想，人为控制又不到位，那将会对长毛兔生产性能的发挥带来严重影响。

1. 光照

光照对长毛兔的生理机能有着重要调节作用。适宜的光照有助于增强长毛兔的新陈代谢，增进食欲，促进钙、磷的代谢；光照经视觉神经作用，从而改变激素分泌，将直接影响长毛兔的生长发育，影响母兔发情、母兔受胎率、公兔的精子质量、仔兔存活率、产毛等生产性能；也会一定程度上抑制病原菌的繁殖；光照会促使生殖器官的发育，致使性成熟提前。为此，在这里要特别强调一下，长毛兔有昼伏夜行生活习性，一是不能无限制地延长光照时间，公兔的光照时间应该要比母兔短些，公兔的光照时间过长会影响其生理结构和精子质量，从而影响公兔的配种能力；二是处于生长阶段的长毛兔如果光照时间过长，会造成性早熟，从而影响长毛兔个体体重以及生产性能的发挥，光照时间应随着不同的长毛兔生长生理阶段、长毛兔的用途（种用、繁殖用、产毛用等）而改变，控制好每个环节的光照时间、光照强度，才能充分发挥各种用途长毛兔的生产性能，从而提高长毛兔生产的经营效益。有些具体问题在后面的章节中还会介绍。

2. 空气

空气是长毛兔生产过程中的重要元素，空气浑浊，氨气浓度过高，氧气不足，会严重影响长毛兔的生长发育，会严重损害兔群的健康，从而诱发疾病的发生。为此，在长毛兔养殖场设施设备的设计建设中，要根据地理环境、气候特点，予以充分体现，同时，要加强长毛兔生产的日常管理，保持兔舍内空气清新，这是保证兔群健康的最基本的要求。

3. 温度

温度对长毛兔是一个最为敏感的影响因素。长毛兔的正常体温为 38.5~39.5℃，但长毛兔因汗腺极不发达，体表又有浓密的被毛，所以对环境温度非常敏感。长毛兔为了进行正常的生命代谢活动，必须保持产热与散热之间的相对平衡，而影响长毛兔体温调节的主要因素是环境温度，环境温度与长毛兔的体温调节关系紧密。据试验，长毛兔生长的最适温度，仔兔为 30~32℃，幼兔为 20~25℃，成年兔为 15~25℃，临界温度为 5~30℃。长毛兔一切生产性能的发挥，温度是最为直接最为敏感的因素，特别是高温环境，对长毛兔的影响极为不利，会严重影响到长毛兔的采食量、受胎率、仔兔存活率，而且发病率和死亡率会明显上升。如果环境温度过低，也会对长毛兔生产带来不利影响。

多数长毛兔为舍内笼养，兔舍和兔笼构成了特定的小气候环境，但这种小气候环境每时每刻受到室外环境变化的影响。因为兔舍内有工作人员进行各种生产劳动、长毛兔生命的活动、水的供应以及机械设备的运行等，所以兔舍内的环境往往与自然界存在差异。温度的控制与长毛兔场选址有着极其重要的关系，为此，笔者在这里大篇幅地阐述一下环境控制，也是原因之一。所以，我们要科学地合理选址、设计、建设和日常管理，控制好长毛兔饲养环境的温度，是时刻要关注的重要任务之一。

4. 湿度与通风

长毛兔喜欢干燥清洁，高温高湿和低温高湿环境对长毛兔都有严重的不利影响，夏季不利于散热，冬季不利于保温。长毛兔兔舍内最适宜的空气相对湿度为60%~65%，一般不应低于50%或高于70%。空气湿度过大，有利于病原性真菌、细菌和寄生虫的孳生与繁殖，引起疥癣、湿疹和球虫病的蔓延。另外，空气湿度过大，常会导致笼舍潮湿，污染被毛，不但影响长毛兔健康，而且会影响兔毛品质。如果兔舍内空气过于干燥，会导致被毛粗糙，兔毛质量下降，引起呼吸道黏膜干裂，而导致病原菌感染等，同样不利于长毛兔生产和兔群的健康。

导致兔舍湿度升高的主要原因，是长毛兔排出的粪尿、呼出的水蒸气、饮水器的渗漏和冲洗地面的水分的所致。为降低笼舍内的湿度，一般可采取加强通风换气，阴雨潮湿季节舍内清扫时应尽量减少用水冲洗，或撒布吸水性能良好的生石灰、草木灰等。一般来讲，普通的兔舍，长期处于空气过于干燥的情况非常少见，但如果采用工厂化自动化控制的长毛兔场，就要加强日常管理，防止控制系统出现故障。

保持合适的通风换气，也是长毛兔生产日常管理中的重要内容，通风是调节兔舍温度和湿度的良好方法。通风还可排除兔舍内浑浊的有害空气，驱除灰尘和过多的水气，能有效地降低呼吸道疾病的发病率。长毛兔排出的粪尿，以及兔笼内用过的垫草垫料，在一定温度条件下可分解散发出氨、硫化氢等有害气体。长毛兔是敏感性很强的动物，对有害气体的耐受力比许多动物低。长毛兔处于高浓度的有害气体环境条件下，极易引起呼吸道疾病，甚至死亡，同时还会加剧巴氏杆菌病、传染性胃肠炎等疾病的传播和蔓延。由于高浓度的有害气体环境条件会使兔群体质抗病力下降，所以，还会诱发其他疾病的发生。

通风方式，一般可分为自然通风和机械通风两种。小型兔场常采用自然通风方式，利用门窗的空气对流或屋顶的排气孔和进气孔进行调节。大中型兔场常采用抽气式或送气式的机械通风，这种方式多用于炎热的夏季，是自然通风的辅助形式。兔舍内的适宜风速，夏季为 0.4 米/秒，冬季为 0.1~0.2 米/秒。降低兔舍内有害气体的浓度，还可以通过勤打扫、勤冲洗和加强通风换气来保持兔舍内的空气新鲜。

这里有四个问题需要特别强调。一是兔舍内应严防贼风的侵袭。就是兔舍四壁留下的针对兔群的小窗、洞穴、空隙以及屋顶空隙等，通过这些空间直接吹到兔群的风，是四时不正之风。二是自然通风不一定总是合适，需要根据自然通风的风力强弱和季节来进行人为调节。三是有些有害气体的密度比空气大，要注意通风方式。四是在冬季的通风以选择在中午气温较高时为宜。打开门窗通风时一定要注意两个问题，一是不能把所有门窗同时全部打开，这样会造成兔舍内温度骤然下降，应采用逐步开窗门的方法，让兔群对温度有个适应过程；另一个问题是，在外界风力较大的情况下，打开门窗时不能让风直接吹到兔群中，最好能让气流转个弯，例如，在打开门窗时，可使门窗先处于半开状态。

5. 水和土壤

具备充足而良好的水源，是长毛兔养殖场生存发展的首要条件，甚至比饲料还要重要。水环境对长毛兔生产的影响是指水的质量和水源是否充足。在兔场选址时必须要充分考虑，这方面应该重点考虑四点：一是要调查清楚水源上游是否存在工矿企业，特别是有污染物外排风险的企业，同时也要查清是否有工业废弃物堆放；二是要摸排畜牧业养殖情况，特别要考虑养兔场、养鸡场存在情况；三是要考虑种植业发展情况，主要是要了解其农药化肥使用情况；四是要掌握上游水源是否充足，人为利用水源情况。另外，也需了解人类活动可能给水体带来污染的其他因素。

土壤环境对长毛兔生产的影响，主要是农药、工业废弃物等有毒有害物质对土壤造成污染和土壤性质是否有利于建筑和日常管理。土壤本身化学成分是否合适，都会直接或间接影响长毛兔生产。农药（例如：有机磷、有机氯、汞等）的施用或工业废弃物的随意乱堆乱放，这些有害物质及其有害代谢物、降解物残留在土壤中，以及盲目、不合理地使用化肥也会造成重金属污染土壤，从而使该区域种植的粮食、牧草等长毛兔饲料资源受到污染，并通过饲料危害长毛兔健康。如果土壤中自身化学成分不合理，甚至缺乏必要的成分，那么当地收割的农作物或草料作日粮饲喂，也会对长毛兔的生产性能带来不利影响。除此之外，土壤的性质也会对长毛兔场产生影响，理想的土质为砂性较重的壤土，其兼具砂土和黏土的优点，透气透水性好，雨后不会泥泞，干燥快，易于保持兔场内外的相对干燥。这不但利于兔舍的建设，还有利于延长兔舍的使用年限，更重要的是有利于兔场的日常管理。

6. 气象因素

气温、气压、湿度、风、雨、雪、日照等天气现象，将对长毛兔生产带来巨大影响。饲养长毛兔必须考查当地的常年气象变化。要基本掌握当地气象特点，了解一年四季的气候变化，包括每月平均温度、绝对最高气温、绝对最低气温、降水量、最大风力、常年主导风向、日照情况等。还有，兔场环境选址，兔场内的兔舍朝向布置、排列距离、规划设计等都有密切关系。

二、人与社会因素的影响

许多自然因素受人为活动的影响，人为因素和自然因素只是相对而言，许多人为因素决定着自然因素，例如：地理环境选择、规划布局、建筑物结构等等，都直接影响着温热环境，光环境，空气环境，水环境、土壤环境、牧草资源环境等自然因素，以及水、电、道路、网络信息等公共资源的利用都存在人为因素的影响，当地的劳动力资源是否充裕，也是值得应该考虑的因素之一。

总而言之，人与社会因素的影响复杂而广泛，包括一切人类社会活动对长毛兔养殖生产影响的因素。而这些因素，给长毛兔养殖业带来的，可能是直接的影响，也有可能是间接影响，且影响或大或小。从兔场内外部环境带来的影响因素，前面已有阐述，这里不再重复；但人为的日常管理因素也会给长毛兔带来不利影响，这种影响，如果了解长毛兔喜欢安静、胆小怕惊、怕热、对饲料质量敏感等特性，以及长毛兔的生理特点，就不难理解。在后面的章节中还会提到。各种人类行为和社会活动适当与否，将会对长毛兔的生长发育、健康状况、受胎率、产仔率、仔兔成活率、发病率、死亡率、产毛量等带来全面影响，因为许多不利因素要靠人为控制调节，所以人与社会因素影响是最大最广泛的，会对长毛兔场的经营效益产生巨大影响。

第三章　规模兔场环境选址与规划布局

规模兔场的环境选址与规划布局，其合理与否，将直接关系到长毛兔生产的天然优势和自然条件，关系到长毛兔生产管理的难易程度，是长毛兔建场生产的基本要求，是长毛兔生产的决策基础，是决定长毛兔生产成败的关键。

第一节　环境选址

环境选址的总体要求为：地势高燥，环境安全，坐北向南，背风向阳，环境幽静，地势理想，坡度合理，交通便利，排水良好，水源充足，水质优良。同时，要求有利于相关设施建设，便利于种养配套及消纳，公共资源到位。

一、地形地势

地势是指所用地块表面高低起伏趋势，地形是指所用地块表面各种各样的的形状、形态，所用地块及周围田地、山岭、河流、湖泊、道路、草地、树林、居民点等平面分布状况。山区或丘陵地区应尽量选择地势比较平缓而开阔的坡地上，理想地理位置是坡面向阳，以利于良好的采光，避免雨季山水洪水的威胁，或积水受淹，但坡度不宜过大，以便为日后兔场管理打下基础；但平原地区地势平缓，长毛兔场的选址，应考虑选择在相对稍高的地理位置，以利于排水，同时也防止水位上涨时受淹；选址还应注意有地质构造情况，避开滑坡、塌方地段，有条件的还应避开地质断层带。

理想的地形地势总体上要求为：一是要求建场地块地势高燥，排水良好，兔场的地下水位应在 2 米以下。地势过低易造成雨季山水洪水的威胁，或积水受淹。而且潮湿的饲养环境，不利于长毛兔体热调节。二是要求地形整齐、开阔，以提高场地利用率，有利于建筑物的合理布置，减少施工前整理场地的工程量。三是要求坐北朝南，背风向阳，北面有丘陵靠山抵挡北风，南面开阔阳光充足，以保持场区温热气流等气候状况的相对适宜和稳定。四是要求地势呈北高南低缓坡态势，但坡度不要过大，宜控制在 20°角以内。五是要求掌握地质构造情况，避免滑坡、塌方地段。六是必须考查当地的常年气象变化，包括每月平均温度、绝对最高气温、绝对最低气温、土壤特性、降水量、最大风力、常年主导风向、日照情况等。

长毛兔场的选址不要选择在低洼、潮湿、背阴，以及四面环山的盆地谷口、狭长的山谷等地理位置。以此保证长毛兔饲养环境干燥、通风良好、冬暖夏凉的理想条件，减少冬春季冰冻风雪、夏秋季滑坡塌方等自然灾害的侵袭。这可为长毛兔养殖场的方便管理和兔群健康及生产性能的发挥打下良好的基础。

二、气候特点

我国地域辽阔，气候复杂，变化多样，各地区气候条件差别很大。当地的气候特点，也是长毛兔场选址的必要条件。所以，研究和掌握当地的气候特点，对我们选择和规划设计长毛兔养殖场很有帮助。我们要把握当地一年四季的气候变化特点，结合长毛兔的生物学特性，综合分析，加以利用。就是要根据这些特点在选址、规划、设计等前期工作中，扬长避短，趋利避害，充分利用其气候特点，为长毛兔饲养管理服务。

三、周边环境

这里所指的环境，与地形地势方位的大环境选址有区别，仅仅是指兔场周边的局部小环境。长毛兔饲养场的地理地形地势初步选定后，接下来考虑兔场周边的外部环境。兔场周边环境的选择应考虑取水是否方便，电力供应是否稳定，道路交通是否便捷，自然防疫条件是否良好，天然植被覆盖率是否优越，日常管理是否便捷，配套消纳用地能否落实，外部环境是否存在空气污染、环境污染等影响因素，还要考虑噪声等其他不良干扰因素影响。

理想的场址为供电方便，水源充足而安全，道路宽阔交通便利，但又与主要交通干道保持有一定距离，主要交通干道可连接兔场专用道；天然防疫条件良好，便于构筑围墙和防疫沟，便于在围墙中设置进口出口两个大门以上；便于污净通道分离设置，便于畜禽排泄物净化处理，就是要考虑有助于关系到长毛兔场各功能区的规划布局设计的所有因素。例如：由于长毛兔场周边地理环境条件限制，当兔场的进口大门建设很方便，而其出口大门外面无法建设通往主要交通干道的道路时，这就会影响长毛兔场内部功能区的布局设计，无法达到长毛兔场净道与污道分开的基本要求。另外，还要考虑兔场排泄物的消纳因素，长毛兔场附近茶园、果园、花木基地、蔬菜基地、粮食种植及各种农作物种植情况足以消纳长毛兔养殖场产生的排泄物，以便实现农牧配套，种养结合，生态循环利用的良好格局。

四、水源水质

水，是生命之源，是生产生活的基本保障。一个理想的兔场场址要求水源充足，水质良好，便于水源水质防护，符合饮用水标准。成年兔平均每兔每天用水量为 0.25~0.35 升。水源以自来水、山泉水比较理想，其次是江、河、湖、泊及水库水等。在条件许可的情况下，应尽量选用水量大、常年流量稳定，且流速较快的地表水作为兔场水源。供饮用的地表水必须经人工净化和消毒处理后，方可使用。这里要特别提出的是，长毛兔场内的生活用水及兔场冲洗下来的污水应该集中处理，严防污染长毛兔场的饮用水源。

五、公共资源

公共资源内容丰富。这里所指的公共资源，是指与长毛兔场建设、生产、管理等有相关直接影响的政府行为公共资源，主要有道路、运输和其他交通设施，以及邮政、通信、网络、信息、供电、供水、防汛、抗旱、消防、污水处理等公共资源条件。

上述公共社会资源条件，将会对长毛兔养殖场的建设和生产管理带来直接影响，影响到兔场建设、原料和产品的运输、日常运行、安全保障、信息处理和管理成效等。我们在选择长毛兔养殖场场址时，要充分考虑公共社会资源状况，力求所选择的长毛兔场公共资源基础配置条件良好而稳定，做到运输方便、交通快捷，电力稳定、信息畅通、供水安全和其他公共社会资源保障有力、接用方便、经济实用。为长毛兔场的开工建设和建成后的生产运行提供良好的基础保障。

六、有关禁养限养规定

从动物防疫的角度看，国家农业部发布了《动物防疫条件审查办法》（2010 年第七号令），农业部七号令于 2010 年 1 月 4 日农业部第一次常务会议审议通过并发布，自 2010 年 5 月 1 日起施行。2002 年 5 月 24 日农业部发布的《动物防疫条件审核管理办法》（农业部令第十五号）同时废止。其中对养殖场的选址作出了具体规定，动物饲养场、养殖小区选址应当符合下列条件：

（1）距离生活饮用水源地、动物屠宰加工场所、动物和动物产品集贸市场 500 米以上；距离种畜禽场 1000 米以上；距离动物诊疗场所 200 米以上；动物饲养场（养殖小区）之间距离不少于 500 米。

（2）距离动物隔离场所、无害化处理场所 3000 米以上。

（3）距离城镇居民区、文化教育科研等人口集中区域及公路、铁路等主要交通干线 500 米以上。

上述的规定，仅仅是从动物防疫的角度考虑，但各级地方政府作出的畜禽养殖禁养区限养区划定意见，是根据环境保护、公共卫生、城市规划等等多方面综合考虑的基础上建立的。所以我们在选择长毛兔养殖场建设地点时，必须要事先学习了解当地政府对畜禽养殖场选址建设以及畜禽养殖禁养区限养区划定等等所有的相关规定，在当地政府规定的可养区范围内选址规划建设。

要经营好一个规模化长毛兔养殖场，与科学的环境选址、合理的规划布局及精心的日常管理密切相关。我们应该力求做到：环境安静，温度适宜，配方科学，日粮安全，卫生清洁，密度合理，水质良好，空气清新，操作规范，防范严密，制度完善，执行严格，管理到位。如果能同时具备稳定的地质结构，较高的植被覆盖率则更好。

第二节　规模兔场的规划布局

长毛兔场的规划布局，要根据地区气候特点、地形地势条件和周边环境情况，综合分析，统筹兼顾，并具有前瞻性。充分利用地形地势特点，把握主导风向和日照采光，建筑物应按南北向布局；根据生产关系和各个生产环节确定建筑物之间的良好生产关系；尽最大可能减少劳动强度，为提高劳动生产效率创造条件；严格执行动物防疫制度和消防安全规定。

其总体要求为：功能布局合理、区块界限分明、用地资源节约、空间留有余地、注重主导风向、利于通风换气、利于日常管理、利于疫病防控、利于日照采光、利于温湿调节、利于环境清洁、利于成本控制、利于生产安全、利于效率提高。同时要考虑兔场的发展壮大和新技术的应用。

建设一个功能完备的长毛兔养殖场，应该具备相对独立的管理区、生活区、生产区、隔离区、生产辅助区、无害化处理区。各功能区既相对独立，又相互联系，日常运行方便；兔场四周必须要建设围墙；有条件的在围墙外再建设防疫沟，防止其他动物进入兔场，而成为疫病的传染源或疫病传播者；每个大门口必须建设消毒池，兔场内各功能区之间联系应设置消毒室和消毒池，各栋兔舍门口应设置消毒池或消毒垫。

一、对养殖场布局的有关规定

《动物防疫条件审查办法》（2010年第七号令），对养殖场的布局也作出了具体规定，动物饲养场、养殖小区布局应当符合下列条件：

(1) 场区周围建有围墙。

(2) 场区出入口处设置与门同宽，长4米、深0.3米以上的消毒池。

(3) 生产区与生活办公区分开，并有隔离设施。

(4) 生产区入口处设置更衣消毒室，各养殖幢舍出入口设置消毒池或者消毒垫。

(5) 生产区内清洁道、污染道分设。

(6) 生产区内各养殖幢舍之间距离在5米以上或者有隔离设施。

二、管理区

管理区其功能主要为内外两方面，对内主要有兔场经营方针决策、生产计划制订、经营管理（营销策略、激励机制、目标考核、财务管理等)、制度建设、人力资源、后勤保障等行政管理，以及科技研发和日常生产管理等；对外的主要有学习交流和业务洽谈等。通常由办公室、会议室、化验室、技术电教培训室、接待室和传达室组成，管理区因与社会联系频繁，应位于全场的上风向和地势较高的位置。一个兔场至少应设立两个进出大门口（最理想的是有三个大门以上)，管理区位置应处在上风向，靠近兔场正面的大门，使对外交流更加方便。管理区应与其他功能区分开，设有栏墙分隔，特别是生产区，应该与管理区严格分开，饲料运输、产品运输及兔场排泄物运输车辆，一般不准进入管理区，外来人员及其他车辆只能在管理区活动，严禁进入生产区，以利于兔场的疫病防控工作，同时也减少对生产区的直接干扰。

三、生活区

生活区是兔场工作之余休息的场所，包括职工宿舍及一些生活附属设施等，严禁与兔场生产区混建，但为了工作便利，生活区离生产区又不宜过远，要做到既有严格隔离，又能在工作上便于照应。一般生活区应布局在上风向，安排在管理区的侧面，处在生产区的上风向偏侧的位置。

四、生产区

生产区是长毛兔场的核心区域，也是总体布局中的主体，整个兔场的一切布局都要围绕生产区有利于组织生产、工人操作、日常管理、疫病防控，有利于提高设施设备利用率，有利于工作效率的提升等需要来进行，应该精心策划安排布局。生产区的规划应把握以下几点。

1. 长毛兔生产功能区布局

生产区中又可分为核心群育种区、繁殖区、商品兔生产区。各功能区的安排顺序，一般可按主风向依次为核心群育种区–繁殖区–幼兔培育区–商品兔生产区等安排布局。长毛兔生产区边缘可安排设置兽医室和杂物间等配套辅助功能区。

2. 防护围墙设置

生产区是整个长毛兔场的核心，也是兔场的关键所在，不但要精心管理，严格执行各项规章制度，而且必须要在硬件设施建设上设计到位，为兔场的安全和生产力的提高提供基础保障。为此，应在生产区与各功能区之间设置防护围墙，并能够经常保持及时关门，以保证生产区的相对独立，减少外界对生产区的直接干扰，提高疫病防控能力。

3. 生产区道路设置

生产区的运料路线（清洁道）与运粪路线（污染道）不能交叉。兔场设置清洁道和污染道，清洁道在上风向，供饲养管理人员、清洁的设备用具、饲料和健康兔转群等使用。污染道在下风向，供清粪、污浊的设备用具、病死兔和淘汰兔使用，此两道不交叉。各栋兔舍可两头各设进出口门，一面通向清洁道，另一面通往污染道；通往兽医卫生防疫的道路应该专门设置。这里要特别强调的是：生产区道路设置还应注意道路宽度要求能通过两辆车的交会，消防车辆能顺利通过；道路应该中间稍高，道路两侧稍低，以利于排水；道路可短则短，能直就直，尽量避免弯路。

4. 消毒设施的设置

为了做好长毛兔场的防疫工作，关键在于防疫基础设施的建设和防疫制度的建立及执行。消毒池、消毒室的设置，就是防疫基础设施之一。关于生产区的消毒池（室）的设置，主要在内外两个关键地点，对外就是生产区与其他功能区之间的通道位置，对内是各栋兔舍等建筑物的出入门口。生产区与其他功能区之间的通道位置，通道的门口要设置相应的消毒设施，通往饲料加工区的门口应设置车辆消毒池；连接管理区、生活区的门口应设置消毒室（喷雾消毒室或紫外线灯消毒室），同时设置脚踏消毒池；各栋兔舍等建筑物的出入门口应设置脚踏消毒池或脚踏消毒垫。

5. 兔舍间距

兔舍间距布局，要考虑自然通风、疫病传播、绿化空间、沟渠建设空间、日常运行道路空间及饲料的运输和饲料的分发空间等要素。从采光的角度考虑，相邻两栋兔舍的间距应该大于前一栋兔舍的高度的一倍以上，从自然通风、绿化空间、防止疫病传播蔓延等方面综合考虑，如果场地条件允许，纵向排列的兔舍间的间距最好在 30 米以上，横向排列的兔舍间应该有道路、绿化带和排水沟，兔舍间距应该保持在 30 米以上。

6. 兔舍朝向

在地形地势章节中已经介绍过，长毛兔场地的选址，理想的地理位置地形地势是坐北向南，坡面向阳，以利于良好的采光。我国大致上位于北纬 18°~55°，兔舍朝向应向南排列，以利于冬季有良好的光照，避免夏季阳光晒进兔舍，夏季享有东南风，冬季避免西北风的侵袭。

特别要强调的是：如何做到夏季既能享有东南风，冬季也能避免西北风的侵袭呢？在兔场地理位置地形地势是坐北向南，坡面向阳的条件下，自然能做到夏季享有东南风，但如果兔场西北面方位没有丘陵等天然屏障来抵挡北风，就往往在冬季会受到西北风的侵袭，在这种情况下，除了在建筑物设计布局上进行规避外，可在西北面方位种植防风林，防风林最好种植两道，一道防风林的树木品种应该选择生长快速的常绿乔木，另一道防风林的品种应该选择常绿的花木，但要求比常绿乔木防风林要低矮一些，以提高抵御冬季西北风侵袭的效果。

7. 排水沟渠设置

兔场内的水沟设置，最基本的要求是雨污分离，建立设置雨水和污水两条排水系统，雨水沟与污水沟彻底分离。雨水沟是引导收集兔场内的雨水排出兔场外，避免积水，防止孳生蚊子等害虫，影响环境卫生；污水沟是将长毛兔的尿液、兔场冲洗的污水引导收集后，排入污水处理池进行净化处理，避免污染环境，防止疫病传播。兔场的生活污水最好另设排水系统处理，以免影响兔场污水的处理效果和有效利用。

排水系统的布局设计和建设，要根据兔场的规模、集雨量来进行考量，要有足够的坡度、深度和宽度，排水沟的走向要尽量直通，少走弯路，多设沉淀窨井，便于清理和检修，特别是转弯处，排水沟容易堵塞，一定要设置沉淀窨井，沉淀窨井要设置窨井盖，窨井盖需有足够的承重强度，避免破损，防止掉进树叶等杂物而造成堵塞。

8. 其他配套辅助用房

生产区内应配套的辅助用房，主要是兽医治疗室、人工授精室、剪毛室、工具材料间、值班室、杂物间等。这些配套的辅助用房是生产区日常运行的重要组成部分，主要是为生产区的日常管理提供便利服务。对于单独设置的功能区门口应设置脚踏消毒池或脚踏消毒垫。

（1）兽医治疗室。主要是为长毛兔的日常防疫免疫、消毒治疗和健康保障等提供服务，其布局应该安排在生产区的侧面。

(2) 人工授精室。其主要功能是采用人工授精方法，对母兔进行配种。不但是为了提高母兔受胎率，提升长毛兔的繁育速度，而且是提高优质种公兔利用率、进一步优化核心种群而采用的一种有效手段。是一个长毛兔养殖场提高生产力、充分发挥优良品种性能作用、提升经济效益的关键所在。其布局应该安排在核心群育种区、繁殖区的便利区间。

(3) 剪毛室。剪毛室是给长毛兔剪毛的工作区间，要求有足够的面积和空间，光线良好。为了长毛兔剪毛时的搬运方便，要尽量缩短搬运距离，根据长毛兔场的生产规模，可设置若干个剪毛室。为了长毛兔种群的健康安全起见，建议核心群育种区和繁殖区单设剪毛区间。

(4) 工具材料间。生产区内的工具材料间，主要是为生产区内的设施设备用具的储备、维修提供服务。具体有兔笼、料槽、供水器、产仔箱、投喂饲料用的投料车、母兔产仔时用的保温垫料等，还有一些维修用的原材料储备、维修用器械工具设备等。其布局应该安排在生产区靠近上风向的侧面，因为保温材料和垫料主要是繁殖区母兔产仔时用的，这样取用比较方便。

(5) 值班室。生产区内的值班室主要是为繁殖区的生产母兔服务。其具体功能：一是便于晚间母兔分娩管理；二是初生仔兔的安全检查；三是生产区内断电、断水等一些突发情况的处理。

(6) 杂物间。生产区内的设置杂物间非常必要，除了工具材料间外，还有母兔产仔用的垫料、保暖材料，卫生清洁工具等生产区所需要的杂物和工具都需要有贮存和堆放的地方。特别是垫料，其消耗多需要量较大，一般用干燥的稻草较多，但稻草蓬松，占用空间大。所以杂物间的设置，面积要大，空间要高。其布局应该安排在生产区取用便利的繁殖区侧面位置较好。

五、隔离区

一个功能齐全，管理规范的长毛兔养殖场，应该设计规划隔离区，隔离区主要是用于病兔的隔离治疗和引进种兔的隔离观察。由于隔离区的功能不同，需布局建设两个隔离区，就是病兔隔离治疗区和引进种兔的隔离观察区。对于有疫病传播风险的病兔，应该第一时间进行隔离，搬到病兔隔离治疗室进行治疗；对刚刚引进的良种兔，应该先直接关在隔离观察区饲养，及时进行必要的免疫接种，并观察种兔健康状况，等引进的良种兔被确认健康无疫后，才能搬到核心群育种区或繁殖区培育饲养。隔离区门口应设置有脚踏消毒池或脚踏消毒垫。

六、生产辅助区

这里所指的生产辅助区，其主要内容是饲料原料库、饲料加工车间、饲料成品库、长毛兔兔毛仓库、供电供水设施区、兔场维修车间的规划布局。生产辅助区的布局方位，可安排布局在管理区的侧面靠后位置，要求单独对外设计进出大门，便于饲料原料的采购贮存和兔毛的销售，也是为了防止外来疫病的传入。

饲料加工车间、饲料原料库、饲料成品库，为了饲料加工搬运操作方便，可自成一体，在同一个场地空间内划分区域，但必须要根据生产规模具备足够的场地和空间，要有足够的安全保障，防止由于场地拥挤造成原料互相混杂或出差错，防止火灾及生产操作事故的发生。

饲料加工区域要靠近生产区，要尽量缩短饲料搬运距离，兼顾成品饲料或青绿饲料的运进和饲料的分发，饲料加工区域要设计专用通道和专用大门，专用大门位置要设计建设运输车辆消毒池，根据成品饲料或青绿饲料运输车辆的大小，决定消毒池的长度和宽度。保持消毒池内消毒液经常有效，通往生产区的专用大门及时关闭。饲料加工区通往生产区的道路，要与清洁道相连接，避免与污染道交叉。

兔毛仓库必须单独设置，要有独立的库房，兔毛仓库进出门口与饲料加工区要保持一定距离，其仓库门口设置位置不要朝向饲料加工区的门窗，防止饲料加工区的粉尘污染及其他杂物影响兔毛质量。另外，兔毛仓库要求保持干燥，在设计布局时应该考虑安排在地势较高的位置。兔毛仓库可以单独建设，也可以安排在管理区的管理用房中。

兔场维修车间，其主要功能是为整个长毛兔场的生产生活设施设备提供维护和保障。例如：供电供水系统故障，管理用房、生活用房和兔舍等建筑物的破损，排水系统的堵塞等，都要兔场维修车间来发挥作用，确保能及正常维护和第一时间抢修。

供电供水设施区。主要是建设配电房、水泵房、供水池或供水塔。配电房、水泵房、供水池或供水塔都要求单独设计位置，供水池或供水塔的具体设计可布局在生产辅助区的较高位置，既利于减少供水池或供水塔建设的投资成本，也便于整个长毛兔场的供水。

七、无害化处理区

兔场的无害化处理区域，按不同的处理功能，可分别布局三个处理区：一是病死兔无害化处理区；二是兔场生产区污水处理区；三是兔场粪便处理区。

1. 病死兔无害化处理区

做好兔场防疫工作，不但是为了有效控制兔场疫病传播蔓延，阻断病原菌传播途径，净化兔场环境，也是保障公共卫生安全的基本要求。所以，对长毛兔场的病死兔，必须进行无害化处理，一个规模化长毛兔场，必须要自己建设独立的无害化处理设施。无害化处理区的设计布局，应相对离生产区远一些，并要求规划在兔场的下风向较偏僻的位置，可以建设在污道（运输兔粪便出场）出场大门口附近。如果兔场自行无害化处理，通常有三种方式：一是用无害化处理池处理，其优点是处理简单方便，容易操作，其缺点是无害化处理池一旦填满后，不容易清理，只能是一次性的，所以在设计无害化处理池容积时，要根据长毛兔生产规模，充分考虑接纳量，以便延长使用时间。这里要提醒的是，无害化处理区需经常消毒灭菌，消毒灭菌药物会延长长毛兔尸体腐烂时间，在设计无害化处理池容积时也应予考虑。二是化制，多采用湿化原理高温高压技术对病死兔进行无害化处理。其优点是处理彻底，杀灭病原菌效果好，其缺点是处理过程相对较长，需要高温高压条件，化制处理后残存的液体和骨骼，需再作规范处理。三是焚烧，其优点是处理彻底，杀灭病原菌效果好，无残存物，但需具备焚烧设施设备等条件。另外，如果当地政府组建有社会化服务组织，也可按规定程序，由有资质的社会化服务组织进行无害化处理。大家应该注意，对于病死动物的无害化处理方式和要求，国家农业部有处理技术规范，应认真学习执行。如果农业部发布新的技术规范，应及时跟进，并严格执行。关于病死兔无害化处理的具体做法和要求，在后面章节中再作详细介绍。

2. 污水处理区

长毛兔场的污水是否进行有效处理，不但关系到病原菌的杀灭、阻断和有效控制，影响到兔场内外的环境卫生，而且还关系到兔场蚊子等害虫的杀灭控制程度。一般长毛兔场的污水量不多，多数长毛兔尿液被兔粪便吸收，在这个过程中会蒸发掉一部分水分，当然与兔场的建筑设计、设施设备、日常管理方式和季节有关，如果兔场经常冲洗，兔场污水量较多。如果采用全自动自控设备，用传送带将长毛兔排泄物定时送出场外及时利用，兔场污水量就少。污水处理一般有两种方式：一是采用沼气池厌氧处理，沼气池所产沼气可供兔场作为一种清洁能源来利用，沼液作农作物有机肥循环利用。另一种方式是采用三格（及三格以上）式处理池来净化处理，净化后排出的水一般还是不能向外环境直排，与沼液一样配套农作物基地，进行循环利用。污水处理区的设计布局，要求离生产区、病死兔无害化处理区保持一定距离，以规划建设在兔场的下风向污道（运输兔粪便出场）出场大门口附近为宜。

3. 兔场粪便处理区

兔粪中含有寄生虫卵及一些病原菌，应有足够的场所进行处理，兔场粪便的合理处理，不但能有效防控疫病传播，而且会提高兔场的经济效益。兔场粪便处理区也要求规划建设在兔场的下风向，离污道出场口相对较近的位置，以便于兔粪运输出场时减少对兔场的污染和干扰，必要时可建设一条从污道主干线通向粪便处理区的专用道路。兔粪处理场所，以建设堆粪棚为多，堆粪棚的瓦片以透光的为好，以利于太阳光的照射，有助于兔粪的发酵和干燥。堆粪棚内兔粪温度的升高，有利于杀灭病原菌和寄生虫卵。兔粪是良好的农作物肥料，利用得好，是一笔可观的经济收入，例如：浙江省许多地方种植花木、高档水果等经济作物，兔粪非常畅销，据了解，浙江新昌县的长毛兔养殖场，近几年来，平均一只长毛兔所产的粪便可以卖 20 元，卖得好的能达 25 元。

三个处理区都宜设置布局在下风向离污道大门口附近，可根据兔场地形地势地块大小考虑左右布局。以避免或减少相互影响。

八、兔场绿化

兔场绿化不但能有效调节兔场气候环境，同时也有利于兔场疫病防控，促进兔场空气的净化，降低噪声干扰。

1. 改善气候

绿化可以明显改善长毛兔场的温度、湿度和气流状况，要夏季高温时，因树冠叶面蒸发能吸收空气中的热量，气温相对下降，由于绿化树冠遮蔽阳光照射，减轻太阳辐射强度，能降低地面和空气温度。在冬季，兔场西北部没有天然屏障的情况下，种植绿化林可以起到防止西北风的作用，但绿化林的防风作用和效果，要看防风林的设计种植方法，笔者认为，在兔场西北部种植防风林，最好要设计种植两道防风林，而且种植的防风林树木品种应该选择生长快速的常绿乔木，同时在常绿乔木防风林靠近兔场一侧再种植一道相对较低矮一些的防风林，其品种可以选择常绿的花木，形成高低两道人工防风屏障，以提高抵御冬季西北风侵袭的效果。

2. 利于疫病防控

绿化的植物能起到隔离带的作用，防止无关人员和其他动物随意进入兔场，在一定程度上阻断了传染源，减少外来病原的传入，防止疫病传播蔓延。

3. 空气净化

绿化能改善空气质量，减少空气中二氧化碳浓度，增加氧气含量，并能吸收空气中的部分有毒有害物质，同时还能阻隔一部分尘埃，减少空气中病原微生物数量，减少对长毛兔侵袭危害。

4. 降低噪声干扰

绿化树林达到一定的覆盖率，应能吸收和反射部分噪声，从而降低噪声干扰。

值得强调的是，为了充分利用自然资源，合理调节日照采光，除了在兔场西北部种植常绿乔木防风林外，两栋兔舍之间、道路两侧及其他绿化场所应该种植冬季落叶树种，以达到寒冷的冬季能采光取暖，炎炎夏季能遮荫蔽日之目的（图 3–1、图 3–2）。

图 3–1　规模兔场模拟布局效果图

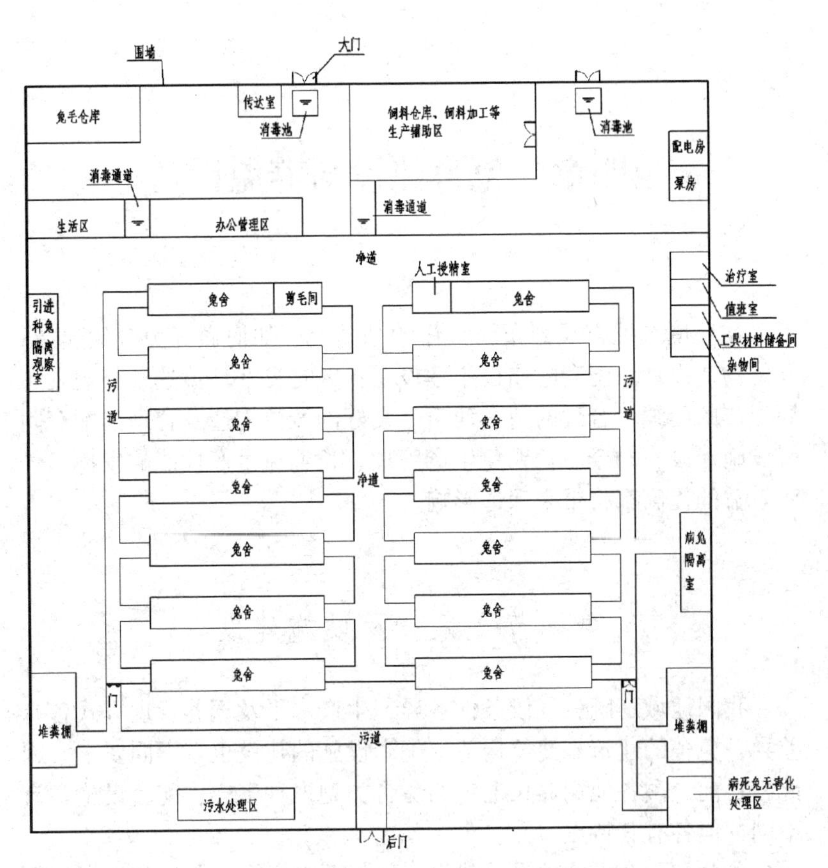

图 3–2　规模兔场模拟布局图

第四章　兔舍建设与养兔设备

在环境选址与规划布局工作的基础上，如何做好兔舍的建造、笼位构造设计、配套附属设施建设工作，是良好环境选址与规划布局工作的延续，合理的兔舍建筑、良好的笼位构造及合理的配套附属设施建设，对今后长毛兔生产管理、长毛兔生产性能的发挥、经济效益的提高都将带来深远影响。

第一节　兔舍及设施建设

我国地域辽阔，气候条件各异，生产水平及饲养管理方式各有差异，兔舍的建筑、笼位构造、配套设施的建设也有不同要求。因此，目前全国各地饲养长毛兔的兔舍类型多种多样，配套设施各有不同，但各有其特点。

兔舍和配套设施的设计建设，不但要考虑全国各地的地理位置和当地的气候条件，还要根据长毛兔的生活习性、生理特点、通风换气、日常管理、疫病防控、日照采光、温湿调节、环境清洁、成本控制、生产安全等诸多要素。

一、兔舍建筑的类型

兔舍建筑的类型，形式多种多样，但大致上可分为开放式兔舍、室内半开放式兔舍、封闭式兔舍、组装式兔舍 4 种。一般兔舍建造按其屋顶的形式可分为：双坡式、单坡式、平顶式、拱形式、钟楼式和半钟楼式兔舍等等。

1. 开放式兔舍

开放式兔舍的形式有：一面无墙式、两面无墙式、四面无墙式。兔笼的后壁相当于兔舍的后墙壁，兔笼的侧面相当于兔舍的侧墙壁，在气候较温和的地区较为多见，如江苏、浙江及南方其他地区，在 20 世纪 80—90 年代所建设的中小型兔场、养兔专业户多数是这种开放式兔舍。其优点是建设工程相对简单，造价低廉，通风良好，阳光充足，饲养管理方便；但其缺点也较明显，主要是防寒能力较差，不利于环境控制，雨水与兔场污水难易分离，难免污染周边环境，也不利于兔场的环境卫生控制，难以阻止无关人员和其他动物进入兔舍，不利于疫病控制和长毛兔的安全。随着现代畜牧业的发展要求，自动化机械化程度的不断提高，开放式兔舍在多数地区已基本被淘汰，只有在偏远的山区或大规模的种植园区内，其农牧配套种养结合等自然环境条件许可的地方，可采用开放式兔舍。

开放式兔舍，根据兔笼排列又可分为单列式或双列式两种。①单列式兔舍，就是一座兔舍内只排列一排兔笼，利用 3 个兔笼以叠加式的方法，兔笼后壁作为北墙，南面设半墙或铁丝网，并在南面建立柱，以便于支持兔舍屋顶抬梁；②双列式兔舍，其中间为饲喂管理通道，两侧为相向排列的两列兔笼，兔舍的南墙和北墙即为兔笼的后壁，最上一层兔笼顶板上筑一定高度的立柱，以便于支持兔舍屋架抬梁，双排兔笼后壁外部设有清粪沟。这类兔舍适宜位于种植园中的中小型兔场和山区专业户养兔，虽然其雨水与兔场污水难以完全分离，但可采取延长屋檐，及时清理兔粪在种植园中消纳等措施，再加上兔场处在种植园中，植物的吸收利用净化，一般不会对周边环境造成污染。

开放式兔舍也有另外一种建造法，就是棚式兔舍，这类兔舍四周无墙体，只设有兔舍顶棚，靠立柱支撑，有的地区采用仿温室结构建造，棚顶加横梁，梁上覆盖塑料薄膜，薄膜用绳索或其他重物固定，在棚内建造兔笼，类似于临时建筑。

棚式兔舍的优点是通风透光，空气新鲜，光照充足，结构简单，建设工程量少，造价低廉；缺点是只能起到遮阳避雨的作用，防寒能力较差，不利于环境控制，雨水与兔场污水难以彻底分离，难以阻止无关人员和其他动物进入兔舍，不利于疫病控制和长毛兔的安全，几乎存在开放式兔舍所有的不足。仅适用于冬季较为暖和或四季如春的地区使用。笔者认为棚式兔舍不宜提倡或大量推广。

开放式兔舍模拟图，见图 4–1。

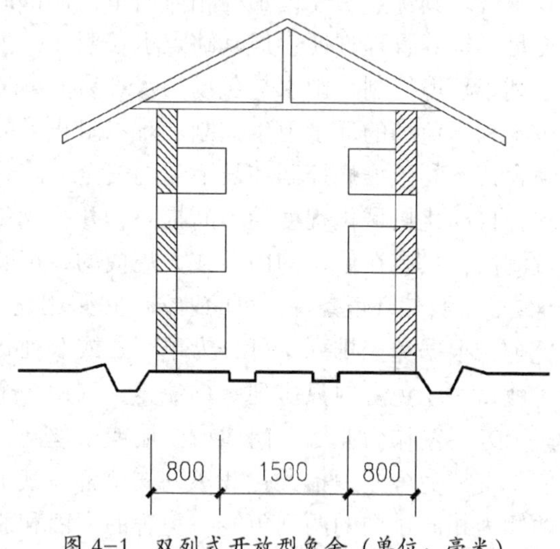

图 4–1 双列式开放型兔舍（单位：毫米）

2. 室内半开放式兔舍

室内半开放式兔舍四周墙壁完整，上有屋顶，多为人字形或钟楼式屋顶，南、北墙均设有窗户和通风孔，东、西墙设有门和通道，并可在屋顶南、北面设置透光瓦。这类兔舍的优点是通风良好，光线充足，管理方便，防寒能力较好，有利于环境调控，雨水与兔场污水容易分离，有利于兔场周边及兔场内的环境卫生控制，能有效阻隔无关人员和其它动物进入兔舍，利于疫病控制和长毛兔的安全；缺点是相对于开放式兔舍来说，兔舍湿度较大，有害气体浓度较高，需要人工调节。

室内半开放式兔舍，根据兔舍跨度大小和舍内通风设施情况，可设双列、四列或四列以上兔笼。多列式兔舍有应用现代新技术新设备的空间和条件，在经济条件、场地布局条件允许的情况下，可组织集约化生产，采用自动控温、自动控湿，自动喂料、自动饮水、自动清理粪便和自动控制通风等现代化控制手段，一年四季皆可配种繁殖，管理规范，受自然气候条件影响小，挖掘效益空间大，有利于兔舍的利用率、长毛兔生产性能的发挥和劳动效率的提高。但在没有人工通风设施设备、供电状况不稳定及自然通风不理想的情况下，由于其缺点明显，不宜采用四列或四列以上兔笼的安排。

室内四列式半开放型兔舍模拟图，见图 4–2。

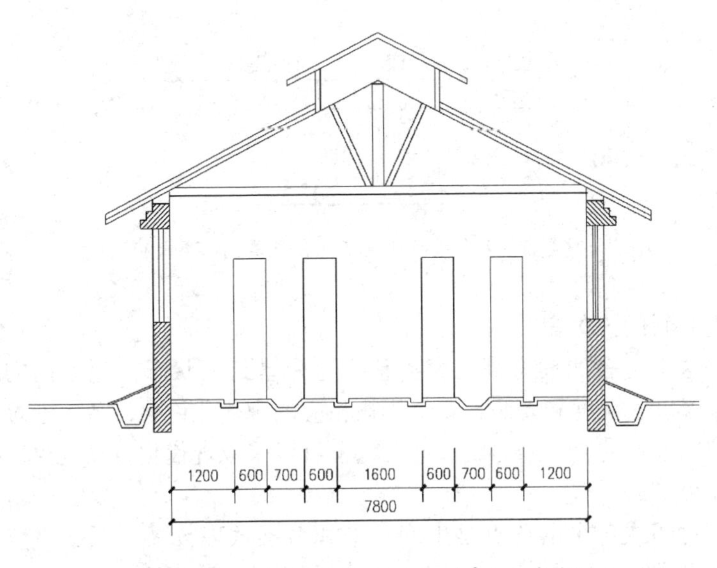

图 4–2　四列式半开放型兔舍（单位：毫米）

室内六列式半开放型兔舍模拟图，见图 4-3。

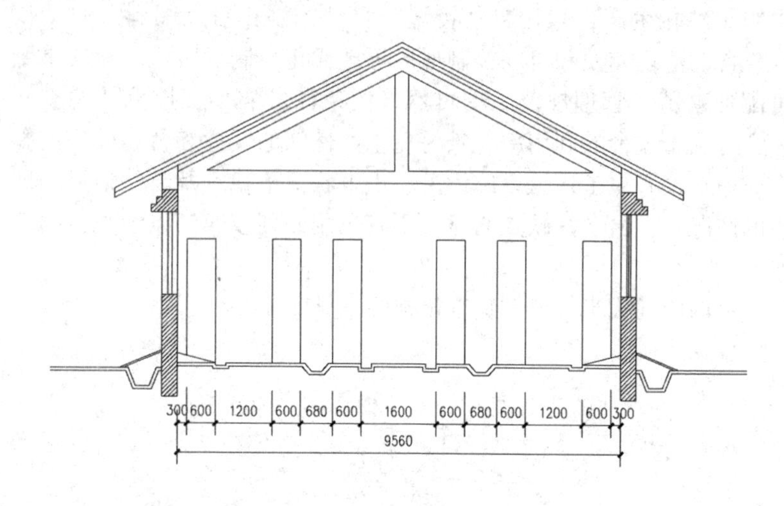

图 4-3　六列式半开放型兔舍（单位：毫米）

3. 封闭式兔舍

这类兔舍四周有墙无窗，整幢兔舍呈封闭状态，兔舍内的通风、温度、湿度和光照，完全依赖相应的现代化设施设备，通过人工控制或自动调节来完成。这类兔舍可以采取现代化自动化生产模式养兔。

封闭式兔舍的优点是生产水平和劳动效率较高，不受季节影响，可进行常年生产、高效生产，管理方便，防寒能力较好，雨水与兔场污水容易分离，有利于兔场周边及兔场内的环境卫生控制，能有效阻隔无关人员和其他动物进入兔舍，有利于防止各种疫病传播和长毛兔的安全；缺点是相对于开放式兔舍来说，一次性投资较大。虽然管理较为方便，但管理要求较高。由于不能自然通风，兔舍内湿度较大，有害气体浓度较高，这些需要通过现代化设施设备来进行控制和调节，才能达到预期目的。所以，其日常运行成本会相对提高。

在经济条件、技术条件和场地布局条件允许的情况下，可采用封闭式兔舍养兔。为便于组织集约化工厂化生产，可采用自动控温、自动控湿，自动喂料、自动饮水、自动清理粪便和自动控制通风等现代化控制手段。且常年都能配种繁殖，不受自然气候条件影响，挖掘效益空间大，与室内半开放式兔舍一样，有利于兔舍的利用率、长毛兔生产性能的充分发挥和劳动效率的提高。这就要必须具有基本的设施设备，特别是要配备备用应急电源。目前，其主要应用于种兔饲养和集约化兔场，国外养兔业发达国家应用较多。

4. 组装式兔舍

所谓组装式兔舍，其实也只是兔舍的部分建筑物是活动式的。组装式兔舍是在类似于封闭式兔舍设计建造思路的基础上进行改造，将兔舍的墙壁、门窗设计成活动式，根据需要可以卸下或安装。夏季天气炎热时可局部或全部卸下，成为开放式或棚式兔舍，而冬季为防寒保暖又可重新组装，成为严密的封闭式兔舍。

组装式兔舍的优点是适宜于不同地区、不同季节使用，灵活方便，便于对舍内环境的调节和控制，而其缺点是兔舍构件要求质量较高，必须坚固轻便耐用，保温隔热性能良好，而且建设成本较高。目前国外养兔业发达国家应用较多，国内较为少见。

二、兔舍建设的要求

兔舍的设计建设应符合长毛兔的生活习性，兔舍的建设是否合理，直接关系到是否便于日常饲养管理，是否能提高工作效率，是否便于疫病控制和长毛兔生产性能的发挥。为了充分发挥长毛兔的生产潜力，提高养兔的经济效益，建造兔舍时必须遵循下述基本要求。

1. 地面

兔舍地面应坚实、平坦，易清扫消毒，不透水而干燥。目前，一般兔舍多采用水泥地面。有些地区采用砖块地面，虽然造价较低，但缺点甚多，如易吸水、积粪尿，造成舍内湿度过大，消毒困难，故大中型兔场不宜采用。

2. 墙体

兔舍墙体应坚固、耐火、抗冻、耐水，结构简单，具备良好的保温与隔热性能。一般以砖砌墙为最理想，保温性较好，还可防兽害，也便于消毒灭源。目前，国外有的现代化兔场用波形铝板–防水板–聚乙烯膜组合建墙，保温隔热效果很好，但造价较高。

3. 门窗

兔舍门窗主要考虑有效采光面积和抗寒保温。兔舍的采光系数应为 1∶(6~10)，透光角应大于 10°，入射角不小于 25°~30°，窗台以离地面 1 米左右为宜；门宽 1.0 米左右，高 2 米以上，以便于设施设备的搬运，也便于日常管理。封闭式兔舍四周有墙无窗，整栋兔舍呈封闭状态，兔舍内的通风、温度、湿度和光照，完全依赖相应的现代化设施设备，通过人工控制或自动调节来完成。造价和运行成本较高

4. 舍顶

舍顶是兔舍的防护结构，用于防雨、防风、遮阳等。舍顶形式最常用的为双坡式，适于较大跨度的兔舍。钟楼式和半钟楼式舍顶有利于加强通风和采光，适于大跨度兔舍或需温暖地区采用。材料可选用水泥制件、木材、钢材、瓦片或金属板建造而成。在实际生产中，舍顶采用瓦片的，跨度一大就会造成采光不足，在这种情况下，可在舍顶安装适当数量的玻璃来代替瓦片，以增加采光强度。

5. 粪尿沟

粪尿沟的建设要求，需有利于排水和清扫，防止表面粗糙凹凸不平而出现堵塞现象。宜用水泥、砖石或瓷砖砌成，要做到其走向平直，表面光滑，而不渗漏，兔舍内宽度为 25~35 厘米，兔舍外粪尿沟要根据生产实际情况而定，应适当加宽，如果是对尾式排列，则宽度加倍，如果有条件，粪尿沟宜宽不宜狭，以便于日常清理，粪尿沟的坡度以 1.0%~1.5%为宜。若兔舍过长，要防止粪尿满溢，出粪口可设置于兔舍中部或两端，以利于粪尿流畅和清扫。

三、兔舍建设的设计参数

规模化长毛兔养殖场，不但要因地制宜做好规划布局工作，而且在实施建设前要进行建筑设计。

规模化兔舍设计，包括生物学设计和建筑学设计。兔舍作为长毛兔的生活环境和生产场所，必须根据长毛兔的生物学特点和饲养管理要求，进行科学合理设计。

1. 兔舍容量

大中型长毛兔养殖场，每栋兔舍饲养长毛兔的数量，要根据不同情况分别对待，要考虑是商品兔还是繁殖母兔，还要考虑兔场所在地区的地理环境（主要是考虑日照和通风）。一般情况下，以1名饲养员的工作量来设计，商品兔（单纯产毛兔）每栋兔舍以饲养成年兔1000~1200只为宜，繁殖母兔每栋兔舍以饲养300只左右为宜，为了兔场设计布局的整体美观，繁殖母兔每栋兔舍可安排2名饲养员，每栋兔舍饲养繁殖母兔600只左右，可根据具体情况给每位饲养员划分区域。当然，如果兔场所在地理位置的环境不够理想，自然通风不良，日照采光不足，就应另当别论，适当缩小每栋兔舍饲养长毛兔的规模容量。

2. 兔舍高度

兔舍高度影响到内环境的控制，影响到兔舍内的空气质量。兔舍高度一般以净高表示，指地面至天棚（天花板或屋架下缘）的高度。兔舍高有利于通风，缓和高温天气影响，但不利于保温。因此，北方地区，应适当降低净高，一般为2.2~2.5米，南方地区，应适当增加兔舍高度，一般为2.5~3.0米。这里要特别强调的是，兔舍高度与兔舍的跨度（宽度）有关，兔舍的跨度越大，兔舍的高度应该相应增加，主要是考虑兔舍内的通风换气问题。

3. 兔舍跨度

兔舍跨度应根据兔笼构造形式、兔笼排列方式、气候环境及兔场地块的具体情况等条件而定，兔舍跨度还与兔舍的建造形式、日常管理方式有关，开放式兔舍因其粪尿可在舍外另筑沟槽，兔舍跨度可适当小一些，而室内半开放式兔舍因其粪尿一般需在舍内清理，兔舍跨度就应该适当大一些。一般单列式兔舍跨度为 3 米左右，双列式 4.5 米左右，三列式 5.5 米左右，四列式 7~8 米。总的来说，笔者认为，在非全自动控制的情况下，兔舍跨度不宜过大，一般控制在 8~10 米，跨度过大不利于通风和采光，以四列式为妥，自然条件好的可采用六列式。

4. 兔舍长度

兔舍长度同样与气候环境及兔场地块的具体情况有关，与兔笼构造形式、兔笼排列方式、兔场管理经营方式也有关系，兔笼构造形式和兔笼排列方式会直接影响到兔舍的通风换气。一般可根据场地条件、建筑布局灵活掌握。但为了便于兔舍的疫病控制、防疫消毒、通风换气、日照采光，考虑到粪尿沟的坡度，一般以控制在 50 米左右为宜。也可以根据 1~2 名饲养员的饲养能力确定兔舍长度。

5. 防疫设施

做好一个长毛兔场的防疫工作，关键在于防疫基础设施的建设和防疫制度的建立及执行。兔场大门、各区域入口处，特别是生产区和兔舍入口处应设置相应的消毒设施，如车辆消毒池、脚踏消毒槽、喷雾消毒室、更衣换鞋间等。

规模兔场大门出入口处设置与门同宽，长 4 米、深 0.3 米以上的消毒池，关于生产区的消毒池（室）的设置，主要在内外两个关键地点，对外就是生产区与其他功能区之间的通道位置，对内是各栋兔舍等建筑物的出入门口。生产区与其他功能区之间的通道位置，通道的门口要设置相应的消毒设施，通往饲料加工区的门口应设置车辆消毒池；通往管理区、生活区的门口应设置消毒室（喷雾消毒室或紫外线灯消毒室），同时设置脚踏消毒池；各栋兔舍等建筑物的出入门口应设置脚踏消毒池或脚踏消毒垫。兔场四周应设置防护围墙，既为了防疫设施的完整性，也是为了兔场的生产安全。

6. 排泄物处理系统

长毛兔场排泄物的处理系统设计极为重要，在人们对环境要求越来越高，对保护环境意识也越来越强，从中央到地方各级政府对环境污染的整治力度也在不断加大的形势下，长毛兔场的污水排放系统的建设和要求，与过去的建设处理要求有很大差别，过去对兔场的排泄物只是简单的收集，多数兔场设置的污水沟是开放式的，雨污不分离，如开放式兔舍，其长毛兔的排泄物、冲洗下来的污水都集中到露天的排污沟中，完全是开放式的，而且收集的粪便污水后续处理不规范，这样一定会对环境造成污染。为此，我们在排污系统设计上也要与时俱进，不但要考虑长毛兔场自身的动物防疫安全，做到兔场内清洁卫生，杜绝疫病传播隐患，而且要将排泄物进行资源化利用，实行种养结合，农牧配套，生态循环，确保兔场周边环境的洁净。

排泄物的处理系统主要由雨污分流设施、排污管网、污水处理池、贮存池、兔粪处理棚组成。

雨水与污水应进行分流，目的是减轻污水处理负担。雨污分流设施主要是把雨水和污水彻底分离，把雨水引入下水道（或排水沟）排出兔场外，以防兔场内积水，而把污水引入排污管网进入污水处理池。雨污分流有多种方法，方法之一是将雨水通过天沟直接引入下水道，而污水通过污水沟或污水管接入排污管网，从而达到雨污分流的目的。排污管网主要是将全场的污水引入污水处理池，如果采用污水沟，其沟的宽度要根据污水量来决定，一般为 40~50 厘米，其沟深度，应从起始端由浅而深通向污水处理池，起始端 10 厘米左右，倾斜度为 1.0%~1.5%。这也要看起始端到污水处理池的距离而作具体决定，如果采用管道来建排污管网，则管道的大小应从起始端由小到大通向污水处理池，起始端直径 20 厘米左右，邻近污水处理池的管道直径为 25~30 厘米。排污管网需设若干个检修口，以防管道堵塞。污水处理池容积大小由兔场污水排出量而定，以贮集 4~5 周的污水量为宜。污水处理池的建设形式有很多，由于兔场污水较少（指管理合理情况下），兔尿通过兔粪吸收蒸发，很少有兔尿排入污水管网，主要是兔场冲洗下来的污水。所以，其污水中的有机废弃物浓度较低，一般采用多格式的处理池，而不采用沼气池处理。多格式处理池深 2 米左右，宽长由兔场污水排出量而定，其池底需用钢筋混凝土制成，处理池四面墙壁及分格墙壁用25厘米以上砖墙，砖墙要严实而不能留有空隙，砖墙要用水泥沙浆抹制，防止渗水。处理池顶盖需用钢筋混凝土制成，处理池要留有放气口和取水口。贮存池的作用，是在多格式处理池排出的污水不能及时消纳利用时，作临时贮存之用。其建设方式，一般建在地面上，其池底需用钢筋混凝土制成，四面墙壁的建设与污水处理池相同，但四面墙壁一定要牢固，严防贮存水的压力造成墙壁倒塌。为了安全起见，贮存池上面要加盖，污水处理池及贮存池四周要构筑围栏，并设置警示标志。

第二节　笼位建设与构造

一、设计要求

长毛兔笼养是最主要的饲养模式，也符合长毛兔的生物学特性，也适合工厂化、现代化生产，但兔笼设计要求造价低廉，经久耐用，便于操作管理，大小适中，要根据长毛兔的不同用途，来设计不同的兔笼。兔笼并不是越大越高越深越好。根据笔者的经验，兔笼过深，饲养员抓兔时很不方便，笼位过高，顶层笼中的兔不易日常管理和健康检查。兔笼设计内容包括兔笼规格、兔笼结构及叠加笼位总高度控制。

1. 兔笼规格

兔笼的规格大小，应按长毛兔的品系类型和性别、年龄、用途等不同而定。一般以种兔体长为尺度，笼深为体长的1.5倍左右，笼宽为体长的1.3~1.5倍，笼高为体长的0.8~1.2倍。大小应以保证长毛兔能在笼内自由活动，便于操作管理为原则。一般情况下，大型高产长毛兔笼的规格参数为：

种公兔兔笼：笼深75厘米，笼宽100厘米，笼高：前檐47厘米，后檐37厘米。

繁殖母兔和成年产毛兔笼：笼深 65 厘米，笼宽 65 厘米，笼高：前檐 47 厘米，后檐 37 厘米。

兔笼基脚：前高 20 厘米，后高 30 厘米。

承粪板空间高度：前高 15 厘米，后高 25 厘米。

如果饲养体型相对较小的长毛兔，其笼深 60 厘米左右，笼宽 60 厘米左右即可。

2. 兔笼结构

兔笼结构由笼门、笼壁、笼底板及承粪板组成。

笼门：笼门应安装于笼前，要求启闭方便，能防兽害、防啃咬。可用竹片、打眼铁皮、镀锌钢丝等制成。一般以右侧安转轴，向右侧开门为宜。为提高工效，草架、饲槽、饮水器等均可挂在笼门上，以增加笼内实用面积，减少日常管理的开门次数。

笼壁：这里所指的笼壁，为笼前壁、笼后壁和兔笼左右侧壁。笼前壁一般用材与笼门相同，多为镀锌钢丝制成，兔笼左右侧壁、笼后壁一般用水泥板或砖、石板等砌成，也可用竹片或金属网钉成，现多为水泥板制成。笼壁要求保持平滑，坚固而能防兔子啃咬，以免损伤兔体和钩脱兔毛。如用砖砌或水泥预制件，需预留承粪板和笼底板的搁肩，搁肩左右各留 3~5 厘米为宜。

笼底板：笼底板一般用竹片或镀锌钢丝制成。要求平而不滑，坚固而有一定弹性，宜设计成活动式，以利于掉换、清洗、消毒或维修。如用竹片钉成，则要求竹条宽 2.5~3.0 厘米，厚 0.8~1.0 厘米，间距 1.0~1.2 厘米。竹片钉制方向应与笼门垂直，以防兔脚形成向两侧的划水姿势。这里要特别强调笼底板竹条间距非常重要，间距过小容易积聚粪便，间距过大兔脚容易受伤。

承粪板：承粪板宜用水泥预制件，以增加使用寿命，水泥预制件厚度为 2.0~2.5 厘米，要求防漏防腐，表面光滑，便于清理和消毒。在多层兔笼中，上层兔笼的承粪板即为下层的笼顶。为避免上层兔笼的粪尿、冲刷污水溅到下层兔笼内，承粪板应向笼体前伸 3~5 厘米，后延 5~10 厘米，前后倾斜角度为 10°~15°，以便粪尿经板面自动落入粪沟，并有利于清扫。

3. 笼位高度

目前国内常用的多层兔笼，一般由 3 层组装排列而成。为便于操作管理和维修，3 层笼位总高度应控制在 1.9~2 米。最底层兔笼离地面高度应在 20 厘米左右，以利于通风、防潮，使饲养在底层的长毛兔也有较好的生活环境。

二、构件材料

全国各地因生态条件各异，经济发展水平不一、养兔习惯各有差异，以及生产规模的不同，建造兔笼的构件材料亦各不相同。

1. 水泥预制件兔笼

我国南方各地多采用水泥预制件兔笼。这类兔笼的左右侧壁、后壁和承粪板都采用水泥预制件组装而成，配以竹片笼底板和金属或木制笼门。主要优点是耐腐蚀，耐啃咬，适于多种消毒方法，坚固耐用，兔与兔之间相互干扰小，造价低廉。缺点是自然通风性能较差，无法移动迁移。

2. 竹（木）制件兔笼

在我国许多山区，竹木资源丰富，竹木用材较为方便，在小规模饲养长毛兔的情况下，可采用竹、木制兔笼。主要优点是可就地取材，价格低廉，使用方便，移动性强，且有利于通风、防潮和维修，隔热性能较好。缺点是容易腐烂，不耐啃咬，难以彻底消毒，不宜长久使用。

3. 砖（石）制兔笼

采用砖、石、水泥或石灰砌成，是我国南方各地室外养兔普遍采用的一种方法，起到了笼、舍结合的作用，一般建造 2~3 层。主要优点是取材方便，造价低廉，耐腐蚀，耐啃咬，防兽害，保温、隔热性较好。缺点是自然通风性能差，不易彻底消毒。

4. 金属网兔笼

一般采用镀锌钢丝焊接而成，适用于工 厂化、现代化、较大规模的长毛兔养殖场。主要优点是自然通风好，透光性强，耐啃咬，易消毒，使用方便。缺点是容易锈蚀，造价较高，兔与兔之间相互干扰大，防疫效果较差，如采用无镀锌层的钢丝，其锈蚀更为严重，且污染兔毛，又易引起脚皮炎，这种方式只适宜于室内养兔或比较温暖地区采用。笔者认为长毛兔种兔场不宜采用这种方式。

5. 全塑型兔笼

采用工程塑料零件组装而成，也可一次压模成型。全塑型兔笼的主要优点是结构合理，拆装方便，便于清洗和消毒，耐腐蚀性能较好，脚皮炎发生率较低。其缺点是造价较高，不耐啃咬，塑料容易老化，且只能采用药液消毒，因而使用不太普遍。

三、兔笼形式

兔笼形式多种多样，兔笼形式主要根据饲养规模、管理方式、兔舍情况而选择决定。形式可按状态、层数及排列方式等，大致可分为平列式、重叠式、立柱式、阶梯式和活动式等 5 种。目前我国农村养兔以重叠式固定兔笼为主。

1. 平列式兔笼

平列式兔笼就是所有笼位均为单层排列，不重叠，一般为竹、木或镀锌钢丝制成，又可分为单列活动式和双列活动式两种。其主要优点是：由于是单层笼位，一栋兔舍的单位体积内饲养长毛兔总量有限，有利于饲养管理和通风换气，环境较为舒适，有害气体浓度较低。缺点是兔舍利用率较低，饲养密度较低，空间浪费较多，仅适用于小型兔场饲养繁殖母兔。

2. 重叠式兔笼

重叠式兔笼在长毛兔生产中使用最为广泛，多采用水泥预制件或砖木结构组建而成，一般上下叠放 2~4 层笼位（从饲养管理方便的角度考虑，以 3 层为宜），其层间设承粪板。主要优点是兔舍利用率较高，通风采光良好，占地面积小，适合大规模饲养。其缺点是清扫粪便较为费力，有害气体浓度相对较高，所以在场址选择、总体布局、兔舍建造形式及设备使用上要整体考虑。

3. 立柱式兔笼

立柱式兔笼由长臂立杆架和兔笼组装而成，一般为 3 层，所有兔笼都置于双向立柱架的长臂上。主要优点是同一层兔笼的承粪板全部相连，中间无任何阻隔，便于清扫。其缺点是由于饲养密度较大，有害气体浓度较高，同时要考虑兔笼的稳定性和牢固度。

4. 阶梯式兔笼

阶梯式兔笼一般由镀锌钢丝焊接而成，在兔笼组装排列时，上下层笼体完全错开，不设承粪板，粪尿直接落在地面粪沟内。其主要优点是饲养密度较大，通风透光良好。其缺点是占地面积较大，兔舍利用率不高（如果层数一多就难管理，由于上层笼位离饲养员站立的位置较远，抓兔就比较困难），人工清扫粪便费力，适于机械清粪兔场应用。

5. 活动式兔笼

活动式兔笼一般由竹、木或镀锌钢丝等轻质材料制成，根据构造特点可分为单层活动式、双联单层活动式、多层重叠式、双联重叠式和室外单间移动式等多种兔笼。其主要优点是移动方便，构造简单，容易保持兔笼清洁等。其缺点是饲养规模较小，仅适用于家庭小规模饲养。

四、配套用具

配套用具主要有食槽、草架、饮水器、产仔箱等。

1. 食槽

食槽又称饲槽或料槽。食槽制式多种多样，有转动式食槽、陶瓷食盘、长条形食槽，食槽的材质、式样选择要根据长毛兔场的规模大小、饲养管理运行模式而定，大规模的长毛兔养殖场，应该选择适应自动化投食喂料系统安装使用的食槽，以减少工作量，如小规模家庭作坊式的长毛兔养殖场（户），就只要选择使用方便，便于消毒，成本较低，经久耐用的食槽。

食槽有不锈钢制式、铁皮制式、塑料制式、水泥制式及陶瓷制式等。我们所要考虑的有两个问题：一是用材问题，用不锈钢、铁皮材质制成的食槽优点是能防兔子啃咬，便于固定在笼门上，使用方便，适宜各种消毒方法，而其缺点是材质较轻，容易被兔子翻倒，不宜摆放，铁皮材质的容易锈蚀，使用寿命不长；塑料材质制成的食槽优点是成本低，使用方便，但其缺点明显，材质较轻，而容易被兔子翻倒，不宜摆放，容易被兔子啃咬而破损；水泥制式、陶瓷制式的食槽，一般是放在兔笼底板上，优点是能防兔子啃咬，适宜各种消毒方法，其缺点是容易破损，饲料易受到污染，投食喂料不方便，不适宜大规模的长毛兔养殖场使用。二是食槽式样问题，食槽的式样要根据日常饲养管理模式和长毛兔饲养规模来定，从使用模式来看，一是挂壁转动式，二是自动喂料器、三是摆放式食盘。挂壁转动式方便实用，管理便捷；而摆放式食盘，我国在20世纪70—80年代使用较为广泛。由于其饲喂不太方便、工作量大等因素，目前多数已被挂壁转动式食槽或自动喂料器所替代。

食槽要求质地坚固耐用，耐啃咬，容易清理洗刷消毒，取用更换简单快捷，日常使用方便，实用性强，造价相对低廉。

2. 饮水器

饮水器多种多样，但基本可分为两类，即自动饮水器(系统)和人工饮水器。而自动饮水器（系统）和人工饮水器也有很多种。在这里各简单介绍一种：①人工饮水器，一般情况下用于家庭养兔或小型长毛兔场，多用陶瓷盘或陶瓷水钵，优点是清理、清洗、消毒方便，经济实用。其缺点是每次换水要开启笼门，日常使用不太方便，易被粪尿污染和推翻容器，还容易破损。笼养兔也可用盛水玻璃瓶倒置固定在笼壁上，瓶口上接一橡皮管通过笼前网伸入笼内，利用高差将水从瓶内压出，任兔自由饮用。②自动饮水器（系统）多用于大型长毛兔场，常用情况下，自动饮水器由水泵、贮水塔、减压水箱、控制阀、水管及饮水乳头等组成。为了防止水流外渗，饮水乳头安装在一个金属饮水器中央，当兔嘴触动饮水乳头时，其乳头受压力影响而使内部弹簧回缩，水即从缝隙流出。这种饮水器的优点是既能防止污染，又可节约用水。其缺点是投资成本较高，要求水质干净，容易堵塞。

3. 草架

草架主要用于饲喂青绿饲料和干草，过去小规模饲养长毛兔时，使用颗粒饲料者少，而以青绿饲料或干草为主，不管是繁殖母兔还是产毛兔，都用青绿饲料或干草饲喂，那时的草架显得比现在重要。草架制作考究，一般用木条、竹片或铁丝做成“V”字形，一般固定在笼门上，紧靠于笼底板之上，内侧间隙为 4 厘米，外侧为 2 厘米，可前后活动，拉开加草，推上让兔吃草。

而现在的大规模长毛兔养殖场，一般只对繁殖母兔、种公兔添喂青绿饲料，以增强繁殖率，草架就相对比较简单。

草架一般用一片铁丝网，一般固定在笼门或笼位笼前壁上（如食槽安装在笼门上时，草架就固定在笼位笼前壁上），与笼门或笼前壁形成“V”字形，“V”字形内投放青绿饲料，由长毛兔自由采食。

4. 产仔箱

又称巢箱。是母兔产仔、哺乳、仔兔保温的重要场所，是培育仔兔的重要设施。一般用木板或金属片、硬质塑料等材料制成。但笔者认为以木板为宜。

目前，我国各地长毛兔场常用的产仔箱有两种式样：一种是用 1~1.5 厘米厚的木板钉成长 41 厘米×宽 28 厘米×高 15 厘米的长方形敞开平口产仔箱，箱底留有缝隙或小孔，使仔兔不易滑倒和有利于排除尿液，产仔箱有留着缝隙或小孔的箱盖，仔兔喂奶结束休息时盖上箱盖，以防仔兔被老鼠等其他生物伤害；另一种为 40 厘米×30 厘米×28 厘米的有月牙形缺口的产仔箱，产仔、哺乳时可横侧向以增加箱内面积，平时则以竖立向摆放以防仔兔爬出箱外。经笔者几十年的实践，认为以前者为宜。

第五章　长毛兔品种与特性

了解和掌握长毛兔的生物学特性，是长毛兔饲养和管理的基本要求，只有了解它的特性和特点，为其创造良好的饲养环境，才能更科学合理地去培育它、利用它和管理它。但掌握长毛兔各品种的特点，是为了饲养更有针对性，以便更好地迎合市场需求。

第一节　长毛兔生物学特性

长毛兔即安哥拉兔，是世界上著名的毛用动物之一。在动物分类学上属动物界、脊索动物门、脊索动物亚门、哺乳纲、兔形目、兔科、兔亚科、穴兔属、穴兔种、家兔变种。

应当指出，现今人们饲养的各种家兔，都是由野兔驯化和培育而来的。在分类学上，人们将野兔分为两类，即穴兔和旷兔（或称兔类）。经考证，分布在我国各地的9种野兔，全属旷兔，即兔类。长毛兔起源于野生穴兔，在人类长期驯化过程中，虽然改变了野兔原有的许多属性，但是仍然不同程度地保留着其原始祖先的一些生物学特性。我们了解和掌握长毛兔的生活习惯和行为特性，是为了更有针对性地为长毛兔创造良好的生活环境和饲养条件，以便更科学更合理地饲养好长毛兔，管理好长毛兔，充分发挥好长毛兔的优良特性，进一步提高长毛兔饲养产业的经济效益。

一、行为习性

1. 标记行为

自然界中的野兔多以打洞穴居生活，其伙伴及后代在其颌下毛囊中形成的腺体帮助下，标记其活动范围。公兔远离穴洞时则以尿味留下其标记。

在人工饲养条件下长毛兔在更换笼舍时，一般先以嗅觉检测新环境。公兔如果放入母兔笼舍后，一般先会四处嗅闻，用嗅觉来标记新环境；若将发情母兔放入公兔笼中，则彼此很快就会产生性反应。所以，采用公母兔自然配种时，将发情母兔放入公兔笼中，比公兔放入母兔笼中容易配准受胎，且受胎率高，产仔数多。

2. 拉毛做窝

母兔的临产征状与其他家畜大有不同。临产时母兔除表现食欲减退、啃咬笼壁、拱翻饲槽外，还有拉毛做窝行为。据生产实践观察，多数妊娠母兔在临产前 2~3 天开始拉毛做窝，特别是经产母兔，做窝时会将胸部绒毛拉下铺垫在窝内，临产前 3~5 小时大量拉毛。拉毛与母兔的护仔性和泌乳力有着直接关系，做窝早、拉毛多的母兔，其护仔性、泌乳力均较强。

据观察，一般经产母兔都有较强的拉毛做窝行为，部分不会拉毛做窝的初产母兔，临产前最好进行人工辅助拉毛，用手拉下临产母兔胸部乳房周围的一部分长毛，铺垫于产仔箱中，以提高初产母兔的护仔性和泌乳力。

3. 同性好斗

同性公兔、部分母兔相遇或群养时，均会表现出同性好斗行为。特别是公兔，一旦相遇，若双方力量相当时，就会发生激烈争斗，咬得头破血流，尤其是要害部位，如睾丸、头部、大腿、臀部等部位会受到严重的攻击伤害。

长毛兔的同性好斗行为可能与其祖先的长期穴居有关，养成了独立生活的习惯。因此，饲养种兔特别是种公兔、妊娠、哺乳母兔时，必须采用单笼饲养，尽量避免同性两兔相遇，以免发生争斗伤害。

二、生活习性

1. 昼静夜动

长毛兔在人工饲养条件下，日间多静伏笼中，闭目养神，夜间则十分活跃，频繁采食和饮水。据测定，长毛兔夜间采食的饲料和饮水约占全部日粮和饮水量的 60%。

长毛兔的夜动和夜食习性是长期自然选择的结果。根据昼静夜动的生活习性，一个长毛兔养殖场在日常饲养管理中，必须要制订适合长毛兔生活习性的日常管理制度，要求饲养员严格按照日常操作规程和制度执行到位，夜间要添足草料和饮水，尤其是炎热的夏季更为重要，更要注重夜饲管理。

2. 胆小怕惊

长毛兔属体小力弱动物，缺乏抵御敌害的能力，具有胆小怕惊的特性。遇有突如其来的刺激，听到有异常声音，或竖耳静听，或惊慌失措，或乱蹦乱跳，甚至引起食欲不振，母兔流产、咬伤或残食仔兔，极易造成不良应激。

在日常饲养管理过程中，保持兔舍和环境的安静是非常重要的管理措施。在日常管理中动作要轻要稳，尽量避免各种噪声，防止狗、猫等兽类进入兔舍惊扰。

3. 喜干爱洁

长毛兔喜欢干燥、清洁的环境，厌恶潮湿、污秽的生活环境，兔舍内最适宜的空气相对湿度为 60%~65%。据观察，成年长毛兔的排粪、排尿都有固定的地方，且常用舌头舔舐自己的前肢和其他部位的被毛，清除身上的污垢。

长毛兔喜干厌湿习性是一种适应环境的本能，因为潮湿的环境容易感染各种疾病。所以，在日常管理中应经常保持笼舍的干燥、清洁和卫生。

4. 怕热耐寒

长毛兔被毛浓密，汗腺又极不发达，这就是它怕热的主要原因。由于被毛浓密，又使长毛兔具有较强的抗寒能力，但低温对仔兔和幼兔也有不良影响。

据试验，饲养长毛兔的最适温度是15~25℃。长期高温不仅会影响长毛兔的生长发育和繁殖性能，而且常会引起中暑死亡，诱发其他疾病。所以，在饲养管理上一定要安排好夏季防暑和冬季保温工作。

5. 喜啃硬物

长毛兔喜啃硬物的习性，与鼠类相似，具有啃咬硬物的习惯，通常称为啮齿行为。长毛兔的第一对门齿为恒齿，出生时就有，且不断生长，必须通过啃咬硬物使其磨平，以保持上下颌齿面的吻合。

长毛兔的这种习性常常造成笼具及设备的损坏。为避免造成不必要的损失，最好定期向兔笼内投放一些树枝或硬草，任其自由啃咬、磨牙，以减少对笼具的损坏。

三、形态特征

1. 外形特征

长毛兔的外形可分为头、颈、躯干、四肢和尾等部分。除鼻尖、腹股沟和公兔的阴囊部之外，全身各部位均被有纤细的绒毛。

(1) 头部。长毛兔的头部细小清秀，可分为颜面区及颅脑区。颜面区占头长的2/3左右。口较大，围以肌肉质的上、下唇。上唇中央有一纵裂，门齿外露，口边长有粗硬的触须。眼球大而几乎呈圆形，位于头部两侧，单眼视野角度超过180°，白色长毛兔的眼球呈粉红色，有色长毛兔的则多呈深褐色。耳长中等，可自由转动，随时收集外界环境声音信息，迅速产生反应。

(2) 体躯。可分为胸、腹、背3部分。发育正常、体质健壮的长毛兔，胸部宽而深，背腰平直，臀部丰满。良种长毛兔一般要求腹部大而不松弛，且富有弹性；背腰宽广，平直；臀部丰满，发育匀称。

(3) 四肢。长毛兔与其他家兔相同，前肢短而后肢长，这与跳跃式行走和卧伏式的生活习性有关。前脚有5趾，后脚为4趾（第一趾已退化），指（趾）端有锐爪，爪的弯曲度随着年龄的增长而变化，年龄越大则弯曲度越大。

2. 被毛特点

长毛兔全身被毛洁白、松软、浓密。根据兔毛纤维的形态学特点，一般可分为细毛、粗毛和两型毛等3种。

（1）细毛。细毛又称绒毛。是长毛兔被毛中最柔软纤细的毛纤维，呈波浪形弯曲，长5~12厘米，细度为12~15微米，一般占被毛总量的85%~90%。兔毛纤维的质量，在很大程度上取决于细毛纤维的数量和质量，在毛纺工业中价值很高。

（2）粗毛。粗毛又称枪毛或针毛。是兔毛纤维中最长、最粗的一种，直、硬、光滑、无弯曲，长度10~17厘米，细度35~120微米，一般仅占被毛总量的5%~10%，少数可达15%以上。粗毛耐磨性强，具有保护绒毛、防止结毡的作用。根据毛纺工业和兔毛市场的需要，目前粗毛率的高低已成为长毛兔生产中的一个重要性能指标，直接关系着长毛兔生产的经济效益。

（3）两型毛。两型毛是指单根毛纤维上有两种纤维类型：纤维的上半段平直，无卷曲，髓质层发达，具有粗毛特征，纤维的下半段则较细，有不规则的卷曲，只有单排髓细胞组成，具有细毛特征。在被毛中含量较少，一般仅占1%~5%。两型毛因粗细交接处直径相差较大，极易断裂，毛纺价值相对较低。

3. 换毛规律

兔毛有一定的生长期，当兔毛生长到成熟末期，毛根底部逐渐变细而脱落，新毛开始生长，这种换毛过程称为兔毛的脱换。

（1）年龄性换毛。这种换毛专指幼兔而言。仔兔初生时无毛，一般在4~5日龄开始长出细毛，到30日龄左右乳毛全部长成。生长发育正常的幼兔，第一次年龄性换毛在30~100日龄，第二次年龄性换毛在130~190日龄。长毛兔日龄在200天左右以后的换毛规律与成年兔一样。

（2）季节性换毛。这种换毛专指成年兔而言。正常情况下，成年兔每年春、秋两季各换毛1次。春季换毛在3—4月进行，由于此时饲料资源充裕，营养丰富，代谢旺盛，所以兔毛生长较快，换毛期较短；秋季换毛在8—9月进行，由于饲料变换，毛囊代谢功能减弱，此时的兔毛生长较慢，换毛期较长。

(3) 病理性换毛。长毛兔患病期间或较长时间内营养不足，新陈代谢紊乱，皮肤代谢失调，往往会发生全身性或局部性的脱毛现象，即为病理性换毛。

四、消化特性

长毛兔属单胃草食动物，具有自己独特的消化系统、消化特点和摄食行为。

1. 消化系统

长毛兔的消化系统包括消化器官和消化腺两大部分。消化器官包括口、咽、食管、胃、小肠（十二指肠、空肠、回肠）、大肠(盲肠、结肠、直肠)、肛门；消化腺包括唾液腺、肝、胰及胃腺和肠腺，消化腺分别由导管把腺体分泌的消化液输送到消化道的相应部位。

(1) 口腔。一是牙齿，成年长毛兔有牙齿28枚，其中门齿3对，前臼齿5对，后臼齿6对。二是腺体，口腔内有4对唾液腺，即耳下腺、颌下腺、舌下腺和眼下腺，腺体分泌的唾液经导管进入口腔，以便湿润、咀嚼及吞咽食物，另外，长毛兔在咀嚼时使食物和唾液在口腔内掺拌，使食物在口腔内就能进行初步消化。

(2) 胃肠。长毛兔的胃肠道构造独特，与其他畜禽差异很大，其胃肠道极为发达。胃的容积很大，约占消化道总容积的36%，肠管很长，为体长的10倍左右。大肠发达，分为盲肠、结肠和直肠3部分。盲肠容积约占整个消化道容积的42%，肠壁有25个螺旋瓣，盲肠内繁殖着大量的微生物和原虫，起着反刍动物瘤胃的作用。发达的结肠有一系列口袋状的结肠膨袋，其作用与盲肠相似，对利用饲料中的粗纤维有着极其重要的作用。

一般情况下，长毛兔在采食饲料后，食物在胃和小肠内停留

5~6 小时即进入盲肠，其中 75%~80%非纤维成分在胃和小肠内被迅速消化吸收，难以消化的纤维素则进入盲肠，在微生物的作用下分解产生低级脂肪酸，经肠壁被机体吸收利用。据生产实践，3 月龄以内的幼兔因盲肠微生物区系尚未发育完善，在消化道发生炎症的情况下，容易吸收消化道内的有害物质而引起幼兔肠炎，且死亡率较高。因此，在幼兔的饲养管理工作中，应特别注意日粮的搭配，要精心管理，防止肠炎和腹泻的发生。

(3) 球囊。兔子在回肠与盲肠的连接处有 1 个长径 3 厘米、短径 2 厘米左右的膨大、壁厚、中空的圆形球囊，俗称“淋巴球囊”或“圆小囊”。具有发达的肌肉组织，与盲肠相通。其主要功能是机械压榨食物，消化吸收营养，分泌碱性溶液中和微生物产生的有机酸等。

另外，在长毛兔小肠黏膜里还含有丰富的淋巴组织；盲肠的游离端逐渐变细，形成长约 10 厘米、外观颜色较淡、表面光滑的“蚓突”，其组织结构与盲肠扁桃体相似，含有丰富的淋巴组织，具有防护、消化吸收和分泌的作用。

2. 消化特点

长毛兔的消化特点是与其草食为主的采食习性相适应的，能有效利用低质高纤维饲料和粗饲料中的蛋白质，还具有耐高钙日粮等特点。

能有效利用低质高纤维饲料。长毛兔依靠盲肠中的微生物和球囊组织的协同作用，能有效地利用低质高纤维饲料。生产实践证明，在长毛兔日粮中供给适量的粗纤维饲料，对长毛兔的健康是有益无害的。如果饲料中粗纤维含量过低或极易消化，就会造成向盲肠的输送物增多，使一部分有害细菌大量增殖而引起肠炎、腹泻，甚至死亡。因此，在长毛兔日粮中应提供适量的粗纤维，以保证消化道的正常输送和消化吸收。

在平时的生产管理中，由于饲料搭配不合理，蛋白质和能量饲料的比例过高，缺乏粗纤维饲料，结果经常发生长毛兔腹泻而死亡的养殖场（户）不在少数。在这种情况下，应立即调整日粮饲料配比，减少高能量、高蛋白质饲料的比例，相应增加粗纤维饲料(如稻草粉、粗纤维含量较高的农作物秸秆)。

能充分利用粗饲料中的蛋白质。长毛兔对青粗饲料中的蛋白质有较高的消化率，下面我们看一下兔和马对青粗饲料的消化率情况，见表 5-1。

表 5-1　兔和马对青粗饲料消化率的比较

饲料	畜种	消化率（%）		
		粗蛋白	粗纤维	能量
苜蓿干草	兔	73.7	16.2	51.8
	马	74.0	34.7	56.9
全株玉米颗粒饲料	兔	80.2	25.0	49.3
	马	53.0	47.5	79.9

从上述表中可以看出，兔对苜蓿干草中的粗蛋白质，消化率达 73.7%，与马几乎相等；而对全株玉米颗粒饲料中的粗蛋白，消化率达 80.2%，远高于马 53.0%的消化率。由此说明，长毛兔不仅能有效地利用饲草中的蛋白质，而且对低质饲草中的蛋白质有很强的消化利用能力。

能耐受日粮中的高钙比例。长毛兔对日粮中的钙、磷比例（2∶1）要求不像其他畜禽那样严格，即使钙、磷比例高达 12∶1，也不会对长毛兔的生长产生明显影响，而且还能保持骨骼正常的灰分。这是因为当日粮中的含钙量增高时，血钙含量也会随之增高，而且能从尿液中排出过量的钙。

试验表明，长毛兔日粮中的含磷量不宜过高。日粮中含磷量过高，会降低饲料的适口性，影响长毛兔的采食量。另据报道，长毛兔日粮中维生素 D_3 的含量不宜超过 1250~3250 单位，否则会引起肾、心、血管、胃壁等器官的钙化，影响其生长发育和生产性能的发挥。

3. 摄食行为

长毛兔为了获取自身需要的各种营养物质，具有其特殊的采食、饮水、哺乳和食粪等摄食行为。

(1) 采食行为。长毛兔喜欢采食植物性饲料，不喜欢采食鱼粉、肉粉等动物性饲料。而且对料型、质地等均有明显的选择性，喜欢采食有甜味的饲料和多叶鲜嫩的青饲料，如豆科、菊科和十字花科等多种野草。在谷类饲料中喜欢吃整粒的大麦、玉米和全价颗粒饲料，而不喜欢粉料。采食草料时，一般先吃叶片，后吃茎、根；采食短草时，下颌运动很快，每分钟可达 180~200 次。

长毛兔具有与其他啮齿类相似的啮齿行为，不采食时喜欢啃咬兔笼、产仔箱和饲槽等有棱硬物，喂料前这种行为表现更为强烈。采食时，常表现有扒槽习性，用前肢将饲草或饲料扒出草架或饲槽，有时甚至会掀翻饲槽。

(2) 饮水行为。饮水对长毛兔的生长和健康有明显的影响，特别是幼兔的需水量明显高于成年兔，每日饮水量为干物质消耗量的 2~2.5 倍。9~10 周龄、平均体重 1. 7~1. 8 千克的幼兔，每日需水量为0.21~0.22 升；25~26 周龄、平均体重 3.9~4 千克的成年兔，每日需水量 0.34~0.35 升。据观察，如果饲喂干料而不给饮水，则采食量明显下降。如果每 2 天只给饮水 10 分钟，饲料采食量就会减少 14%~24%。

长毛兔的饮水时间多在采食干饲料之后，每次饮水 10~20 毫升，夜间饮水量为全天的 60%左右。饮水量的多少，还受外界气候条件的影响。在气温 9℃时，体重为 3.9~4 千克的成年兔每昼夜需饮水 0.29~0.3 升；而在 28℃时，每昼夜饮水量则增加到 0.45~0.48 升。在没有自动饮水系统的情况下，应做到早、晚各供水 1 次。

(3) 哺乳行为。仔兔出生后即会寻找乳头，母兔边产仔边让仔兔吮乳。仔兔吮乳时多呈仰卧姿势，除发出“啧啧”声外，后肢还不停地移动，以寻找适当的支点便于吸吮。仔兔吃奶并非有固定的乳头，常常一个奶头吸几口再换一个。吸吮时总将乳头衔得很紧。12 日龄以内的仔兔除了吃奶就是睡觉，吃饱时表现为皮肤红润，腹部紧绷，隔着肚皮隐约可见乳汁充盈，这是母乳充足的表现。

母兔哺乳一般每天1次，时间多在午夜0时至6时之间，每次哺乳持续时间为1.5~2分钟。母兔在2个月的哺乳期内可分泌乳汁5000~7000毫升或以上，泌乳期一般为7周，产后20天左右为泌乳最高峰，日泌乳200毫升左右。哺乳结束时，有的仔兔常被母兔带到窝外（即吊奶），如发现不及时，又逢寒冷天气，仔兔常会被冻死。产生“吊奶”的主要原因是母乳不足，所以，在饲养管理上必须引起高度重视。

（4）食粪行为。健康长毛兔排出两种粪便：一种是白天排出的硬粒状粪便（硬粪〉，另一种是夜间排出的软团状粪便（软粪）。软粪由暗色成串的小粪球构成，球外包有具特殊光泽的外膜。这种软粪来自盲肠，粪粒中含有生物学价值较高的蛋白质和水溶性维生素(表5–2)。兔子有吞食这种粪便的习惯。

表5–2 长毛兔的硬粪和软粪成分比较 （单位：%）

成分	硬粪	软粪
粗蛋白	13.1（4~25）	29.5（19~39）
粗脂肪	2.6（0.1~5.3）	2.4（0.1~5.0）
粗纤维	37.8（16~60）	22.0（10~34）
无氮浸出物	37.7（30~46）	35.1（25~45）
矿质元素	8.9（0.5~18）	10.8（3~18）

据观察，长毛兔吞食的全部为软粪，每天吞食的粪便占粪便总量的50%~80%。幼兔食粪始于三周龄，六周龄前食粪量很少；成年兔大约在采食4小时后开始食粪，持续时间为3~4小时，有时达4~5小时，而后出现较短的第二个食粪期。软粪一排出肛门即被吃掉。长毛兔采食软粪后，每次咀嚼15~60秒钟，咀嚼次数达40~150次。长毛兔的这种食粪行为是正常的生理现象，一旦患病即停止食粪。

五、繁殖特点

1. 生殖系统

生殖系统的功能是产生生殖细胞，繁殖后代。公兔和母兔的生殖系统构造是完全不同的。

(1) 公兔。公兔的生殖系统包括睾丸、附睾、输精管、副性腺及阴茎。

睾丸是产生精子和分泌雄性激素的腺体，是公兔生殖系统的重要组成部分。初生幼兔的睾丸位于腹腔，附着于腹壁，随着年龄的增长，睾丸位置逐渐下降，1~2 月龄时降至腹股沟管内，从外部不易摸出，表面也未形成阴囊，一般在 2.5 月龄以上的公兔已有明显的阴囊，睾丸降入阴囊的时间一般在 3.5 月龄，成年公兔的睾丸基本上在阴囊内，但因腹股沟管短而宽，且终生不封闭，因此成年公兔的睾丸可自由地缩回腹腔或降入阴囊。对公兔进行选种时，应注意到这种特性，不要把睾丸暂时缩回腹腔而误认为是隐睾。平时遇到这种情况，可将兔头向上提起，用手拍击臀部或用手轻轻挤压腹股沟管，即可使睾丸降入阴囊。

(2) 母兔。母兔的生殖系统包括卵巢、输卵管、子宫、阴道和外生殖器。

母兔属双子宫动物，在哺乳动物中是最原始、最低级的一种子宫类型。两侧子宫同时开口于阴道，实际无子宫角和子宫体的明显区分。因此，长毛兔不会像其他家畜那样，发生受精卵从一个子宫角向另一个子宫角移行的情况

2. 繁殖特性

长毛兔的繁殖过程与其他家畜基本相似，但也有其独特之处。了解这些生理特性有助于掌握长毛兔的繁殖规律。

(1) 繁殖力强。长毛兔具有较强的繁殖力，主要的表现是：每胎产仔数多，妊娠期短；一年多胎，母兔产后不久即可配种受孕；仔兔生长发育快，性成熟早。据报道，1 只繁殖母兔，最多的 1 年能繁殖 8~11 胎， 提供商品长毛兔 55 只，相当于母兔本身体重的

20~25倍。规模化兔场，平均每只母兔年产8胎，育仔30只左右。这些只是就长毛兔的繁殖力而言，在实际生产过程中，受气温、管理水平等诸多因素的影响，不一定能达到这一生产水平。

（2）阴道射精。母兔的阴道较长，而公兔的阴茎相对较短，这种奇特的生殖器官结构，决定了公兔只能在阴道位置射精。在自然交配情况下，不会发生什么问题，但在人工授精时，往往因输精管插得过深，可能插入一侧子宫颈口内，导致一侧子宫受孕，而另一侧不孕的现象的发生，从而影响产仔数。

（3）刺激性排卵。长毛兔属刺激性排卵动物，没有明显的发情周期，排卵不是发情的必然结果。卵巢中的成熟卵子在没有性刺激的情况下，不会轻易排出，只有经交配刺激后才能排出，如无交配刺激则逐渐被机体所吸收，这种特性在生产上是有益的。实践证明，可以采取强制交配的方法或给母兔注射促排卵素，促使母兔排卵、受孕，以增加产仔胎数，提高繁殖率。

（4）母兔假孕现象。在生产实践中，偶尔可见有的母兔在受性刺激后排卵而未受精，就会出现假孕现象，即出现类似妊娠母兔的假象，如不接受公兔交配，乳腺膨胀，衔草筑窝等。造成假孕现象的外因，可能是不育公兔的性刺激，或群养母兔的相互追逐爬跨，引起母兔排卵而未受孕；其内因可能是排卵后，由于黄体存在，孕酮分泌，使乳腺激活，子宫增大，从而出现假孕现象。假孕现象的持续时间为16~17天，由于没有胎盘，加之黄体消失，孕酮分泌减少，从而中止假孕现象。

（5）公兔夏季不育。在长毛兔的繁殖实践中，经常碰到“夏季配种难”的问题，主要在于公兔的性欲和精液品质上。据测试，春季（3月）公兔性欲最旺盛，射精量最多，精子密度最大，活力最好；夏季（7月）公兔性欲最弱，精子活力下降，密度降低，死精和畸形精子比例增加。这种现象就叫公兔的夏季不育现象。造成公兔夏季不育的主要原因就是气温和光照。长毛兔对环境温度的反应极为敏感，当外界温度高于32℃时，公兔体重减轻，性欲下降，睾丸呈实质性萎缩，阴囊下垂变薄，射精量减少，精子密度降低，死精和畸形精子增加。由此可见，精液品质下降是公兔夏季不育的根本原因。

公兔睾丸呈实质性萎缩，阴囊下垂变薄等器质性病变现象的出现，其主要原因是与光照时间过长，光照强度过大有关。

3. 腺体的影响

长毛兔外阴部附近有3对皮肤腺，与标识、行踪、性引诱等有关。

（1）白色鼠鼷腺。腺体较小，接近圆粒状。公兔的腺体位于阴茎体背侧皮下，母兔的腺体位于阴蒂背侧皮下，成对存在，是一种皮脂腺性质的腺体，分泌物气味异常恶臭，经导管开口于腹股沟隙。

（2）褐色鼠鼷腺。腺体较大，呈卵圆形。紧贴白色鼠鼷腺，公、母兔均有，是汗腺性质的皮肤腺，分泌物气味异常恶臭，经导管开口于腹股沟隙。

（3）直肠腺。腺体较大而略长，位于直肠末端两侧，成对状，分泌油脂性分泌物，味恶臭，经导管开口于肛门两侧。

上述3对腺体的分泌物，除了标示兔子的行踪之外，还标识自己的仔兔，也可能是一种性诱激素，起着引诱和识别异性的作用。

六、体温调节特点

长毛兔是一种耐寒怕热的小动物，体温调节机能不如其他家畜完善。因此，在炎热季节往往影响其正常的生理功能，乃至健康与繁殖。

1. 正常体温

长毛兔属恒温动物，具有相对恒定的体温，其正常体温保持在38.5~39.5℃范围内。初生仔兔因体温调节系统尚未发育完善，故体温随环境温度的变化而变化，一般要到开眼时（10~12日龄）才比较恒定。所以，在生产上要特别注意做好仔兔的保暖工作，以免因仔兔环境温度过低受冻而造成死亡，从而影响仔兔成活率。

2. 调节特点

长毛兔的汗腺极不发达，仅分布于唇的周围，所以，其热调节功能就没有其它家畜那么完善，主要表现出以下的不同特点。

（1）成年兔体温调节功能较差。据测定，当外界温度由–10℃升高至35℃时，长毛兔的体温由37.5℃升高至43℃，大大高于正常体温，而且随年龄的不同，调节机能也有明显的差异，当气温由25℃升高至30℃时，45日龄的幼兔体温为39.7℃，而成年兔为40.7℃，当气温由30℃升高至35℃时，幼兔体温为39.9℃，而成年兔为43.3℃。由此表明，幼兔能忍受较高的气温，而成年兔的体温调节功能则相对较差，不能忍受高温环境。

（2）幼兔体温逐渐恒定。据测定，初生10天内的仔兔体温随环境温度变化而变化，10日龄后逐渐达到恒定温度，直至30日龄后，其热调节功能进一步加强（表5–3）。

表5–3 仔兔在不同环境温度下的体温变化情况表

日龄（天）	环境温度（℃）						
	35	30	25	20	15	10	5
1	35.0	35.5	31.0	27.0	24.0	21.0	18.0
5	37.8	37.5	37.3	37.0	36.3	35.0	34.5
10	38.3	38.3	37.7	37.3	37.3	37.1	36.4
15	38.5	38.3	37.7	37.3	37.3	37.1	36.4
20	39.1	38.6	37.7	37.7	37.7	37.7	37.3
30	39.9	39.0	38.6	38.4	38.4	38.4	38.4

由此可见，幼兔阶段要求有较高的环境温度，在较低温度条件下则难以维持正常体温。

（3）个体间存在着温度差异。据测定，长毛兔个体间的温度差异为0.5~1.2℃。成年兔体温夜间比白天低0.2~0.4℃，夏季比冬季高0.5~1.0℃。由此可见，长毛兔的新陈代谢随环境气温的变化而变化。同时也表明长毛兔对环境温度非常敏感，对长毛兔饲养环境温度控制的重要性。为保证长毛兔的群体健康，充分发挥长毛兔的生产性能，需再反复强调我们在长毛兔场选址、布局、兔舍设计、设施设备配置等一系列过程中，都必须要考虑到环境温度控制这一关键问题，必须要为长毛兔提供适宜的环境温度。

3. 调节方式

长毛兔的体温调节方式，主要是通过物理（散热）和化学（产热）方式加以调节。当外界温度下降时，为限制体热的散失，就减少活动和呼吸次数，降低血液流量，以减少热量损失；当外界温度升高时，就增加呼吸次数和血液流量来加快体热的散发。据测定，当环境气温由 20℃升高至 35℃时，呼吸次数由每分钟 42 次增加至 238 次，即增加 5 倍左右。当环境气温下降、用物理方法不能维持正常体温时，就通过加强体内营养物质氧化，以增加产热量的方式来调节体温。但在这种情况下就会消耗大量营养物质，不但浪费饲料，而且会降低长毛兔的生产性能，严重影响长毛兔养殖场的经营效益。

七、生长规律

长毛兔在整个生命过程中的每个生长发育阶段，都有一定的规律和特点，大致可分为胚胎期、哺乳期和断奶后 3 个阶段。

1. 胚胎期

从母兔受精妊娠到仔兔出生时为止，称为胚胎期，平均为 30 天，一般可分为胚期（妊娠 1~12 天）、胎期（妊娠 13~18 天）和胎儿期（妊娠 19~30 天）。据测定，胚胎期在长毛兔的生命周期中只占很短的时间，然而在很短的时间内，受精卵经快速的生长和发育，分化形成各种器官，最后形成完整的仔兔，其生长发育的速度是很快的，且后期明显快于前期。据对德系安哥拉兔的研究资料表明，长毛兔在妊娠期的前 2/3 时期内，胚胎绝对生长速度缓慢，直到妊娠 21 天时，其胚胎重量也仅为初生重的 10.79%；但在妊娠后 1/3 时期内，其生长很快，增重量为初生重的 89.21%左右（表 5-4）。

表 5-4 长毛兔胚胎发育情况表

区分	胎龄（日）								
	11	15	19	21	23	25	27	29	31
胎儿质量（克）	0.67	1.34	4.03	6.53	9.41	13.44	22.85	47.05	60.51
绝对增重（克）	0	0.67	2.69	2.50	2.88	4.03	9.41	24.20	13.46
占初生重（%）	1.10	2.21	6.66	10.79	15.55	22.21	37.76	77.76	100.00

胚胎期的胎儿生长发育完全是在母体内完成的，营养来源和代谢产物的排出均依靠母体来实现。因此，为了获得优良健壮的仔兔，精心饲养妊娠母兔是非常重要的。据试验，胎儿在胚胎期的生长速度不受胎儿的性别影响，但受妊娠胎数、母兔营养水平和胎儿在母体子宫内排列位置的影响。一般规律是妊娠胎儿数量多，每只胎儿重量小；母体营养水平低，胎儿发育慢；近卵巢端的胎儿重量比远离卵巢端的大。

2. 哺乳期

从出生到断奶为哺乳期。初生仔兔闭眼封耳，裸体无毛。据测定，德系安哥拉兔平均初生重为 60 克左右，1 周龄体重可增加 1 倍以上，1 月龄体重可增加 10 倍左右（表 5-5）。

表 5-5 哺乳期仔兔生长发育情况表

区　分	日　　龄								
	初生	5	10	15	20	25	30	45	60
平均体重(克)	60.5	118.3	185.4	268.4	356.3	507.1	685.4	1088.6	1548.3
绝对增重(克)	–	57.8	67.1	83.1	87.9	150.8	178.3	403.2	459.7
平均日增重(克)	–	11.6	18.5	17.9	17.3	20.3	22.8	24.2	25.8

据试验，哺乳期仔兔的生长速度主要受母兔的泌乳性能及窝产仔数的影响。如果母兔营养状况良好，泌乳力强，则仔兔生长快，发育好；窝产仔数多，则生长发育较慢，个体体重也相对较小。仔兔出生后的最初几周，其生长潜力很大，如能供给双份乳汁，则生

长速度就会大大加快，这说明哺乳期仔兔生长潜力的发挥与母兔体况、泌乳量多少密切相关。

3. 断奶后

断奶之后，长毛兔的生长速度逐渐减慢，从绝对增重或相对生长速度来看，都表现为前期较快，后期较慢（表 5–6）。

表 5–6　长毛兔断奶后生长发育情况表

区　分	日龄							
	30	60	90	120	150	180	210	240
平均体重(克)	680.7	1545.2	2317.3	2818.1	3228.4	3557.1	3840.2	4096.8
绝对增重(克)	–	864.5	772.1	510.8	410.3	328.7	283.1	256.6
相对生长率(%)	–	127.0	49.9	21.6	14.6	10.2	8.0	6.7

断奶后幼兔和青年兔的生长速度，主要受遗传因素和环境因素（饲料、管理、自然条件）的影响。一般规律是 2.0~2.5 月龄前的幼兔，公兔的生长速度略快于母兔，但差异不明显；2.0~2.5 月龄后则母兔的生长速度明显快于公兔，且差异也较明显地表现出来。饲养环境条件优良，则幼兔、青年兔生长速度较快，生产性能和兔群品质提高。因此，我们在平时的生产管理中，应充分利用这一特性，加强断奶后期兔群的饲养管理，供给充足而优质的全价颗粒饲料，以不断提高长毛兔的生产性能和兔群品质。

第二节　长毛兔品种

一个上规模的长毛兔养殖场，长毛兔品种的优劣，将直接关系到兔场的经营效益，我们试想一下，两只成年长毛兔，日喂同样的全价颗粒饲料 250 克，饲养成本是一样的，可在养毛期同样是 73 天时剪毛，一只长毛兔产毛 500 克，而另一只长毛兔只产毛 250 克，其效益差是一目了然的，这是广大长毛兔养殖者都清楚的，而且是经实践证明了的事实，俗话说："好种出好苗""养好兔才会富"，就是这个道理。实践证明，选育优良种兔是提高饲养长毛兔经济效益的关键措施之一。长毛兔的品种（品系）是人们为了生产和生活需要，在一定的社会和自然条件下，经过长期的人工选择培育而成的。各地长毛兔养殖场（户）可根据当地的自然环境、饲养管理条件，结合市场需求，做好良种选育，提纯复壮这一关键性的工作，以不断提升长毛兔的饲养管理水平和经济效益。

一、品种分类

（一）品种分类方法

目前世界各地饲养的长毛兔，均属安哥拉兔，根据被毛性状、体型大小及培育程度，大致可按以下方法进行分类。

1. 按被毛性状分类

（1）细毛型长毛兔。被毛中的粗毛含量在3%以下。如英系安哥拉兔，粗毛含量为1%~3%。

（2）粗毛型长毛兔。被毛中的粗毛含量在10%以上。如法系安哥拉兔，粗毛含量为13%~20%。

（3）普通毛型长毛兔。被毛中的粗毛含量在3%~10%。如德系安哥拉兔，粗毛含量为5%~6%。

2. 按体型大小分类

（1）大型长毛兔。成年长毛兔体重在5千克以上。如浙江镇海巨高长毛兔，浙江平阳粗高长毛兔，以及在浙江新昌、嵊州的一些高产长毛兔。

（2）中型长毛兔。成年长毛兔体重为3~5千克。如德系安哥拉兔、法系安哥拉兔等。

（3）小型长毛兔。成年长毛兔体重在3千克以下。如中系安哥拉兔、英系安哥拉兔等。

3. 按培育程度分类

（1）培育品种。经过人们有目的地选择和精心培育，具有较好的生产性能，较高的产毛水平和经济价值。一般情况下这类品种对饲养管理条件要求较高，适应性相对较差，繁殖力相对较低。如德系安哥拉兔，虽产毛量较高，但适应性较差，繁殖力较低，母兔母性较差，公兔有夏季不育现象。

(2) 地方品种。由于受自然环境、社会经济条件、传统习惯和科技水平的限制，饲养管理比较粗放，在品种形成过程中受自然因素影响很大，培育水平不高。由此形成的品种，虽生产性能不高，但适应性较强，繁殖力较高，耐粗饲，抗病力强。如中系安哥拉兔等。

(3) 过渡品种。这类品种正处于培育过程中，根据人们需要所培育的方向，在生产性能、繁殖力、适应性和抗病力有别于地方品种和培育品种，极有可能其主要经济性状及遗传特性均介于培育品种和地方品种之间。

(二) 品种必备条件

根据我国畜禽品种审定委员会制定的《家兔品种审定标准》规定，作为长毛兔品种（品系〉，必须具备以下条件。

1. 血统来源基本相同

凡属同一个品种（品系〉的长毛兔，应有共同的来源。地方品种分布于相对隔离的区域，未与其他品种（品系〉杂交，育成品种（品系〉应初始品种（品系〉明确；品系必须经 4 个世代以上的连续选育，品种必须建立至少 3 个品系的基础上经 5 个世代以上的连续选育；品系核心群拥有至少 3 个世代的系谱记录，品种核心群拥有至少 4 个世代的系谱记录。

2. 外貌特征相对一致

凡属同一品种（品系）的长毛兔，要求毛色、毛型、眼球颜色、体型、耳型、成年体重和体尺（体长、胸围）等基本特征相对一致，易与其他品种（品系〉区别。如德系安哥拉兔，全身被白色厚密绒毛，有明显波浪形弯曲，耳背无长毛，仅耳尖有一撮长毛，俗称“一撮毛”；而法系安哥拉兔则体型较大，被毛密度较差，粗毛含量较高，耳宽长而较厚，耳尖无长毛，耳背密生短毛，俗称“光板”。

3. 具有较高的生产性能

凡属同一品种（品系）的长毛兔，均应具有较高的生产性能，如产毛量、母兔胎均产仔数（前3胎平均数）、年育成断奶仔兔数、仔兔2周龄窝重、5周龄断奶体重、断奶 至10周龄成活率、成年体重均较高，或具有独特的经济性状（如绒毛含量、粗毛含量），能满足人类的一定要求。

4. 遗传性能稳定

作为品种（品系），其主要经济性状必须具有稳定的遗传性，无明显的遗传缺陷，在与其他品种杂交时能起到良好的改良作用，即具有较高的种用价值。如德系安哥拉兔，具有产毛量高的优良特性，浙江、江苏、上海等地引进后用于杂交改良本地长毛兔，效果显著，杂种优势明显。

5. 品种结构及数量要求

地方品种要求种群数量不少于2000只，保种选育群不少于100只（公兔20只，母兔80只）。育成品种（品系），要求每个品系至少有15个家系，基础测定兔不少于240只(公兔40只，母兔200只)，其中核心群种兔不少于120只（公兔20只，母兔100只），生产群母兔不少于3000只；每个品种至少建立3个品系，基础测定兔不少于720只（公兔120只，母兔600只），其中核心群种兔不少于360只（公兔60只，母兔300只），生产群母兔不少于10000只，推广群生产母兔不少于20000只。

二、优良长毛兔应具备的特点

优良的长毛兔品种，从生产性能看，应具有产毛量高，体型大，适应性好，繁殖力强，遗传性稳定等优良特性。

1. 产毛量高

饲养长毛兔的主要目的，就是要获得量多质优的兔毛。测定兔毛产量和质量的主要依据是兔毛产量、密度、长度、均匀度和毛被结构等。

产毛量是长毛兔最主要的经济性状，一般以年产毛量进行评定。德国统一以 6~9 月龄的产毛量乘以 4 作为年产毛量，我国通常以养毛期 73 天的产毛量乘以 5，或养毛期 91 天的产毛量乘以 4 来估测年产毛量，这样就简化了选择的手续和缩短了选择的时间。一般讲年产毛量至少要达到平均数以上才能作为良种选留。

兔毛密度主要以遮盖皮肤的程度来衡量，完全覆盖而不露皮肤者为最密。

兔毛长度则以毛丛自然长度来衡量，剪毛时通常要求毛长 5 厘米以上。

兔毛均匀度主要指兔体各部位的绒毛应稠密一致，不能腹部毛密而短，背部毛稀而长。

毛被结构主要指毛纤维的 3 种类型（细毛、粗毛、两型毛），3 种类型毛被应组成比例适当，无缠结现象。如无粗毛或粗毛比例过低，则属“病态毛”，容易缠结降级。

就我国目前饲养的长毛兔品种来看，德系长毛兔是产毛量最高、被毛质量最好的良种兔之一。该兔的最大特点是被毛密度大，有毛丛结构，细毛含量达 95%左右，松毛率达 98%以上；法系安哥拉兔的最大特点是毛质粗硬，粗毛含量较高，通常可达 15%左右。近年来，江苏浙江地区培育的高产优质长毛兔，特别是浙江镇海种兔场选育的巨高长毛兔、嵊州种兔场选育的白中王长毛兔、平阳种兔场选育的粗高长毛兔，可谓目前国内生产性能最佳的良种长毛兔。

浙江新昌正在培育一种褶皮型高产长毛兔，2016 年 3 月 20 日，国家兔产业体系专家委员会成员河北农业大学教授、博士生导师谷子林、山东省农业科学院研究员姜文学、安徽省农业科学院研究员赵辉玲和山东省农业科学院副研究员高淑霞一行四人到浙江新昌俞千渭兔场，对俞千渭兔场的长毛兔进行了现场剪毛测定，测定结果，最高的一只长毛兔养毛期 44 天产兔毛 712 克，日平均产毛高达 16.19 克，为国内所罕见。褶皮型高产长毛兔不但被毛粗而密，其最大的特点是皮肤有褶皱，扩大了长毛面积，从而提高兔毛产量。目前，浙江新昌俞千渭兔场和新昌县大市聚镇欢欣长毛兔养殖场对褶皮型长毛兔正在选育之中。

2. 体型大

长毛兔体型的大小与产毛量有着密切关系（其相关系数 γ=0.568），存在着体型越大，产毛量越高的正相关。从目前国内外长毛兔的育种动向来看，20 世纪 80 年代之前，种兔的体型都比较小，一般体重 3 千克、年产毛量 500 克以上者，就可称为良种兔。但目前，凡体重低于 4 千克、年产毛量在 1000 克以下者均称不上良种兔。

就我国目前饲养数量较多的长毛兔品种来看，凡选留作种用者，其体重和体尺均要求在全群平均数以上（表 5–7）。

表 5–7 主要长毛兔品系体重体尺的最低选留标准

品系	体重（千克）		体尺（厘米）	
	3 月龄	成年	体长	胸围
德系兔	2.2	3.9	47	33
法系兔	2.3	4.0	45	36
日系兔	1.9	3.5	42	31
中系兔	1.8	2.8	42	30
浙系长毛兔	–	–	–	–

3. 适应性好

优良的长毛兔品种不但应具有较大的体型和良好的生产性能，而且对外界环境应有较强的适应能力，对饲料营养有较高的利用转化能力。

就我国目前饲养数量较多的长毛兔品系来看，普遍反映德系兔较难饲养，对饲料条件要求较高，耐粗性和耐热性较差，公兔有夏季不育现象；法系兔则适应性较强，耐粗性较好，饲料利用转化率较高；镇海种兔场培育的巨高长毛兔、平阳种兔场培育的粗高长毛兔和嵊州种兔场选育的嵊州白中王长毛兔，均系选用国外良种与本地长毛兔经多年杂交选育而成，对各地环境条件均有较好的适应能力。

4. 繁殖力强

种兔繁殖力的高低与经营者的经济收益有着密切关系。要普遍提高一个长毛兔养殖场的兔群质量，优良种兔必须能提供大量的仔兔，以不断更新相对低产的种兔群。繁殖性能主要是指受胎率、产仔数、初生窝重和仔兔成活率。

受胎率系指1个发情期内受胎母兔数与参加配种母兔数的百分比。

$$受胎率（\%）=\frac{发情期内受胎母兔数}{参加配种母兔数}\times100$$

产仔数是指母兔每胎的实际产仔数量，包括活仔、死胎和畸形胎数。产仔数在一定程度上体现了母兔产仔的潜在能力。但从生产角度出发，则仅仅以计算产下的活仔数来表示母兔的产仔能力。

初生窝重是指全窝仔兔哺乳前的体重，主要用来表明整窝仔兔在胚胎期的生长发育情况。据测定，母兔配种时的体重与初生窝重有着密切关系（其相关系数 $\gamma=0.871$）。表明体重大的母兔，妊娠期间胚胎生长发育也良好，初生窝重也大。

断奶窝重是指整窝仔兔断奶时的体重，包括寄养仔兔。断奶窝重既反映了断奶时的仔兔存活率，又反映了仔兔在哺乳期内的生长发育情况。因此，断奶窝重是评定母兔哺育性能的总指标。

仔兔成活率是指断奶仔兔数与开始哺乳时仔兔数的百分比。

$$仔兔成活率（\%）=\frac{断奶仔兔数}{开始哺乳时仔兔数}\times100$$

5. 遗传性稳定

良种长毛兔不仅要求长毛兔本身有良好的生产性能，而且还要将本身的高产性能稳定地遗传给后代。表示遗传性能的具体指标就是遗传力。

从理论上讲，遗传力值的范围应在0~1。在长毛兔生产中，凡遗传力值低于0.2的性状称低遗传力，大于0.4的称高遗传 力，0.2~0.4的称中遗传力。

就长毛兔而言，繁殖性状的遗传力较低，生长速度和饲料利用率的遗传力中等，产毛量的遗传力较高（表 5–8）。

表 5–8　长毛兔主要性状的遗传力表

性　状	遗传力	等级	性　状	遗传力	等级
产活仔兔数	0.118	低	成年兔体重	0.251	中
初生窝重	0.193	低	成年兔体长	0.327	中
1 月龄体重	0.133	低	成年兔胸围	0.345	中
6 月龄体重	0.267	中	年产毛量	0.538	高
6 月龄体长	0.380	中	产毛率	0.448	高
6 月龄胸围	0.354	中	块毛率	0.551	高

6. 饲料利用率高

长毛兔对饲料的利用转化率就是指料毛比，即每生产 1 千克兔毛所消耗的饲料数量。

$$\text{料毛比（\%）}=\frac{\text{统计期内饲料消耗量（千克）}}{\text{统计期内产毛量}}\times 100$$

良种长毛兔在只喂配合饲料，不给青粗饲料的情况下，公兔的料毛比应在 45:1 以内，母兔应在 40:1 以内。

7. 体质健壮

良种长毛兔均应体质健壮，营养良好，符合种用体况。一般可按以下方法进行评定判断。

一类膘用手抚摸长毛兔的背腰部脊椎骨，无算盘珠状的颗粒突出，看上去似双背，有九、十成膘。这类兔体况过肥，暂不宜留作种用，需加强饲养管理，调整日粮配方，或根据实际情况适当减少日粮饲喂量，增强种兔体质后方能作为种用。

二类膘用手抚摸长毛兔的背腰部脊椎骨，无明显算盘珠状的颗粒突出。手抓颈、背部皮肤，兔子挣扎有力，表明体质健壮，有七、八成膘，是长毛兔的最佳种用体况。

三类膘用手抚摸长毛兔的背腰部脊椎骨，有算盘珠状的颗粒突出，手抓颈、背部皮肤，手感松弛，兔子挣扎无力，只有五、六成膘，需加强日粮营养，或增加日粮饲喂量，同时要加强饲养管理，增强种兔体质后方能作为种用。

四类膘用手抚摸长毛兔的背腰部脊椎骨，有明显算盘珠状的颗粒突出，有全身皮包骨头的感觉，手抓颈、背部皮肤，兔子挣扎无力，体质非常瘦弱，只有三、四成膘，这类兔体质过于瘦弱不能留作种用，应该予以淘汰，或提前增加营养，加强饲养管理，到配种时，如果体质健壮，则可作种用。

8. 抗病力强

作为一个优良的长毛兔品种，在具有良好的生产性能和稳定的遗传性的同时，还应有较强的抗病力。

三、现有品种

（一）德系安哥拉兔

该兔原产于德国，是目前世界上知名度最高、饲养最普遍、产毛量最高的一个品系。我国自 1978 年开始引进饲养。主要分布在浙江、江苏、安徽等地。

1. 外貌特征

全身披白色厚密绒毛。被毛有毛丛结构，不易缠结，有明显波浪形弯曲。面部绒毛不甚一致，有的无长毛，亦有额毛、颊毛丰盛者，但大部分耳背无长毛，仅耳尖有一撮长毛，俗称“一撮毛”。四肢、腹部密生绒毛；体毛细长柔软，排列整齐。四肢强健，胸部和背部发育良好，背线平直，头形偏尖削。

2. 生产性能

德系兔体型较大，成年兔体重 3.9~5.2 千克，高者可达 5.7 千克，体长 45~50 厘米，胸围 30~35 厘米。年产毛量公兔为 1190 克，母兔为 1406 克，最高可达 2000 克以上；被毛密度为每平方厘米 18000~21000 根，粗毛含量 5.4%~6.1%，细毛细度 12.9~13.2 微米，毛长 5.5~5.9 厘米，两型毛甚少，属典型的细毛型长毛兔。母兔年繁殖 3~4 胎，每胎产仔 6~7 只，最高可达 12 只；母兔平均有奶头

4对，多者5对；配种受胎率为53.6%。

3. 主要优缺点

德系兔的主要优点是产毛量高，被毛密度大，毛细长柔软，有毛丛结构，排列整齐，不易缠结。主要缺点是繁殖性能相对较低，配种比较困难，初产母兔母性较差，少数有食仔恶癖等。饲养管理条件要求相对较高，适应性较差，对高温环境较为敏感，公兔有夏季不育现象。

（二）法系安哥拉兔

该兔原产于法国，选育历史较长，是目前世界上著名的粗毛型长毛兔。我国早在20世纪20年代就开始引进饲养。1980年以来又先后引进了一些新法系安哥拉兔，主要分布在江苏、浙江及安徽等地。

1. 外貌特征

全身披白色长毛，粗毛含量较高。额部、颊部及四肢下部均为短毛，耳宽长而较厚，耳尖无长毛或有一撮短毛，耳背密生短毛，俗称“光板”。被毛密度差，毛质较粗硬，头形稍尖。新法系安哥拉兔体型较大，体质健壮，面部稍长，耳长且薄，脚毛稀少，胸部和背部发育良好，四肢强壮，姿势端正。

2. 生产性能

法系兔体型较大，成年兔体重4~4.6千克，高者可达5.5千克，体长43~46厘米，胸围35~37厘米。年产毛量公兔为900克，母兔为1000克，最高可达1200克，甚至1300克；被毛密度为每平方厘米13000~14000根，粗毛含量13%~20%，细毛细度为14.9~15.7微米，毛长5.8~6.3厘米。年繁殖4~5胎，每胎产仔6~8只；母兔平均有4对奶头，多者5对；配种受胎率为38.3%。母兔泌乳性能良好，仔兔育成率较高。

3. 主要优缺点

法系兔的主要优点是产毛量较高，兔毛较粗，粗毛含量高，适于纺线和作粗纺原料。适应性较强，耐粗饲性较好，繁殖力较高。主要缺点是被毛密度较差，面、颊及四肢下部无长毛。该兔适于以拔毛方式采毛。

（三）日系安哥拉兔

该兔原产于日本，生产性能不及德系、法系安哥拉兔。我国自1979年开始引进饲养，主要分布在江苏、浙江及辽宁等地。

1. 外貌特征

全身披白色浓密长毛，粗毛含量较少，不易缠结。额部、颊部、两耳外侧及耳尖部均有长毛，额毛有明显分界线，呈刘海状。耳长中等而直立，头形偏宽而短。四肢强壮，胸部和背部发育良好。

2. 生产性能

日系安哥拉兔体型较小，成年兔体重3.5~4千克，高者可达4.5~5千克，体长40~45厘米，胸围30~33厘米；年产毛量公兔为500~600克，母兔为700~800克，高者可达1000~1200克；被毛密度为每平方厘米12000~15000根，粗毛含量10%~11%，细毛细度12.8~13.3微米，毛长5.1~5.3厘米。年繁殖3~4胎，平均每胎产仔8~9只；母兔平均有奶头4~5对； 配种受胎率为62.1%。母兔泌乳性能良好，适应性及耐粗饲性能较强，仔兔育成率较高。

3. 主要优缺点

日系兔的主要优点是适应性强，耐粗饲性好；繁殖力强，母性好，泌乳性能高；仔兔成活率高，生长发育良好。主要缺点是体型较小，产毛量较低，兔毛品质一般，而且个体间差异较大。

（四）英系安哥拉兔

该兔原产于英国，偏向于观赏和细毛型。我国早在20世纪20—30年代就开始引进饲养，主要分布在江苏、浙江、上海市郊等地，曾对我国长毛兔的选育工作起过积极作用。但目前纯种英系兔已极为少见，即使在英国也很难见到。

1. 外貌特征

全身被毛白色、蓬松、丝状绒毛，形似雪球，毛质细软。头形偏圆，额毛、颊毛丰满，耳短厚，耳尖密生绒毛，形似缨穗，有的整个耳背均有长毛，飘出耳外，甚是美观。四肢及趾间脚毛丰盛。

背毛自然分开，向两侧披下。

2. 生产性能

英系安哥拉兔体型紧凑、显小，成年兔体重2.5~3千克，高者达3.5~4千克，体长42~45厘米，胸围30~33厘米；年产毛量公兔为200~300克，母兔为300~350克，高者可达600~700克；被毛密度为每平方厘米12000~13000根，粗毛含量为3%~5%，细毛细度11.3~11.8微米，毛长6.1~6.5厘米。繁殖力较强，年繁殖4~5胎，平均每胎产仔5~6只，最高可达13~15只；配种受胎率为60.8%。

3. 主要优缺点

英系安哥拉兔的主要优点是繁殖力强，被毛白而蓬松，甚是美观，既可产毛，也可作观赏用。缺点是被毛密度差，产毛量低。体质较弱，抗病力差。母兔泌乳性能较差。有待进一步选育提高。

（五）中系安哥拉兔

该兔主要饲养于上海、江苏、浙江等地，系引进法系和英系安哥拉兔杂交，并导入中国白兔血统，经长期选育而成，1959年正式通过审定，命名为中系安哥拉兔。

1. 外貌特征

中系安哥拉兔的主要特征是全耳毛，狮子头，老虎爪。耳长中等，整个耳背和耳尖均密生细长绒毛，飘出耳外，俗称“全耳毛”；头宽而短，额毛、颊毛异常丰盛，从侧面看，往往看不到眼睛，从正面看，也象似绒球一团，形似“狮子头”；脚毛丰盛，趾间及脚底均密生绒毛，形成“老虎爪”。骨骼细致，皮肤稍厚，体型清秀。

2. 生产性能

中系安哥拉兔体型较小，成年兔体重2.8~3千克，高者达3.5~4千克，体长40~44厘米，胸围29~33厘米；年产毛量公兔为200~250克，母兔为300~350克，高者可达450~500克；被毛密度为每平方厘米11000~13000根，粗毛含量为1%~3%，细毛细度11.4~11.6微米，毛长5.5~5.8厘米。该兔繁殖力较强，年繁殖4~5胎，每胎产仔 7~8 只，高者可达 11~12 只；配种受胎率为 65.7%。

3. 主要优缺点

中系安哥拉兔的主要优点是性成熟早，繁殖力强，母性好，仔兔成活率高，适应性强，耐粗饲。体毛洁白，细长柔软，形似雪球，可兼作观赏用。主要缺点是体型较小，生长慢，产毛量低，被毛纤细，结块率较高，一般可达 15%左右，公兔尤高，有待进一步选育提高。近几十年来，我国已引进德系安哥拉兔进行杂交改良，使体重和产毛量均有大幅度提高。

（六）浙江长毛兔

浙江长毛兔刚刚培育成功不久，是由浙江省嵊州市畜产品有限公司（嵊州系）、宁波市巨高兔业发展有限公司（镇海系）和平阳县全盛兔业有限公司（平阳系）联合，采用本地长毛兔与德系安哥拉兔杂交，经高强度继代选育而成，已在四川、山东、安徽、河南、河北、重庆、甘肃、陕西、吉林、黑龙江等地中试应用 300 万只以上，为我国长毛兔生产水平的快速提高和产业的不断发展壮大做出了重要贡献。

1. 外貌特征

浙江长毛兔体型较大，肩宽，背长，胸深，臀部发达，四肢强健，颈部肉髯明显；头部大小适中，呈鼠头或狮子头形，眼红色，耳型可分为半耳毛、全耳毛和一撮毛；全身被毛洁白，富有光泽，毛丛结构明显，被毛密度较大，尤其腹毛生长良好，绒毛厚密，颈部及脚毛丰满。

2. 生产性能

该兔生长较快，仔兔初生重 60~70 克，2 月龄体重 1800~2200 克；成年公兔体重 5282 克，体长 54.2 厘米，胸围 36.5 厘米；成年母兔体重 5459 克，体长 55.5 厘米，胸围 37.2 厘米。年产毛量，公兔 1957 克，母兔 2178 克；平均产毛率，公兔 37.1%，母兔 39.9%；松毛率，公兔 98. 7%，母兔 99.2%；粗毛率，嵊州系公兔 4.3%，母兔 5.0%，镇海系公兔 7.3%，母兔 8.1%，平阳系公兔 24.8%，母兔 26.3%；细毛细度 13.1~15.9 微米；料毛比，公兔平均

37.3:1，母兔平均 33.5:1。繁殖性能良好，母兔年产 3~4 胎，每胎产仔 6~8 只，母性较强，仔兔成活率较高；母兔平均有奶头 4 对，配种受胎率 78.7%。

3. 主要优缺点

浙江长毛兔的主要优点是体型大，产毛量高，兔毛品质好，适应性较强，遗传性能稳定，繁殖性能良好，仔兔育成率较高。主要缺点是外貌特征不够一致。今后应进一步扩大种群数量，继续做好外貌特征的选育工作。

第六章　长毛兔遗传和育种

第一节　遗传原理

俗话说“种瓜得瓜，种豆得豆”。长毛兔的育种工作，就是根据生物的遗传规律和变异现象，通过各种育种手段，固定有利变异和优良性状，剔除有害变异和不良性状。

一、遗传规律

遗传的基本规律有 3 个，即分离定律、自由组合定律和连锁定律。在长期的生产实践中，人们已经运用这些规律，培育了许多各有特色或特征的家兔品种或品系。

1. 分离定律

根据杂交试验，长毛兔（安哥拉兔）对普通兔而言，是隐性遗传的，即长毛兔与普通兔（短毛兔）杂交，其杂种一代（F_1）全部是短毛兔。就是说，短毛对长毛是显性，长毛对短毛是隐性。如果杂种一代公、母兔相互交配，则所得子二代杂种（F_2），既有短毛兔，又有长毛兔，其比例为 3:1。如果利用杂二代中的隐性性状，即杂二代中的长毛兔相互交配，则都能真实遗传，全部后代都为长毛兔。但是，杂二代中的短毛兔相互交配，则不是全部都能真实遗传，即产生 3/4 短毛兔和 1/4 长毛兔。

2. 自由组合定律

这是指两对或两对以上的相对性状，在配子形成时是互不干扰、独立分离的，而它们之间的结合又是自由的、随机的，各自独立分配的。例如，白色长毛兔与青紫蓝色短毛兔杂交，其杂种一代（F_1）出现的全部是青紫蓝色短毛兔。如果杂一代相互交配，则所得杂二代（F_2）表现为：青短、青长、白短、白长四种情况，其性状分离比例为9∶3∶3∶1，在数学关系上刚好是$(3:1)^2$。

如果将毛色和长短分别分析，则：

青紫蓝色：9+3=12；白化：3+1=4

青紫蓝色（12）：白化（4）=3∶1

短毛：9+3=12；长毛 3+1=4

短毛（12）：长毛（4）=3∶1

同样，如果3对相对性状的两品种杂交，分离比例则为$(3:1)^3$；若有n对相对性状的两品种杂交，则分离比例为$(3:1)^n$。

3. 连锁定律

如果用花斑短毛兔（如德国花巨兔）与棕色长毛兔（为安哥拉兔的另一色型）杂交，杂种第一代都是花斑短毛兔，即花斑对棕色呈显性，短毛对长毛呈显性。如果杂种一代与双隐性亲本（棕色长毛兔）回交，在回交一代中所出现的花斑短毛、棕色长毛、花斑长毛、棕色短毛，四种性状组合类型的实际比例为44%，44%，6%，6 %，绝大部分是亲本性状的组合类型，即花斑、短毛和棕色、长毛，各占44%。如果用杂种一代自群繁育，则杂种二代所出现的比例数也不是9∶3∶3∶1，而是近似11∶1∶1∶3。

连锁定律表明，花斑和短毛、棕色和长毛这两种性状总是连在一起遗传的，不能独立分配和自由组合。连锁遗传的实质是位于同一染色体上的许多基因，在减数分裂时随染色体一起进入生殖细胞，由于该染色体的限制，使这些基因不能独立分配。按照遗传规律，凡处在不同染色体上的基因都是按照独立分配规律遗传的，而处于同一染色体上的基因则是呈相互连锁遗传的。花斑、短毛兔和棕色、长毛兔杂交的结果就是一种典型的连锁遗传现象。

二、质量性状

所谓质量性状，就是指具有明显质量差异的性状。如白色长毛兔均为白化体，不仅被毛白色，眼睛也因缺乏色素而呈鲜红色；非白化体则除被毛有色外，瞳孔也有色素沉着而呈深褐色。

质量性状一般都很稳定，不受或很少受外界环境的影响而发生变化，人们凭借肉眼就能加以区别。

1. 毛型遗传

兔毛根据长短可分为长毛型、普通毛型和短毛型 3 种。长毛兔的毛纤维通常可达 6.0~10.0 厘米，普通毛型（主要为肉用兔）毛纤维长为 2.5~3.0 厘米，短毛型（代表品种为獭兔）毛纤维长度为 1.3~2.2 厘米。短毛对长毛呈显性，而长毛对短毛是隐性。控制显性的因子称为显性基因，控制隐性的因子称为隐性基因。

2.毛质遗传

长毛兔的被毛由粗毛和绒毛两种纤维组成。粗毛俗称“枪毛”，其特点是粗、直、无弯曲，绒毛的特点是细、软、有弯曲。正常被毛的粗毛基因 R_1，R_2，R_3 和绒毛基因 L 均为显性。长毛兔绒毛基因 L 发生隐性突变为 1，只有隐性纯合体 11 才具有长绒毛。普通家兔与长毛兔的杂种一代（L1）不具有长绒毛；杂种一代互交则可产生 1/4 的长毛型后代；杂种一代如用长毛兔回交则可获得约 1/2 的长毛型后代。

3. 毛色遗传

控制家兔毛色的基因至少有 8 个系统，这些基因间的作用各不相同，所以毛色遗传是一种非常复杂的遗传现象。白色长毛兔（llcc）主要受白化基因 c 控制，黑色长毛兔的基因型为 llaa，蓝色长毛兔为 llaadd，浅黄褐色长毛兔为 llee。

三、数量性状

数量性状是指一些能够度量的性状，如年产毛量、体长、体重和产仔数等。据试验研究，长毛兔的主要经济性状都有一定的遗传性，而且存在着一定的表型相关和遗传相关。

1. 主要经济性状的遗传力

据估测，长毛兔各个生长阶段的体长、体重、年产毛量和繁殖性能等主要经济性状的遗传力见表 6-1。

在实际生产中，一般将估测遗传力在 0.2 以下的称低遗传力，0.4 以上的为高遗传力，介于 0.2 与 0.4 之间的为中等遗传力。在长毛兔的主要经济性状中，年产毛量和仔兔断奶成活数的遗传力较高，其次为 8 月龄体长和断奶窝重，其余各性状遗传力中等或较低。一般遗传力高的性状，通过个体选择效果较好（表 6-1）。

表 6-1 长毛兔主要经济性状的遗传参数表

性状	遗传力（h^2）	δr(HS)*	估测方法
30 日龄体重	0.133	0.102	单元内半同胞相关
45 日龄体重	0.203	0.105	同上
6 月龄体重	0.267	0.108	同上
6 月龄体长	0.380	0.113	同上
8 月龄体重	0.055	0.098	同上
8 月龄体长	0.427	0.115	同上
年产毛量	0.538	0.119	同上
产毛率	0.097	0.023	同上
产活仔数	0.118	0.170	混合家系
断奶成活数	0.595	0.198	同上
断奶窝重	0.387	0.188	同上

* 指组内半同胞相关系数

2. 性状间的表型相关和遗传相关

长毛兔主要经济性状之间的表型相关和遗传相关见表 6-2。

研究表明，长毛兔的 6 月龄体重与年产毛量，产活仔数与断奶窝重，初生窝重与断奶窝重之间，存在着较高的表型相关和遗传相关。对这些性状，在确定长毛兔的选育指标和制订选择指数时，均可作为早期选择的依据。而 8 月龄胸围与年产毛量之间的表型相关和遗传相关都为负值，表明在长毛兔的选育过程中似应适当约束胸围的增长。

表 6-2 长毛兔主要经济性状的表型相关和遗传相关表

相关性状	表型相关（rP）	遗传相关（rA）	估测方法
初生体重与年产毛量	0.016	0.664	混合家系
6 月龄体重与年产毛量	0.371	0.478	同上
6 月龄体长与年产毛量	0.100	0.679	同上
8 月龄胸围与年产毛量	–0.129	–0.461	同上
产活仔数与断奶窝重	0.495	0.649	同上
初生窝重与断奶窝重	0.728	0.760	同上

四、遗传环境

长毛兔的主要性状都是遗传与环境共同作用的结果。实践表明，兔群的优良品质只有在环境条件允许遗传性状充分发挥的情况下，才会得到不断的提高。因此，要想进一步提高兔群的生产水平，必须在改进性状遗传基础的同时，还需不断改善环境条件。

1. 遗传影响

长毛兔的有些性状表现为遗传作用大于环境影响，如被毛中的粗毛含量在很大程度上是取决于遗传的，但是某些环境因素仍可能使其发生轻微变化（如日粮营养成分、采毛方式等）。性成熟期，一般来说大型品种的性成熟期较晚，主要也是受遗传影响。但是，春季出生的青年兔，其性成熟期要略早于夏末或秋季出生的同品种青年兔。

2. 环境影响

影响长毛兔性状的环境因素，主要包括日粮、笼舍、管理、疾病等。如镇海种兔场培育的巨型高产长毛兔，虽有高产、巨型的遗传基础，但必须创造良好的饲养环境条件，尤其是日粮、笼舍和管理条件。否则，就会影响这种优良特性的充分发挥。在繁殖力方面，遗传与环境的影响更为明显，遗传决定了母兔的产仔基数，许多环境因素则制约了产仔数的增加或减少。

五、遗传缺陷

在实际生产中，由于种种原因，常会导致兔体某些部位不协调地生长和发育，甚至发生畸形等缺陷，这些异常现象很可能是由遗传因素引起的。

1. “牛眼”畸形

“牛眼”又称水肿眼。病兔眼睛圆睁，突出如牛眼。2~3 周龄后，眼球变大且有清楚的角膜，或是出现青色的云雾状，随后角膜逐渐变得扁平、混浊，眼球突出，并发结膜炎，视力明显衰退。患有此病的公兔性欲减退，精液品质下降。

据报道，“牛眼”畸形是由位于常染色体上的隐性基因 bu 所致。有人发现，当提高饲料中维生素 A 的水平时，“牛眼”基因的外显率降低，因此，“牛眼”可能是由于 bu 基因阻碍了 β–胡萝卜素转化为维生素 A 的过程而发生的。兔的“牛眼”畸形多见于白化体兔中，在我国则多见于安哥拉兔和大耳白兔。

2. 下颌颌突畸形

这种畸形的特点是下颌向前移位，上、下门齿间咬合错位，结果门齿只生长而不能磨损，第一上门齿向口腔内卷曲生长，而下门齿则伸出唇外。

据报道，下颌颌突畸形，可能由环境和遗传原因所引起。遗传原因是由于常染色体隐性基因 mp 的作用所致，使脊椎骨和颅底骨异常生长，导致下颌向前移位。这种畸形兔当上、下门齿生长到一定程度时，其采食困难。如不及时修剪， 会因饥饿而死亡。

3. “八字腿”畸形

所谓“八字腿”是指畸形兔的四肢不能收至腹下，行走时腹部着地，无法站立，轻者可做短距离滑行，重者多呈瘫痪状态。

引起“八字腿”畸形的遗传因素至今尚未搞清，有待进一步研究。但是可以肯定，这种畸形属于常染色体隐性遗传所致。

4. “划水”畸形

这种畸形是指长毛兔行走时的一种畸形姿势。该种畸形兔在

2~3 周龄前与正常兔无区别，随后即可观察到其前肢逐渐向内弯曲呈弓形，而脚爪外撇，到 2~3 月龄时，整个前肢形状极似海豹前肢，行走时腹部贴地，前肢向体躯两侧平伸，前后滑动，其形似在水中划水。

"划水"畸形在遗传上称遗传性远侧前肢弯曲畸形，受常染色体隐性基因 fc 控制。也有人认为，这种畸形可能与环境因素有关。当兔笼中的笼底板竹条方向与笼门平行时，因竹条表面光滑，采食时前肢经常向两侧打滑，时间持久影响了前肢骨骼的正常生长，并损伤了前肢与肩关节的正常结合，从而形成"划水"畸形。

5. 震颤崎形

俗称抖抖病。最早发现于德国。这种兔在 10~14 日龄时开始出现症状，最初是整个身体和头部连续地微微抖动，以后震颤越来越严重，当兔子处于睡眠状态时震颤随之停止，一旦受到突然惊吓，颤抖加剧；2 月龄时后肢开始瘫痪，逐渐扩展到前肢，至3 月龄时完全瘫痪。

据报道，震颤病常由染色体隐性基因 tr 所致。病兔常因虚弱或感染其他疾病而死亡，少量康复公兔常因精液品质下降而导致不育。

第二节　引种技术

引种是养兔的开始，也是一个新兔场开始养兔的第一项关键技术，引种技术直接关系到一个长毛兔养殖场的成败和效益的高低，特别是刚开始养兔的兔场，所以，必须引起高度的重视。

一、引种原则

根据动物防疫有关法律法规，以及种畜禽管理条例的有关规定，同时为了确保引进种兔的健康和质量，一般养兔场（户）在决定引进种兔时，必须注意以下几点。

1. 提供种兔的兔场

一是普通养兔场（户）引进种兔时，必须向已经取得《种畜禽生产经营许可证》，并已向当地工商行政管理部门办理注册登记，领取营业执照的正规种兔场引种。千万不要贪图价格便宜，误入“炒种者”以次充好、以商品兔冒充良种兔的骗局。特别是不具备种兔质量识别能力者，或者是挑选种兔知识掌握不全者，更要按规定到政府机关发证认可的种兔场引种。二是低一级的种兔场在引种时，必须要从高一级别的种兔场引种。例如：二级种兔场需要引种更新血统时，必须要到一级种兔场引种。

2. 种兔标准

养兔场（户）引进的种兔，必须符合本品种标准二级以上等级标准，其中种公兔必须达到一级以上等级标准。引进的种兔须随带加盖种兔生产单位公章的《种兔合格证》和完整的种兔系谱档案资料。

3. 引种准备

做好引种准备工作是实现标准化养兔的第一步。养兔场（户）在确定引种前应检查笼舍、供电供水等设施设备，并消毒笼具场地，同时准备好使用 7~10 天的常用饲料、药物和疫苗，要保证引进的种兔有良好的环境和饲料供给。为使引进的种兔平稳过渡，在引种时，可向供种兔单位购买一定量的种兔饲料，这些饲料可与本场配的种兔饲料混合饲喂一周，刚引进头几天的饲料，本场的种兔饲料应少用一些，供种兔单位提供的种兔饲料比例高一些，本场的种兔饲料比例应逐步增加，直至一周后全部投喂本场的种兔饲料。

4. 种兔公母比例

根据各地种兔场的供种销售情况，公母比例多为 1:3~1:4。由于不同地区，采用自然交配或人工授精等不同方式，公、母比例应根据实际生产需要确定。但不宜低于 1:5~1:6，以便日后种公兔有足够的选留余地和防止近亲繁殖。另外，如果一个已经营多年的养兔场（户）引种是为了更新血统时，或者是为了补充一些繁殖母兔时，就另当别论了，公母引种比例根据需要而定，也可以单单只引公兔或母兔。

5. 申报检疫

引进种兔时，在种兔调运前，需向当地动物卫生监督机构申报检疫，经官方兽医按照检疫规程检疫合格，并出具动物检疫合格证明后，方可启运，动物检疫合格证明有 4 种，其中动物产品 2 种，动物 2 种，其中动物 2 种是：本省内引种调运是“动物检疫合格证明（动物 B）”，如果跨省引种调运是“动物检疫合格证明(动物 A)”。

检疫是为了防止引进病兔或染疫兔，也是为了防止疫病传播，为了保证所引进的种兔质量，我们在引种前，需对提供种兔的单位作一些必要的了解，例如：防疫情况、近 3 年是否发生过主要疫病、养殖档案是否记录完整、各项制度执行情况等，也可以在引种前对似引进的种兔群进行临床检查观察和实验室检测，防止兔病毒性出血症、魏氏梭菌病、兔密螺旋体病等病传入，在临床检查观察时注意种兔体况、精神状态外，还需观察有无皮肤病、脚爪炎、鼻炎等。

二、选养品种

一个兔场或养兔专业户，选养何种长毛兔，应根据各自的饲养管理技术水平和饲养条件来确定。富有养兔经验、饲养条件较好的养兔场（户），可以选养德系长毛兔，以生产优质兔毛为主，同时繁殖仔兔向外销售，以获取较高的经济效益；对于没有养兔经验的新手，开始可以选养杂种兔为主，待取得一些经验，掌握一定技术后再养高产良种长毛兔，以免由于饲养管理不当而造成经济损失。

识别良种长毛兔，除应查阅必要的系谱档案资料外，还需按照不同品系的外貌特征进行识别。德系长毛兔头形偏尖削，大部分耳背无长毛，仅耳尖有一撮长毛，被毛密度大，有毛丛结构；法系兔头形稍尖削，额、颊、四肢及脚毛均为短毛，耳背、耳尖均无长绒毛 （俗称光板），全身毛质较粗硬，粗毛含量较高。

挑选良种长毛兔时应着重考虑兔毛密度、毛丛结构和体型大小。凡手摸绒毛和皮肤感到紧实，或口吹被毛难见皮肤，毛长洁白而柔软，具有丝样光泽，波浪形弯曲明显，体型大，产毛量高，就是高产良种的重要标志。

三、引种年龄

种兔年龄与产毛、繁殖等生产性能均有密切关系。种兔使用年限一般只有3~4年。因此，老年兔由于其生产性能衰退，经济、生产价值就低，但50日龄内或未断奶的仔兔因适应性和抗病力较差，引种时也要注意。所以，引种年龄一般以6月龄左右的青年兔为好。这个阶段的兔子其优良性状已有显现，质量容易把握，而且这类兔子已接近成年，抗病力较强，容易饲养，引种后成活率高，同时引种后饲养不久就可配种繁殖，有利于生产性能的发挥，有利于兔场的生产发展。

识别种兔的年龄，主要根据趾爪长短、颜色、弯曲度，牙齿颜色与排列，以及皮板厚薄等进行鉴别。青年兔趾爪短细而平直，富有光泽，隐藏于脚毛之中，趾爪基部呈粉红色，尖端呈白色，整体红色多于白色；门齿洁白、短小而整齐；皮肤致密结实。壮年兔趾爪粗细适中、较平直，随年龄增长逐渐露出于脚毛之外，趾爪颜色红白相等；门齿色白、粗长、整齐；皮肤紧实。老年兔则趾爪粗长，爪尖钩曲，有一半趾爪露出于脚毛之外，表面粗糙而无光泽，趾爪颜色白多于红；门齿厚而长，呈黄褐色，常有破损，排列不整齐；皮肤粗糙而松弛。

四、引种数量

引种数量主要决定于场地、笼舍、配套设施设备，以及资金、饲料等诸多条件。引种多，见效快，而且可尽早达到设计的兔群规模。但初养者，首次引种数量不宜过多，以10~30只，公、母比例1:4~1:5为宜，一边饲养一边学习，在饲养、繁殖、管理等方面取得一定经验后逐渐扩群。

根据自繁自养的原则，如当地已经饲养较多数量的长毛兔者，应充分利用当地母兔资源，以引进良种公兔为主。这样既可节省资金，又可迅速改良原有兔群。

公母兔鉴别，一般可通过观察阴部生殖孔形状和肛门之间的距离，以及生殖突起是否明显来识别。鉴别时可用左手固定兔耳和颈后皮肤，右手食指与中指夹住其尾部，用大拇指轻压生殖器，初生仔兔阴部孔洞略呈扁圆形，与肛门之间距离较近者为母兔。如阴部孔洞呈圆形且与肛门距离相对较远者则为公兔。开眼后的仔兔可直接检查外生殖器的形状，母兔阴部逐渐发育成“ V ”状尖叶形，下端裂缝延至肛门，无明显突起；公兔阴部则呈“0”形，并可翻出圆筒状突起。3 月龄后公母兔鉴别就比较容易，一般轻压阴部皮肤就可翻开生殖孔，母兔有明显阴门裂，呈尖叶状；公兔有阴茎，呈圆柱状突起。

五、引种季节

长毛兔虽然怕热，气候太寒冷，对长毛兔也有不利影响，所以引种季节以气温适宜的春、秋季为最合适。切忌夏季引种。冬季因气候寒冷，也以少引种为宜。特别是刚断奶的仔兔，由于饲养管理条件的突然改变，又受炎热或寒冷环境的应激，极易造成病害，甚至死亡，以免带来不必要的经济损失。

冬季繁殖的种兔，具有毛密、毛质好等优点。所以，引种时可安排在初春季节，购买冬季或深秋繁殖的青年兔。

六、种兔运输

运输种兔可采用铁丝笼、纸箱或竹笼等，但必须通风良好，不能拥挤，有一定的活动范围。3 月龄以上的公、母兔应分笼调运，以避免早配。装运密度以每只兔种占用面积 0.06~0.08 平方米为宜，如长 100 厘米×宽 50 厘米×高 30 厘米的铁丝网分隔笼，可装运种兔 6~8 只。铁丝网分隔笼不宜过大，以便于装卸和搬运。每个笼箱应贴有注明品种（品系）、性别、年龄、体重和只数的标签，以方便途中管理和到达目的地后的分送。

途中饲养主要根据路程远近和所需时间而定。一般 24 小时内到达目的地的，途中可不必饲喂；若路程较远，运输时间较长，途中可适当饲喂 1~2 次。饲料宜选用易消化、含水量低和适口性好的萝卜、胡萝卜等青粗饲料，精饲料宜少喂或不喂。

另外，有两个问题值得特别强调：一是种兔在运输、装卸和搬运过程中，要防止种兔受到伤害，种兔的脚可能会伸出笼底的铁丝网，如果装有种兔的铁丝网分隔笼紧贴地面或车厢底板平移，极有可能使兔脚受伤，所以要悬空搬运，轻轻摆放。二是运输过程中，最好用敞蓬车，车厢不能封闭，必须要保证良好的通风。当遇到猛烈的太阳或雨雪天气，车厢也不能密闭。当然，具体要根据当时的气温气象条件而定。

七、管理要求

引进种兔到达目的地后，要及时将装有种兔的铁丝网分隔笼卸车，然后在干燥、清洁、安静、而光线不是太强的地方稍作停放，不要急于分散，等稍微适应一下气温环境后再予以分散，作单笼饲养。同时要注意做好以下工作。

1. 防止暴饮暴食

种兔运抵目的地后，不要急于喂料饮水，一般应先让兔子休息 2~4 小时，然后供给清洁饮水。为保证种兔尽快恢复体力和防止肠道疾病，饮水中可适量添加葡萄糖、维生素 C，也可添加适量的青霉素、链霉素。严禁引入种兔到达目的地后暴饮暴食，以免引发胃肠道疾病。

2. 减少应激反应

引进种兔经长途运输后，或多或少会给种兔带来多种应激，机体抗病力下降，容易诱发感冒、腹泻、巴氏杆菌病等各种疾病。因此，到达目的地后应加强饲养管理，创造良好的环境和条件，做到良种良养，尽量减少各种应激源。必要时应预先做好兔瘟、巴氏杆菌病和 A 型魏氏梭菌病疫苗的预防接种工作。

3. 严格隔离观察饲养

为保证引种工作的顺利进行，必须严防各种疫病的传入。种兔运抵目的地后应严格执行动物检疫和防疫制度，应该先安排在隔离室饲养 30 天，每天进行逐一观察至少一次，并做好详细记录，必要时对兔病毒性出血症等主要疫病进行实验室抗体检测，对免疫抗体评估不合格的，要进行重新免疫，最后经兽医技术人员检查证实健康无病后，才能转入种兔舍或繁殖兔群舍饲养。

4. 逐渐更换饲料

种兔引进后，兔场应根据当地饲料供应条件和饲养习惯，逐渐改变原来的饲料类型和饲养管理程序。喂料方法，可采用第一天饲喂种兔供应单位提供的饲料 2/3 量，另 1/3 量改用当地饲料；经 2~3 天后，再更换 1/3 量；经过 7~10 天后完全更换成当地饲料。切忌突然改变，而导致消化道疾病。

5. 加强健康观察

种兔引进后，要随时观察它们的健康状况，发现异常或病兔应及时隔离，加强护理和治疗，做好兔场的防鼠、防兽等工作。为使引入种兔能够很好地适应当地的饲养条件，应注意加强适应性、耐粗饲性锻炼，不断提高引入种兔的抗病能力。

第三节　选种选配

一个规模化长毛兔养殖场，做好选种选配工作，是不断优化种兔质量，改良兔群生产性能，提升整个长毛兔场群体品质，提高兔场经济效益的一项关键措施。

所谓选种，就是把遗传性稳定、外貌特征符合品种要求、高产优质、适应性强、抗病力好的公母兔选留作种兔，同时把品质较差的个体加以淘汰。

而选配是选种的继续，其实质就是有意识、有计划地选择优良的公、母兔进行配种繁殖，其目的在于获得稳定遗传性和产生必要的变异，以便逐代提高兔群的品质。所以，选种是选配的基础，选配是选种的继续。

一、选种目的

选种的目的，简而言之，就是“选优劣汰”，把种质特性优良，育种价值高的优良公母兔选作种用，繁殖后代，以提高兔群的生产性能和稳定兔群的遗传性能。这里所讲的种质特性优良，是指适应性、生长发育、生产性能和体貌特征等表现优良；育种价值高，是指能将本身的优良特性很好地遗传给后代。

选种工作是规模化养兔的重要组成部分，是提高兔群生产水平的关键技术之一。如能选出优秀个体留作种用，兔群品质就会越选越好。坚持长期选种，不仅能起到保护良种的作用，而且还可能选育出新的优良品种。相反，一个兔场如果不坚持选种，有缺陷的、生产性能低下的个体都留作种用，就是平时所说的“见母就留制”，兔群品质就会越来越低劣，养兔效益也会越来越差。因此，大规模集约化养兔必须长期坚持严格的选种工作。

二、选种原理

长毛兔的优良性状，从世代传递过程的连续性考虑，大致可分为显性性状和隐性性状；从个体变异的连续性考虑，大致可分为质量性状和数量性状。

1. 质量性状的选择

长毛兔的毛色、耳型、血型、遗传缺陷等都属于质量性状。质量性状的遗传特点是变异为非连续性变异，各种变异类型区分明显，受1对或少数几对基因的控制，表现型受环境因素的影响较小，其基因一般都有显性和隐性的区别。如果某个显性基因支配的性状对生产性能是有利的，则在选育工作中应当保留显性基因，淘汰隐性基因。

2. 数量性状的选择

长毛兔的大多数性状都属于数量性状，如产毛量、日增重、饲料利用率等。数量性状的遗传基础是多基因效应，一个性状受多个基因的控制，其变异呈连续性变异，受环境因素的影响性较小。在实际生产中，一个长毛兔群体中的各个个体，其生产性能存在着一定差异，这种差异有高有低，有大有小，即有正有负，正负相抵后的平均值即为基因累加效应。这是通过选种能够巩固遗传的部分。

3. 某些性状的遗传规律

(1) 毛色遗传。控制家兔毛色的基因至少有 8 个系统，这些基因间的作用各不相同，所以毛色遗传是一种非常复杂的遗传现象。白色长毛兔（llcc）主要受白化基因 c 控制，黑色长毛兔的基因型为 llaa，蓝色长毛兔为 llaadd，浅黄褐色长毛兔为 llee。

(2) 毛质遗传。长毛兔的被毛由粗毛和绒毛两种纤维组成，粗毛俗称为“枪毛”，绒毛又称为“细毛”。正常被毛的粗毛基因 R1，R2，R3 和绒毛基因 L 均为显性。长毛兔绒毛基因 L 发生隐性突变为 l，只有隐性纯合体 ll 才具有长绒毛。所以普通家兔与长毛兔配种，所产生的杂交一代（Ll）不具有长绒毛；杂交一代互交则可产生 1/4 的长毛型后代；杂种一代如再用长毛兔回交，则可获得约 1/2 的长毛型后代。

(3) 外形遗传。长毛兔的体型大小是由多基因控制的，每个生长发育阶段中，都需要特定的酶参与活动，没有酶的活动就不可能完成正常的生长发育过程。如果酶的活性受阻或缺乏，就可能导致生长发育受阻，或出现外形畸形，如侏儒、垂耳、短肢、八字腿等畸形兔。

三、选种依据

1. 体型外貌评定

体型外貌又称外形。通过外貌评定，可初步判定长毛兔的品系纯度、健康状况、生长发育情况和生产性能。对一个长毛兔品系的外貌评定，其要求是符合该品系的外貌特征，体质结实、健康，发育良好，无任何外形缺陷。

(1) 头部。头部形状既反映了品系特征，也反映了长毛兔的体质类型。大头一般为粗糙型，对产毛量和兔毛品质均有一定影响；

小头、清秀则为细致型，这类兔的适应性能往往较差；头型大小适中，与体躯各部位协调匀称，则为结实型，产毛量最高，兔毛品质最佳。种兔要求眼大，明亮，无流泪及眼眵现象，眼球呈粉红色。门齿排列整齐，上下咬合不错位。耳朵大小、形状及耳毛分布情况是各品系的特征之一，但两耳都应竖立举起，如有一耳或两耳下垂，则为不健康的象征或是遗传上的缺陷。

(2) 体躯。发育正常、体质健壮的长毛兔，要求颈肩结合良好，胸宽而深，背腰宽广而平直，臀部丰满而缓缓倾斜，肋骨开张良好，腹部充实、紧凑，富有弹性。

(3) 四肢。四肢应强壮有力，行动敏捷，肌肉发达，肢势端正。行走时观察前肢有无“划水”现象，后肢有无瘫痪症状，这两种缺陷均可能由遗传因素所致，所以有这两种症状的长毛兔应予以淘汰。

(4) 被毛。要求被毛浓密、柔软、洁白、光亮、松软、无结块毛，符合“长、松、白、净”要求。检查被毛密度，可用嘴逆毛方向吹开被毛，露出皮肤缝隙很小，几乎见不到皮肤，说明密度良好；缝隙明显皮肤外露则表明被毛较稀、密度较差。或用手抓臀部、体侧被毛，手感紧密厚实，表明密度良好；如手感空疏稀薄，则表明被毛密度较差。

(5) 其他。公兔要求睾丸大而匀称，性欲旺盛，隐睾、单睾者则不能留作种用；母兔要求哺乳等母性良好，外阴洁净而无污物，无残食仔兔等恶癖，乳头 4~5 对。

2. 生长发育评定

生长发育是决定长毛兔生产性能的重要因素之一。评定长毛兔生长发育的主要依据是体重测定和体尺测定。

(1) 体重测定。选留种兔，体重应符合品系要求。幼兔和青年兔因生长发育极为迅速，为及时了解其体重变化情况，有条件的兔场应每月称重 1 次，至少也应测定初生重、断奶重、3 月龄重、6 月龄重、周岁体重，成年兔应每年称重 1 次。称重应在早晨喂饲料前空腹进行，以避免因采食量而对体重测定造成误差。

(2) 体尺测量。种兔体尺通常只测定体长和胸围，必要时测定耳长和耳宽。一般在剪毛后进行。

(3) 体长。指鼻端到坐骨端的直线距离，用直尺测量。

(4) 胸围。指肩胛骨后缘绕胸围 1 周的距离，用卷尺或软尺测量。

(5) 耳长。指耳根到耳尖的距离。

(6) 耳宽。指耳朵的最大宽度。

3. 产毛性能评定

产毛性能是选留良种长毛兔的重要依据，评定时既要注重兔毛产量，又要注重兔毛的质量。

(1) 实际产毛量。成年兔是指从 1 月 1 日起至 12 月 31 日止的总采毛量，青年兔是指自第一次剪毛起至满 1 年后的总采毛量。凡种用长毛兔都必须计算个体年产毛量，一般商品兔场只需计算整个长毛兔群体的年产毛量。

$$\text{成年兔年产毛量}=\frac{\text{兔群成年兔年产毛量}}{\text{兔群中成年兔数}}$$

(2) 单次产毛量。为及早了解青年兔的产毛性能，在育种工作中往往以第一年内的某一次产毛情况作为依据来判断其产毛性能。据试验，如果 70 日龄剪第一次毛，以后每隔 91 天剪毛 1 次，则第一次剪毛量与年产毛量之间无明显相关，第二次呈中等正相关，第三次呈中等到高度正相关。所以，一般以第三次剪毛量乘以 4 作为该兔的年产毛量计算。

(3) 产毛率计算。产毛率是指单次产毛量与采毛后体重间的比率。产毛率越高则表示单位皮肤面积内的产毛效能越高，也可用以评定兔毛密度的性能。

$$\text{产毛率（\%）}=\frac{\text{单次产毛量}}{\text{采毛后体重}}\times 100$$

(1) 块毛率计算。结块毛是指严重缠结，不易撕开，对兔毛品质有严重影响的毛块。产生块毛既有管理上的因素，也有遗传上的原因，必须通过严格的选育选择来进行淘汰。

$$块毛率（\%）=\frac{同次结块毛重量}{一次剪毛重}\times 100$$

（2）兔毛长度测定。兔毛长度分为毛丛长度和毛纤维长度。毛丛长度指兔毛的自然长度，测定背部至臀部 3~4 个毛丛长度，取其平均值；毛纤维长度是指毛纤维单根自然长度，一般测定 100 根，取其平均值。

（3）兔毛细度测定。兔毛细度一般以微米为单位，测定单根兔毛纤维的中段直径，测定数量 100 根，取其平均值。

（4）粗毛含量测定。一般用粗毛率表示，指毛样中粗毛（包括两型毛〉所占的比重。

$$粗毛重（\%）=\frac{粗毛重（包括两型毛）}{毛样重}\times 100$$

四、选种方法

长毛兔的选种方法很多，目前生产中常用的有个体选择、家系选择和综合选择等方法。

1. 个体选择

个体选择主要根据长毛兔个体品质表型值的高低来选择种兔的方法。常用的有百分选择法和总分选择法两种。

（1）百分选择法。根据一个种兔场的兔群总体生产水平，制定出各项经济性状的评分标准，各项满分之和为 100 分。然后利用这种评分标准，在兔群中逐只进行鉴定和评分，根据评定总分选出最优秀者作为种兔（表 6–3）。

（2）总分选择法。根据一个种兔场的兔群生产情况，确定需要选择的性状，各个性状都分为 10 个等级，每个等级定为 1 分。根据所定等级标准进行评分，再按总分或某一单项分的高低进行选择种兔（表 6–4）。

如要从以上 6 只兔中选择 2 只留作种用，从总分看，则选 1 号兔，2 号兔；如要求被选兔的各性状不能低于 6，则应选 1 号兔，4 号兔，5 号兔；如根据生长发育应选 1 号兔，3 号兔；产仔数高应选 2 号兔，4 号兔；产毛量应选 2 号兔，3 号兔，6 号兔；兔毛品质应选 1 号兔，2 号兔。综合以上选择法，1 号兔，2 号兔入选 4 次；3 号兔，4 号兔各入选 2 次；5 号兔，6 号兔各入选 1 次。根据入选次数和总分情况，应选择 1 号兔和 2 号兔留作种用。

表 6–3　长毛兔主要性状的评分标准

项目	要　　求	评分
头部	大小适中，与体躯结合良好。两耳竖立，额、颊毛丰满，眼灵活有神，呈粉红色	8
体躯	肩、背宽广，腰宽，尻长，肋弓开张，胸宽深，腹紧凑，前、中、后躯结合良好	12
四肢	强健有力，肢势端正，着生细毛	2
整体	体质健壮，发育良好，符合品系要求。母兔乳头数在 4 对以上，公兔睾丸发育良好而匀称	8
被毛密度	密度大，分布均匀，产毛量高	25
被毛品质	被毛洁白，富有光泽，块毛量低	25
体重	符合品系要求	20
总计		100

表 6–4　长毛兔主要性状的总分选择法

兔号	生长发育	产仔数	产毛量	兔毛品质	总分
1	9	9	8	10	36
2	5	10	9	10	34
3	10	5	10	7	32
4	6	10	7	7	30
5	7	7	7	7	28
6	5	3	9	8	25

2. 家系选择

主要是根据种兔祖先性状的优劣及其后代性状进行选择的一种方法。适用于某些遗传力较低的性状选择，如繁殖力、泌乳力和成活率等。因为遗传力低的性状，受环境因素的影响较大。如果单凭个体选择，其准确性偏差较大。而采用家系选择法，则选择效果较好。主要形式有系谱鉴定和后裔测验两种。

（1）系谱鉴定。系谱是一种记载种兔祖先生产性能基本情况的资料表格。系谱鉴定就是根据祖先性能来选择种兔的方法。根据遗传规律，对子代影响最大的是亲代（父母〉，其次是祖代、曾祖代。祖先愈远影响愈小，所以一套完整的系谱只要记录 4~5 代祖先即可。但 4~5 代内必须有正确而完善的生产记录（成年体重、年产毛量、外貌评分等），才能保证鉴定的正确性。

（2）后裔测验。这是根据大量后代性能的评定来鉴定亲代遗传性能的一种选种方法。一般多用于公兔，因为公兔的后代数量、育种影响都大于母兔。具体做法是：选择一批外形、生产性能、系谱结构基本一致的母兔，在基本相同的饲养管理条件下，每只公兔至少选配10~20 只母兔。仔兔断奶时进行第一次鉴定，然后在每只母兔中选出 4~5 只幼兔到 5 月龄时进行第二次鉴定，鉴定以生长发育和第二次产毛性能为依据，经综合评定做出正确结论。

3. 综合选择

根据育种实践，要选出各种经济性状都很优良的种兔，必须把个体选择、系谱鉴定和后裔测验融为一体，才能对种兔做出可靠的评价，这种方法即为综合选择法。

（1）第一次鉴定。可在仔兔断奶时进行，主要根据其体重，结合系谱及同窝仔兔生长发育的均匀度进行选种。一般可将断奶幼兔划分为生产群与育种群，对列入育种群的幼兔必须加强饲养管理和其他培育措施。

（2）第二次鉴定。一般在第一次剪毛（2 月龄）时进行，主要检查头刀毛中有无结块毛，结合体重、体尺评定生长发育情况。如果发现头刀毛中有结块毛，并判定不是由饲养管理原因造成的，就应将其及时淘汰或转入生产群。

(3) 第三次鉴定。一般在第二次剪毛（4.5~5 月龄）时进行，主要根据采毛高低情况进行产毛性能初选。二刀毛与年产毛量呈中等正相关，所以根据第二次采毛量情况可初步判定长毛兔的产毛性能。

(4) 第四次鉴定。一般在第三次剪毛（7~8 月龄）时进行，主要根据产毛性能、生长发育和外貌鉴定进行复选。第三次采毛量与年产毛量有较高的相关性，在实际生产中，可用第三次采毛量乘以 4，作为年产毛量进行评定。

(5) 第五次鉴定。一般在 1 岁以后进行，主要根据繁殖性能和产毛性能进行选择。母兔的初次产仔情况不能作为选种依据，通常以 2~3 胎的受胎率和产仔数评定其繁殖性能，繁殖性能差、有恶癖者均应严格淘汰。

(6) 第六次鉴定。当种兔的后代已有生产记录时，就可根据后代的生产性能对种兔进行遗传性能鉴定，即后裔测验。

五、选种指标

近年来，各国对长毛兔选种，已制定出各种指标要求，特别是母兔的繁殖参数、产毛及生长等，都有明确的指标要求。

1. 繁殖指标（表 6–5）

2. 产毛指标（表 6–6）

3. 生长指标（表 6–7）

表 6–5　母兔主要繁殖参数

生　产　指　标	最低水平	较好水平
每只母兔年提供断奶仔兔数（只）	20	25
每个母兔笼位年提供断奶仔兔数（只）	22	28
母兔配种率（%）	70	85
配种母兔分娩率（%）	55	75
平均每胎产仔数（只）	6	8
平均每胎产活仔数（只）	5.5	7.5
每只母兔年繁殖胎次（胎）	4	5
两次产仔的间隔时间（天）	60	50
仔兔出生至断奶的死亡率（%）	10	5
每胎平均断奶仔兔数（只）	5.5	7.5
每只哺乳母兔哺育断奶仔兔数（只）	6	8
母兔奶头数（对）	4	5
母兔年死亡率（%）	8	5
母兔利用年限（年）	2.5	3
每只公兔年配母兔数（只）	20	30

表 6–6　良种长毛兔产毛指标

生产指标	最低水平	较好水平
公兔年产毛量（克）	1100	1800
母兔年产毛量（克）	1350	1900
每千克兔毛消耗颗粒饲料（千克）	45	40
细毛密度（根/厘米^2）	15000	18000
细毛长度（厘米）	5.5	6.5
粗毛含量（%）	7	5

表 6–7　良种长毛兔生长发育指标

生　产　指　标	最低水平	较好水平
初生重（克）	45	60
断奶体重（41 日龄，克）	700	900
6 月龄体重（千克）	3.5	4.0
成年体重（千克）	4.5	5.0 以上
成年体长（厘米）	50	55 以上
成年胸围（厘米）	35	40
断奶幼兔每增重 1 千克需消耗颗粒料（千克）	5.5	5

六、选配原则

俗话说“好种出好苗”“养好兔才会富”。优良种兔可能产生优良后代，这是符合遗传原理的。但在实际生产中，经常可以看到，优良的种兔不一定能产生优良的后代，还要看公、母兔的配对组合是否合理。因此，应注意以下选配原则。

（1）明确选配目的。选配是为育种和生产服务的，在长毛兔的整个繁育过程中，一切的选种选配工作都必须围绕育种工作和生产目标来进行。

（2）利用优秀公兔。公兔用量少，所以选择强度大，对后代的遗传改良作用更大。一般规模兔场可采用人工授精方式配种，以充分利用优秀种公兔，来加快整个长毛兔群体的改良速度。

（3）慎重使用近交。近交应有严格的适用范围，不可滥用。生产中应尽量避免 3 代以内有亲缘关系的公、母兔配种，生产群要注意分析公、母兔之间的亲缘程度，以避免近交衰退。

（4）注意年龄选配。一般壮年种兔的繁殖能力、生活能力和生产性能最好，所以，采用 1~3 岁壮年种兔配种效果最佳。

（5）注意等级选配。实际生产中一定要采用优良公兔配优良母兔，避免采用优良公兔来配低劣母兔（生产中用来改良的除外），或用低劣公兔来配优良母兔。

七、同质选配

所谓同质选配，就是选择性状相同、性能相似的优良公、母兔配种，目的是为了获得与双亲相似的优秀后代。例如，选择产毛量高、兔毛密度好的公、母兔交配，使产毛量高、兔毛密度好的优良特性在后代中得以保持和巩固，提高群体优良的产毛性能。生产实践表明，同质选配时双方愈相似，愈有可能将共同的优良品质遗传给后代，优良性状愈易在后代中保持和巩固。通过扩群繁殖，使优秀个体得以迅速增加。

当然，在使用同质选配巩固优良性状的同时，也可能使不良性状或缺陷在后代中得到巩固或扩大。因此，在实际生产中应避免具有共同缺陷的公、母兔进行配种繁殖。另外，长期的同质选配还可能引起后代生活能力下降，群体内的变异相对减少。因此，要特别注意严格选择，及时淘汰体质衰弱或有遗传缺陷的个体。

八、异质选配

所谓异质选配，就是指选择体质类型、生产性能或经济性状不同的公、母兔配种，目的是为了获得与双亲性状不同的优良后代。通常可分两种情况，一种是选择具有不同优点的公、母兔配种，以期获得兼有双亲优点的后代，称为互补型；另一种是选择同一性状而优异程度不同的公、母兔配种，以期同一性状在后代中得到较大的改进和提高，称为改良型。异质选配综合了双亲的优良性状，增大了后代的变异性，有利于选种和增强后代的生活力。因此，当兔群处于相对停滞状态时，或在品种培育初期，为了通过性状组合获得理想类型，一般可采用异质选配。

值得注意的是，采用异质选配时双亲的优点不一定都能在后代中表现出来。进行异质选配时，千万不能选择高产的优良种兔和低产的劣等长毛兔配种，以免优良性状基因的遗失与群体生产性能的降低。

九、亲缘选配

所谓亲缘选配，就是考虑选配公、母兔双方有无亲缘关系。如配种双方有亲缘关系，则为亲缘选配；如无亲缘关系，则为非亲缘选配。根据亲缘关系分析，一般认为7代以内有亲缘关系的选配称为亲缘选配，否则称为非亲缘选配。亲缘程度的高低，通常可用近交系数（Fx）来估测。

嫡亲交配：Fx为0.250~0.125

近亲交配：Fx为0.125~0.031

中亲交配：Fx为0.031~0.008

远亲交配：Fx为0.008~0.002

根据生产实践，亲缘选配有利于稳定品种的遗传性，巩固优良性状。但是，亲缘选配也会带来后代繁殖力下降、生活力减退、畸形兔比率上升等不良影响，即“近交衰退”现象，尤其是长期不适当的近亲交配，易使长毛兔被毛蓬乱不堪，出现“垂耳”“牛眼”“八字腿”“O”形腿等畸形后代。因此，在平时的生产实践中应尽量避免3代以内有亲缘关系的公、母兔配种，以免后代中出现各种“近交衰退”现象。

十、年龄选配

所谓年龄选配，就是根据与配公、母兔年龄进行选配的一种方法。因为年龄与长毛兔的遗传稳定性有关，同一个体随着年龄的不同，所产后代品质也往往不同。因此，长毛兔配种，应以年龄的不同而进行选配。

在生产实践中证明，壮年公、母兔配种所产后代，其生活力和生产性能均较高，遗传性能比较稳定。因此，年龄选配的原则是：

壮年公兔 × 壮年母兔

壮年公兔 × 青年母兔

壮年公兔 × 老年母兔

青年公兔 × 壮年母兔

老年公兔 × 壮年母兔

在平时的实际生产实践中，为了提高后代的生产性能和生活力，年龄选配中应避免青年公兔与青年母兔或老年母兔、老年公兔与青年母兔或老年母兔配种。

第四节 育种技术

长毛兔种兔一旦选定或引进之后，在精心饲养管理的同时，更重要的工作是如何让具有优良品质的种源发挥好作用，为了保持和进一步提高良种兔的各种优良性状，必须有计划、有步骤地开展一系列良种繁育、良种选配以及做好各种资料记载工作。

一、育种组织

长毛兔育种工作是一项庞大而复杂的系统工程，必须要有一个专门的组织来统筹协调和组织实施，根据各类兔场的自身条件和特点进行分工协作，使引进或选定的良种兔得到充分利用，培育出新的优质高产品种，并快速扩大种群。

从国家的层面来看，农业部全国畜牧总站组织全国各重点养兔省、市有关部门、大专院校和科研机构的代表，组成国家兔产业技术体系专家委员会，指导全国家兔良种培育工作，对我国长毛兔的育种技术，提供技术支撑，对长毛兔产业的持续发展，起着良好的推动作用。

从一个规模化的长毛兔养殖场来看，要做好长毛兔育种工作，同样也要有一个专门的育种组织来统筹协调和组织实施。

国外养兔业发达国家的育种组织均有数十年的历史，如德国的全国性养兔协会和安哥拉兔测定站，美国的家兔育种协会，丹麦的家兔产品委员会等。这些组织采取的技术措施虽不相同，但都有力地促进了家兔育种工作和养兔业的发展。

二、育种计划

良种长毛兔的选育工作是一项复杂的系统工程，是提高长毛兔生产经营效益的一项基本建设。所以，必须拟定详细的育种计划，内容主要包括选育目标，繁育方法，选种、选配标准和饲养管理措施等。

值得注意的是，根据生产实践，在长毛兔的选育过程中，首先应确定选育的目标和重点选育的性状。一般选育性状不宜过多，但只选育一个性状，又会导致过度发育而影响整体性能；有些性状则可利用“相关”进行间接选择，从而减少选育性状而提高选育效果。所以，制定育种计划时，必须全面考虑，合理安排。

三、繁育体系

根据我国现有长毛兔生产的实际情况，良种兔的繁育体系、生产体系是由长毛兔原种场、长毛兔种兔场和商品兔场 3 级组成的。

1. 长毛兔原种场

又称原种繁殖兔场。具有政府机关颁发的原种场生产许可证，一般在长毛兔育种工作搞得较好，具有一个长毛兔品种（品系）的纯种兔群体，技术力量较强，基本设备较全的地区或单位，或者已经建立了种兔场，并培育出了长毛兔新品系，经过整顿、选育之后，可逐步建成原种兔场。

原种兔场的规模宜小不宜大，具有一定数量的基础母兔，年产一定批量的优良种兔即可。不可饲养品系过多、过杂，以免影响家系繁殖的数量。其主要任务是培育纯种兔，负责向全国各地提供完全符合品系要求的良种长毛兔。

2. 长毛兔种兔场

具有政府机关颁发的种兔生产许可证。在饲养长毛兔比较集中的县、市或地区，可根据需要建立具有一定规模的良种兔场。其种兔来源可从原种场选购，但要采取纯种繁育的方法繁殖纯种兔，供应给各长毛兔养殖场或养兔户。

良种兔场的规模一般可超过原种兔场，而且可选购数个品系进行饲养。这类兔场除出售种兔外，还可出售一部分商品兔。但饲养管理和经营方式，都必须符合种兔场的要求。

3. 商品兔场

一般的长毛兔养殖场或养兔户。经营的多为商品兔场，按照种兔的更新制度，定期选购符合品系要求的良种兔进行血统更新，所饲养的长毛兔，除了极少数留种选育外，绝大部分以生产商品兔产毛为主，为市场提供兔毛。

商品兔场的规模可根据各自的饲养条件而定。大规模生产投入多，要求高，需要饲料配合、兽医防疫等环节相互配套，但有利于采用现代化、机械化、全自动控制手段开展生产和管理，从而提高规模经营效益。小规模生产投入少，设备相对简单，观察方便，容易管理，机动灵活，但效益有限。

四、繁育方法

我国现有的长毛兔品种来源大致可分为两类：一类是从国外引进的优良兔种；另一类是经我国劳动人民长期选育的中系安哥拉兔。由于这两类兔种的生产性能完全不同，因而必须采用不同的繁育方法。

1. 外来良种的选育提高

目前，我国从国外引进的优良兔种，一般都具有优良的生产性能，或某一个性状非常优秀，当前的主要任务是增加数量、扩大兔群，但要防止不适当的繁育方法，以免造成不良后果，所以应采用纯种繁育的方法。

纯种繁育又称本品系选育。就是指在同一品系内进行繁殖和选育的方法，目的是为了保持本品系的优良特性和增加品系内的优秀个体数量。但在同一品系内以相当同质和来源相近的公、母兔相互配种，一代复一代地进行纯繁，也可导致生活力和生产性能的下降。所以，纯繁兔场或养兔专业户都必须注意定期更新血统，以不断提高外来良种兔的生产性能。

在实际生产中，一个优良兔种常有若干优良品质，例如有的体大，有的毛密，有的毛长，而一个种兔则不可能同时兼有这些优良性能。为了保持该兔种的这些突出的性状，则可分别建立体大品系、毛密品系、毛长品系等，以后通过品系间的杂交，以期汇集几个优良性状，提高兔群的生产性能。这种繁育方法称为品系繁育。

2. 中系安哥拉兔的选育提高

中系安哥拉兔虽然对我国发展长毛兔产业曾经起过积极作用，但因条件所限，普遍存在着生产性能较低的严重缺点，体型小，兔毛密度稀，产毛量低。为迅速提高中系安哥拉兔的生产性能，一般可采用杂交改良的繁育方法。

杂交改良是指不同品种或品系的公、母兔之间进行配种繁殖，其所繁后代称为杂种。一般来说，杂种后代具有生活力强、适应性好、生产性能高等优点，这就是所说的“杂种优势”现象。目前生产中常用的是德系安哥拉兔与中系安哥拉兔的级进杂交，这是一种在杂种中增强外来良种遗传影响的杂交方法。具体做法是：选用德系安哥拉良种公兔与中系安哥拉母兔交配，选留杂种中的优良母兔连续与德系安哥拉良种公兔回交，使德系安哥拉良种兔的血统比重越来越高，达到理想要求后，即可停止杂交，进行自群繁育。

3. 农户良种自选法

在农村群众性的养兔生产中，许多地方曾出现了品系退化的严重问题。为防止品系退化，农户自行选育可采用以下方法。

(1) 近交系选育法：近交系选育法就是将就近的养兔专业户中，选出若干户自愿组织起来，进行近交选育。每家各自选出 1 只最好的公兔，采用人工授精方法，对 30~50 只母兔进行配种，这样连续繁殖3~4 代后，将各家自繁自养的兔子（每户不少于 30 只）集中在一起，评出最优的 3 家进行扩群繁殖，即成 3 个近交系，然后进行杂交组合试验，配套繁殖。这种选育方法的优点是纯度高，速度快，杂种优势明显。

(2) 闭锁群选育法：即本品系选育。具体方法是从农村养兔大户中，选出养兔最好的 5 户，编号为①、②、③、④、⑤，每户每年选出 1 只最好的公兔，与 30~50 只母兔配种，每年从繁殖后代中选出 1 只公兔（另选 1 只作后备），按下列方式调配：①-②-③-④-⑤-①，连续 4 年，选出最优秀的公兔，然后将其与各家母兔配种，即可形成一个新品系。

(3) 纯、杂双选法：即将被选的两个系祖，在进行纯系选育繁殖时，也进行杂交选育。即某只公兔既根据纯繁的生产成绩，又根据杂交繁殖的生产成绩，在同一季节进行育种鉴定，选定最佳繁育方法。这种方法的优点是选择的准确度高，选出的系祖本身就有良好的配合力，可直接应用于生产中。

五、整理兔群

一个规模化标准化的长毛兔场，要想有计划、有目的地开展良种兔的选育工作，并要求取得一定成效，必须及时进行兔群整理整顿。根据品质优劣，将兔群分为核心群、繁育群和淘汰群。

1. 核心群

核心群是一个长毛兔场品质最好的群体，是由整个兔场遗传性能稳定的最优秀的长毛兔个体组成。有了核心群，选育工作就有了基础保障，一个兔场的后备种兔大部分应由核心群产生提供。

核心群的规模应少而优、小而精，但又不能少到被迫造成近亲繁殖的地步，并能保证供应充足的后备种兔为原则。例如，一个规模为600 只繁殖母兔的种兔场，核心群以保持繁殖母兔 60~80 只，种公兔 10~15 只为宜。如果是一个一级长毛兔种兔场，而且品质优秀的良种兔较多，除了为本场提供种兔外，还可以对外提供种兔，在这种情况下，应根据实际情况，适当扩大核心群数量。

2. 繁育群

凡经鉴定符合种用要求的种兔均可列入繁育群。繁育群的数量较大，繁殖的后代主要提供给繁殖场（二级种兔场）或商品兔场，如果发现有特别优良的个体，则可留作后备种兔。

一般小规模的兔场，采取自繁自养方式，以家庭成员自己饲养管理为主，不另聘饲养员的，可饲养种兔 80~100 只，保持存栏兔

500 只左右，这种规模所需劳力和饲料资源容易解决，管理比较方便，相对经济效益较高。

3. 淘汰群

经综合鉴定，凡生产性能低劣，品质较差，没有种用价值的长毛兔，一律转入淘汰群或作商品兔处理。

一个拥有 80~100 只种兔的小规模兔场，其合适的兔群结构为 6~12 月龄兔占 20%~30%；1~2 岁兔占 50%左右；2~3 岁兔占 20%~30%。3 岁以上的兔生产性能显著下降，种用价值明显降低，必须及时淘汰更新，使兔群结构常年保持在最理想的生产水平。

六、建立档案

规模养殖场的档案有两部分，一是养殖档案，是所有畜禽养殖场都要建立的，二是种畜禽档案，也就是说，一个长毛兔种兔场，必须建立完整的种兔档案和养殖档案。这里我们主要是介绍一下种兔档案，种兔档案是一个种兔场搞好育种、繁殖和饲养管理工作不可缺少的资料。常用的有种兔卡片、种兔配种繁殖记录和种兔生长发育及产毛性能记录等。

1. 种兔卡片

凡成年种用公、母兔均应有记载详细的种兔卡片，主要记录兔号、系谱、生长发育和生产性能等资料。具体见表 6–8、表 6–9 所示。

2. 种兔配种繁殖记录

母兔主要记载配种胎次、日期、分娩日期、产仔数、初生重、断奶重等；公兔主要记载与配母兔的受胎率、产仔数及断奶体重等（表 6–10、表 6–11）。

3. 个体产毛量登记表

个体产毛量登记表主要记载采毛日期、产毛量、兔毛长度、松毛率、兔毛等级等（表 6–12）。

表 6–8　种兔卡（正面）

品种		出生日期		初配年龄	
耳号		毛色特征		初配体重	
性别		奶头数		来源	

一、系谱								
项目	父系				母系			
耳号								
品种								
体重								
年产毛量								
含粗毛率								
耳号								
品种								
体重								
年产毛量								
含粗毛率								
耳号								
品种								
体重								
年产毛量								
含粗毛率								

表 6-9　种兔卡（背面）

二、种兔生长发育记录					
年别	月龄	体重	体长	胸围	鉴定等级

三、产毛量及兔毛品质鉴定记录					
月龄	产毛量	含粗毛率	细度	长度	密度

四、产仔哺乳记录												
年别	胎次	与配公兔		产仔日期	产仔				断奶		留种仔兔	
		耳号	品种		总数	死胎数	活仔		只数	窝重	公兔	母兔
							只数	窝重				

五、精液品质测定记录					
日期	射精量	密度	活力	存活时间	畸形率

表 6-10　母兔配种繁殖记录

耳号	胎次	配种日期	与配公兔		分娩				断奶			留种	
			耳号	品种	日期	产仔	活仔	窝重	日期	只数	体重	耳号	体重

表 6-11　公兔配种繁殖记录

日期	与配母兔		妊娠母兔			产仔		断奶		
	品种	耳号	品种	耳号	受胎率	总数	体重	总数	体重	成活率

表 6-12 长毛兔个体产毛量登记表

采毛日期	品种	耳号	性别	产毛量	长度	松毛率	等级

七、品种退化原因

近年来，在长毛兔生产过程中，部分从事长毛兔养殖者由于缺乏科学养兔知识，不懂得如何选种选配等育种技术，只注重发展数量，不注意品种改良；只重视引种，不重视保种育种，致使不少良种长毛兔引进后品种逐渐退化，生产性能下降。具体表现在体型逐代变小，生长发育缓慢；产毛量下降，毛绒品质降低；抗病力下降，发病死亡率增加，给养兔业造成了严重损失，这与长毛兔的引种、育种、繁殖、推广等整个产业系统都有着密切关系，所以有关机构单位和个人均应引起高度重视。下面介绍一下引起品种退化的主要原因。

1. 缺乏选种选配知识

在我国长毛兔产业的发展过程中，有部分从事长毛兔养殖者由于不懂得如何选种选配等育种技术，就认识不到选种选配的重要性，让兔子随意乱交滥配，甚至采用嫡亲、近亲繁殖，“见母就留种”“配上就繁殖”，不讲品种质量，忽视选优去劣，这是导致长毛兔生产性能下降，品种质量退化的主要原因之一。

2. 忽视配种年龄和使用年限

一般长毛兔 3~4 月龄就有性表现，但良种长毛兔，公兔要 8 月龄左右，母兔 6~7 月龄方可配种繁殖。部分养兔场为了追求眼前利益，过早配种繁殖，不但影响了种兔本身的生长发育和性能发挥，而且配种后受胎率低，产仔数少，成活率低。另外，公、母兔的使用年限一般为 3 年左右，部分养兔场不注重及时淘汰老年种兔，致使兔群质量逐年下降，造成了一代不如一代的严重后果，步入一个恶性循环。

3. 管理不善，营养不良

科学的饲养管理是养好良种长毛兔的关键。但是，部分养兔场因急于求成，准备不充分，条件不成熟就匆忙上马养兔，笼舍不规范，环境条件差，饲料配合不合理，饲喂时间没规律，早一顿，晚一顿，饥一顿，饱一顿，致使引进的良种长毛兔一时难以适应其不良的生存环境和不科学的饲养管理，逐渐消瘦、诱发疾病，导致体型退化，生产性能逐渐降低。

八、防止品种退化的主要措施

1. 科学饲养管理

在日常管理工作中，做到饲料精、青、粗合理搭配，精心饲养，科学管理，严格防疫，加强消毒，注重环境控制，是提高优良种兔生产性能和养兔效益的重要保证。饲料搭配要科学合理，保证蛋白质、粗纤维、维 生素和微量元素的合理供应。夏季要防暑，冬季要防寒，保证笼舍干燥，光照适宜，通风良好。

2. 加强选种选配

一个规范的标准化种兔场，必须制订正确的选育目标和选种选配方案，严格按照选种选配要求去指导种群培育工作，选优去劣，稳步发展；逐步引进良种，更新兔群血统，培育高产群体，提高养兔效益。自留后备种兔必须注意公、母兔间的血缘关系，避免近交衰退现象的出现。

3. 合理利用种兔

种兔场也好一般兔场也罢，凡留作种用的公、母兔，均应编刺耳号，仔细详实而完整地记载血统、生长发育、生产性能等资料。母兔一般每年繁殖 4 胎左右，公兔每天配种 1 次左右，连用 2~3 天后，需休息 1 天。有条件的地区或兔场，可推广应用人工授精技术。

第七章　长毛兔繁殖技术与影响因素

做好繁殖工作，是一个长毛兔养殖场保障经济效益的重要环节，目的是为了增加长毛兔群体数量，提高长毛兔群体品质。生产实践表明，繁殖技术是制约长毛兔饲养生产水平和经济效益的主要因素之一。因此，养兔场的技术人员必须系统掌握长毛兔的繁殖技术，了解各种影响因素，充分发挥长毛兔的繁殖性能，提高长毛兔的繁殖效率，从而提升长毛兔养殖场的经济效益。

第一节　长毛兔繁殖技术

一、繁殖生理

长毛兔母兔的发情、妊娠、分娩等繁殖现象，以及长毛兔公母兔精子与卵子的发生发育、性成熟、配种适期等繁殖生理，都有一定的规律性。我们了解和掌握长毛兔的繁殖生理，有助于提高长毛兔的繁殖率，有助于长毛兔生产性能的发挥。

（一）精子与卵子的发生发育

1. 精子

精子由精原细胞经过一系列的增殖、分裂变形而成。公兔睾丸小叶中曲精管上皮组织中的精原细胞，在其周围营养细胞的滋养下，经过分裂、增殖和发育等不同阶段的变化形成精细胞，又经变态期后形成精子，精子从发生到成熟需 45 天左右，成熟精子进入曲细精管，随着曲细精管的收缩和蠕动，经睾丸纵隔、睾丸输出管，进入附睾头部，并贮存于附睾中，约经 2 个月后自行衰老死亡。因此，长期不配种或不采精的公兔，其开始配种时往往很难使母兔受胎怀孕，就是这个缘故。睾丸日产 0.5 亿~2.5 亿个精子，其数量多少与饲养管理水平、气候条件、年龄等因素有关，公兔睾丸日产精子数量以 2 岁时最高，3 岁后明显减少。据生产实践表明，高温天气持续 2 周以上时，公兔精液中几乎为死精子或无精子。所以夏季的种公兔需要特别精心的饲养管理，有条件的长毛兔场，夏季的种公兔可搬到比较阴凉的地方饲养。

精子通过附睾的时间，一般需要 4~7 天，经后熟作用，可明显增强其生命力和对外界环境的抵抗力。待公、母兔交配时，精子通过输精管与副性腺分泌物一起排出体外。一般公兔每次排出的精液量平均为 1 毫升左右，变动范围为 0.5~2.5 毫升，每毫升精液中含精子 2 亿~10 亿个。

2. 卵子

卵子是由储存在卵巢皮质部的卵母细胞经过一系列的分化、发育而成的特殊细胞。公、母兔交配后，精子与卵子结合成合子，继而发育成胚胎。据研究，卵子最原始的基础——卵母细胞，在胎儿出生前后迅速增殖，储存在卵巢皮质层，以后不再生长卵母细胞。

母兔每次发情期间，两侧卵巢所排出的卵子数为 18~20 个。一般来说，母兔在每个发情期中所排出的卵子数是比较恒定的。若去掉一侧卵巢，则另一侧卵巢即可增加排卵数目，但仍不超过两侧排卵的总数。

3. 受精

受精是公、母兔两性生殖细胞经过复杂的生理、生化等变化过程后，两者结合成合子的过程。据研究，精子与卵子在输卵管上 1/3 处结合。精子入卵后刺激静止状态中的卵子，开始活化、发育，在与精子头部接触的卵黄膜部位，产生一种特殊的生理反应，突出、松软，然后精子头部进入卵黄。

精子入卵后，迅速形成雌原核与雄原核，体积不断增大，数小时后进行接触与合并，核仁与部分核膜消失，核质融合，形成合子。接近第一次卵裂时，母系和父系的两组染色体合并成一组，受精过程完成。从精子进入卵子到第一次卵裂的时间为 12 小时左右。

（二）性成熟与初配年龄

1. 性成熟

初生仔兔生长发育到一定年龄，公兔睾丸能产生具有受精能力的精子，母兔卵巢能产生成熟的卵子，这个时期就称为性成熟。长毛兔的性成熟年龄随品系、性别、营养、季节及遗传等因素而有所不同。

（1）品系。中系安哥拉兔的性成熟年龄为 3~4 月龄，德系安哥拉兔则为 4~5 月龄。一般小型品系性成熟年龄为 3~4 月龄，中型品系为 3.5~4.5 月龄，大型品系为 4~5 月龄。

（2）性别。一般母兔的性成熟年龄要早于公兔，通常同品系的母兔性成熟比公兔早 1 个月左右。

（3）营养。相同的品系，饲养条件优良，营养状况良好的比营养状况、饲养条件差的性成熟要早半个月左右。

（4）季节。一般早春出生的仔兔比晚秋和冬季出生的仔兔，性成熟要早 1 个月左右。

（5）遗传。一般不同品系杂交的杂种兔性成熟年龄比纯种兔早 0.5~1 个月。

2. 配种年龄

公、母兔的生长发育达到性成熟后，虽已具有生殖能力，但还不宜配种和繁殖。因为长毛兔的性成熟年龄早于体成熟，过早配种繁殖不仅会影响公、母兔本身机体的生长发育，而且配种后受胎率低，产仔数少，仔兔出生体重小，成活率低。但是，过晚配种也会影响公、母兔的生殖机能和繁殖能力的发挥。所以，在生产实践中，确定合理的初配年龄，对提高种兔繁殖力和延长种用年限都具有重要意义。

长毛兔的初配年龄，主要根据体重和月龄来确定。在正常饲养管理条件下，当公、母兔体重达到该品系标准体重 70%时，即已达到体成熟，就可开始配种繁殖。良种长毛兔最适宜的初配年龄：

公兔7~8 月龄，体重 4~5 千克；母兔 6~7 月龄，体重 3.5~4.5 千克（表 7–1）。

表 7–1　不同配种年龄对母兔繁殖性能的影响

配种月龄	配种母兔数（只）	分娩母兔数（只）	受胎率（%）	产仔数(只)
4	30	2	6.6	2.5
5	30	16	53.3	4.8
6	30	22	73.3	5.8
7	30	25	83.3	6.2
8	30	23	76.6	6.3

3. 使用年限

公、母兔的使用年限，一般为 3~4 年。如果使用合理，饲养管理科学，体况良好，配种利用年限可适当延长 0.5~1 年。但过于衰老的种兔因性活动功能减退，所产仔兔品质会有所下降。据试验，老年亲本所产的母兔与老年公兔配种，其胚胎死亡率高达 30%左右；老年公兔与中青年母兔配种的受胎率，低于 2 岁公兔的配种受胎率。所以，一个规模兔场的种兔培育计划是非常重要的，必须要及时培育后备种用公母兔。

（三）母兔的发情与发情表现

母兔的发情，以及发情表现比较独特，其发情的周期性、发情期行为表现与其他家畜差异较大。

1. 发情周期

性成熟后的母兔，每隔一定时间就会发情 1 次，称之为发情周期。据研究，长毛兔的发情周期极不规律，经血液中雌激素水平检测，发现周期性变化为 4~6 天；据阴道黏膜涂片检查，发现周期性变化为 15~17 天。据平时生产实践，长毛兔在适宜繁殖季节，发情周期多集中于 8~15 天，持续期 3~4 天。据观察，母兔发情的周期性变化规律比其他家畜差，对发情初期母兔连续捕捉，频繁而不熟练的检查，均可影响母兔的发情征候；相反，将发情初期的母兔放在公兔笼旁或同笼饲养，任其追逐爬跨，则可明显加快母兔发情进程。

2. 发情表现

性成熟后的母兔，由于卵巢中存在着不同发育阶段的卵泡，卵泡在发育过程中产生的雌激素通过血液循环作用于大脑活动中枢，引起母兔生殖器官的变化和性欲，这就是发情。

母兔发情时，经细心观察，主要有以下表现。

(1) 行动。发情母兔表现为兴奋，爱跑跳，常用前爪刨地，后脚顿足，用嘴啃磨笼槽和食具，俗称“闹圈”。有时还会出现衔草做窝现象。

(2) 食欲。母兔发情旺盛时，常呈食欲减退现象，有的甚至完全拒食。

(3) 爬跨。发情母兔喜爬跨同一笼内的其他母兔，如将母兔放入公兔笼内，发情母兔主动接近公兔，接受爬跨。

(4) 阴道黏膜。母兔发情初期，阴道黏膜多呈粉红色；发情旺期为大红色；发情后期为紫红色；不发情者为苍白色。

3. 发情特点

达到性成熟后的母兔，其生殖器官及整个机体变化周而复始，直至停止性活动年龄为止。

(1) 发情季节。兔属无季节性繁殖动物，一年四季均可发情、繁殖后代，尤其是工厂化养兔，母兔常年可以配种繁殖。但在粗放的饲养管理或四季温差较大的自然环境下，以气温适宜的春、秋季节发情较为明显。夏季和冬季不仅表现性欲差，而且发情征候不明显，配种受胎率较低，产仔数较少。夏季和冬季比较，以夏季最差，在冬季连续几天出现气温相对较高，光照充足，母兔发情征候也会比较好。

(2) 产后发情。母兔分娩后第二天即有发情表现，配种后就很可能受胎，受胎率达 80%~90%，尤其公、母兔混养时表现更为突出。以后随泌乳量增加及膘情下降使受胎率有所下降，至断奶后 3 天左右母兔又普遍表现出发情征候，配种后受胎率也比较高。

(3) 发情不全。母兔发情时由于缺乏某方面的变化，表现出不完全发情，称之为发情不全。据观察，长毛兔表现不完全发情的比例较高，约占 30%。主要表现有：有发情征候但无性欲，拒绝交配；有卵泡发育但无发情征候；有卵泡发育和生殖道变化但无性欲及相应的行为变化等。

(四) 排卵与适配期

正确掌握长毛兔的排卵时间和适配期，是提高长毛兔受胎率繁殖力的关键所在。

1. 排卵时间

长毛兔属刺激性排卵动物，母兔在交配刺激后 10~12 小时排卵。卵子排出后进入输卵管的喇叭口，由于输卵管肌肉和上皮纤毛细胞的节律性收缩，以及腺体分泌物的流动，推动卵子向子宫方向移动。一般卵子保持受精能力的时间为 6~8 小时。

2. 配种适期

根据生产实践表明，长毛兔人工授精一般在刺激排卵后 2~8 小时内输精受胎率最高，自然交配则在发情旺期、阴道黏膜呈大红色时配种受胎率最高。“粉红早，紫红迟，大红正当时”，是我国广大长毛兔养殖从业者很好的经验总结（表 7–2）。

表 7–2　母兔不同配种时期对受胎率的影响

发情时期	阴道黏膜色泽	配种母兔数（只）	妊娠母兔数（只）	受胎率（%）
未发情	苍白色	23	11	47.8
发情前期	粉红色	62	45	72.6
发情旺期	大红色	88	69	78.4
发情后期	紫红色	26	16	61.5

(五) 妊娠与妊娠期

1. 胚胎发育

母兔接受交配后，精子与卵子在输卵管上 1/3 处的膨大部结合而受精，受精时间一般是在排卵后 1~2 小时，在配种后 20~25 小时完成第一个卵裂过程，72~75 小时后胚胎进入子宫，配种后 7~7.5 天胚胎在子宫内着床，形成胎盘。此后胚胎的生长发育完全依靠胎盘吸收母体的养料和氧气，胚胎的代谢产物亦经胎盘传递到母体而排出体外。受精卵在母兔生殖器官中发生的一系列变化及发育过程，即为妊娠。

母兔每次发情期间，两侧卵巢所排出的卵子数为 18~20 个。卵子排出后可保持受精能力 6~8 小时，一般排卵后 2 小时的受精率最高。在正常情况下，胚胎死亡率约占着床总数的 7%，其中 66%在配种后 8~17 天之间，27%在 17~23 天 之间死亡。胚胎死亡率常与母兔的营养水平有关。据配种后第九天观察，高营养水平（超过正常营养水平）组的胚胎死亡率为 44%；低营养水平（适宜营养水平）组的死亡率只有 18%。高营养水平组的初生活仔数为 3.8 只，而低营养水平组为 6 只。

2. 妊娠期

母兔配种后，从受精卵发育开始至分娩的整个时期为妊娠期。长毛兔的妊娠期平均为 31 天，变动范围为 29~34 天，不到 29 天者为早产，超过 35 天者为异常妊娠。生产实践表明，提前 2~3 天分娩的仔兔死亡率很高，延迟 2~3 天分娩的仔兔能正常成活和发育，笔者认为，长毛兔的妊娠期以 32 天所生产的仔兔为好。

妊娠期的长短，一般与母兔的体型、年龄、营养水平、胎儿数量和发育状况有关。大型母兔的妊娠期比小型母兔长；老年母兔的妊娠期比青年母兔长；营养和健康状况良好的母兔妊娠期比营养和健康状况差的母兔长；胎儿数少的母兔妊娠期比胎儿数多的长。

3. 分娩过程

母兔的分娩征兆比较明显，大多数母兔在临产前 3~5 天乳房开始膨胀，并可挤出少量乳汁，外阴红肿，食欲减退。临产前 1~2 天开始有衔草拉毛做窝行为。临产前 10~12 小时，衔草拉毛次数增多，到产前 2~4 小时频繁出入于产仔箱。据实际观察，拉毛与母兔的护仔性和泌乳力有着直接关系，做窝早、拉毛多的母兔，其护仔、泌乳力均较强。因此，对不会拉毛的初产母兔，临产前最好进行人工辅助拉毛，用手拉下胸腹部乳房周围的一部分长毛，铺垫于产仔箱中。

母兔分娩多在凌晨 5 时至下午 13 时，产仔行为多呈蹲坐姿势，表现拱背努责、四肢刨地、精神不安。第一只仔兔多为头部先出，其后的仔兔有头部先出的，也有后肢先出的。凡头部先出的分娩较快；后肢先出的要多次努责及阵缩后才能娩出。母兔一边产仔，一边咬断脐带、舐干仔兔身上的血液和黏液，吃掉胎衣，这时分娩即告结束。

4. 产后护理

母兔虽系多胎动物，但分娩产仔时间很短，每隔 2~3 分钟产仔 1 只，一般产完一窝仔兔只需 20~30 分钟。但是也有个别母兔产完第一批仔兔后间隔数小时后，还会接着产第二批仔兔。分娩结束后，母兔因失水较多就会跳出产仔箱，寻找饮水，如果找不到饮水就会返回产仔箱残食仔兔。所以，护理分娩母兔，最重要的就是要备足饮水；产仔时应保持安静；产仔完毕要及时剔除死胎和清理污物，清点仔兔数量，哺乳前测定窝重或个体重，做好记录作为测定母兔繁殖性能和选种选配时的参考依据。

（六）妊娠检查

母兔配种后是否妊娠，通常可用复配法、称重法、摸胎法进行检查。在生产中多采用摸胎法，因其准确率较高。

1. 摸胎法

母兔配种后 10~12 天，即可检查其是否怀孕，这时的胎儿约有花生米粒大小，14~16 天似小红枣大小，20 天左右似核桃大小。摸胎宜在早晨空腹时进行。常用摸胎检查法为：用左手抓住耳朵及颈部皮肤，用右手拇指与其余 4 指呈“八”字形放在母兔腹下，掌心向上，自前向后轻轻地沿腹壁后部两旁摸索，如摸到像葡萄能滑动的肉球，就是胚胎，如果感觉柔软似棉，表明没有妊娠。摸胎时要注意与兔粪相区别，兔粪质硬，没有弹性，表面不光滑，分布面较广，无固定的位置，而胚胎光滑柔软有弹性，位置较为固定，多分布于腹部的中后部位置。为保险起见，过几天再重复一次。早期摸胎，动作要轻柔，以免机械作用造成胚胎死亡或流产现象。

2. 复配法

一般在第一次配种后5~7天，将母兔放入公兔笼内，如果母兔发出“咕、咕”的叫声，或卧地掩盖臀部，拒绝交配，则表明母兔已经受孕；如喜接近公兔，愿意接受交配，则表明没有妊娠。

3. 称重法

一般在母兔配种前称重1次，配种后15天左右复称1次。如果复称体重明显增加，表明母兔已经受孕；如果复称体重差异不大，表明没有妊娠。两次称重均应在早晨喂料前空腹时进行。

（七）种兔的使用年限

长毛兔种兔的使用年限，与饲料营养，日常饲养管理、种兔管理有关，但一般为3~4年，通常情况下，种兔3岁后，其繁殖力等生产性能会明显下降，这时就应该及时淘汰更新，以保持长毛兔群体的质量。笔者在长期的实践中得出一条经验，认为各方面种质特性非常优秀的母兔，为了多繁殖后代，尽可能多保持基因，可以适当延长使用年限；对于产长量高、体型大、适应性强、繁殖力高的特别优秀的公兔而言，3岁后如果各方面性能仍然良好，当然仍可作为种用，可以适当选配一部分母兔，但要做好繁殖记录等完整的建档工作，防止亲缘过近选配情况的发生，避免后代繁殖力下降，生活力减退等不良后果的发生。一般情况下，各方面种质特别优秀的种公兔，由于使用频率高，饲养条件要求高，管理较难，使用期超过3~4年的很少。

二、繁殖计划

繁殖计划，是长毛兔养殖场生产的重要组成部分，长毛兔繁殖虽无明显的季节性，一年四季均可配种繁殖，但因不同季节的温度、光照、营养状况等条件不同，对母兔、公兔的繁殖性能会带来一定影响。所以，是否能正确制定标准化的繁殖计划，对于一个上规模的长毛兔场来说，将直接影响到是否能完成年度生产目标，兔舍的利用率，群体结构是否合理和经营效益的提高等。具有非常重要的实际意义。

（一）繁殖季节

长期的生产实践表明，长毛兔配种繁殖一般以春、秋、冬季较为适宜，夏季因气候炎热，配种受胎率低，仔兔死亡率高，故不宜安排配种繁殖。

1. 春季

春季气候温和，饲料资源丰富，光照充足，公兔性欲旺盛，母兔配种受胎率高，产仔数多，是长毛兔配种繁殖的良好季节。据观察，在正常的饲养管理条件下，3—5 月母兔发情率高达 80%~85%，情期配种受胎率为 85%~90%，平均每窝产仔数达 7~8 只。所以，一般兔场在春季应确保配上 1 胎，力争配上 2 胎。南方各省因春季多梅雨，湿度较大，兔病较多，死亡率较高，尤其是仔兔更难饲养，所以，一定要做好防湿、防霉、防病等各项工作。

2. 夏季

夏季气候炎热，尤其是南方各省，高温高湿，母兔食欲减退，体质瘦弱，公兔常有夏季不育现象，故配种受胎率低，产仔数少，仔兔质量低。据观察，6—8 月母兔发情率为 20%~40%，受胎率为 10%~30%，每窝产仔数仅 2~5 只，即使产仔，因哺乳母兔天热减食，体况虚弱，泌乳量少，仔兔瘦弱多病，成活率很低。但如母兔体质健壮，又有遮阳防暑条件，仍可适当安排配种繁殖，如果是全自动控温控湿控通风的长毛兔养殖场，可安排正常繁殖。

3. 秋季

秋季气温舒适，湿度适宜，饲草资源丰富，且营养价值高，公、母兔体质开始恢复，性欲渐趋旺盛，母兔受胎率较高，产仔数较多，而且仔兔质量好，是长毛兔繁殖的又一个良好时期。据观察，9—11 月母兔发情率为 75%~80%，配种受胎率为 60%~65%，每窝产仔数为 5~7 只。但秋季正值长毛兔的换毛季节，营养消耗较大，所以需合理安排，一般以繁殖 1~2 胎为宜。

4. 冬季

冬季气温较低，青绿饲料缺乏，营养水平下降，兔群体质相对较弱，配种受胎率较低，分娩时如无看护措施和保温设备，容易使初生仔兔冻僵或冻死，成活率相对较低。据观察，12 月至翌年 2 月份母兔发情率为 60 %~70%，配种受胎率为 50%~60%，每窝产仔数为 6~7 只。但冬季如有较多的青绿饲料供应，又有良好的保温设 备，仍可获得较好的繁殖效果，且冬繁长毛兔的被毛密度大，产毛量高，一般以繁殖 1~2 胎为宜。

（二）繁殖方法

长毛兔的繁殖方法的选择，主要是从该兔场需要繁殖的数量、环境气候控制条件和生产管理水平来考虑，我国各地气候条件差别很大，但在安排长毛兔配种繁殖时，多数的做法就是，避开高温季节，或通过小气候环境的调节和控制，或加强饲养管理，缩短繁殖周期。

1. 传统繁殖法

该方法主要根据自然气候条件，在适宜季节安排配种繁殖。目前，我国中小规模兔场大多采用这种方法，每年繁殖 4 胎左右。

2. 半频密繁殖法

该方法主要采取适当缩短繁殖周期，通过加强饲养管理，仔兔在 30 日龄左右就断奶，每年繁殖 5~6 胎。

3. 频密繁殖法

该方法主要适宜在饲养管理水平较高，气候适宜或具有控制小气候环境条件的规模长毛兔场实施采用，母兔分娩后 1~2 天内就配种繁殖，仔兔 28 日龄就断奶，每年能繁殖 6~8 胎。

（三）配种计划

一个长毛兔场的配种计划，首先要考虑常年需要繁殖多少仔兔比较适宜，这也需要从该兔场的兔舍利用条件、需要繁殖的数量、环境气候控制条件、饲料条件、生产管理水平统筹考虑。各方面条件较好、需要繁殖的数量多者可多繁殖，条件差者宜少繁殖，一般以每年繁殖 4~5 胎比较合适（表 7–3、表 7–4）。

表 7–3 长毛兔年繁 4 胎的配种计划

胎次	配种日期	分娩日期	断奶日期
1	2 月 1 日	3 月 3 日	3 月 30 日
2	4 月 1 日	5 月 1 日	5 月 28 日
3	6 月 1 日	7 月 1 日	7 月 28 日
4	10 月 1 日	11 月 1 日	11 月 28 日

表 7–4 长毛兔年繁 5 胎的配种计划

胎 次	配种日期	分娩日期	断奶日期
1	1 月 1 日	2 月 1 日	2 月 28 日
2	3 月 1 日	4 月 1 日	4 月 28 日
3	5 月 1 日	6 月 1 日	6 月 28 日
4	9 月 1 日	10 月 1 日	10 月 28 日
5	11 月 1 日	12 月 1 日	12 月 28 日

以上配种计划，需根据当时的气候条件，而灵活掌握

三、繁殖技术

（一）技术要点

长毛兔的繁殖技术，是一个系统工程，我们只有正确把握每一个环节，才能达到预期目标。根据笔者经验，总的来讲，可概括为以下八句话：准备工作要充分，器械消毒要严格，种兔选择要正确，年龄搭配要合理，环境气候要适宜，操作过程要规范，饲料配方要科学，日常管理要到位。

（二）配种准备

一个长毛兔养殖场，做好一个繁殖季节的准备工作，是长毛兔繁殖的基础性工作，要想获得理想的配种效果，必须做好以下准备工作。

1. 种兔健康检查

配种前应对公、母兔的健康状况进行严格检查，发现体质瘦

弱，性欲不强，患有疾病的公、母兔一律不能参加配种。有各种恶癖或生产性能低劣的公、母兔，均应严格淘汰。

2. 调整公母比例

根据实际观察，采用人工辅助交配，种兔的公、母比例以 1:8~1:10 为宜，也就是说 1 只体质健壮的公兔在一般情况下可承担8~10只母兔的配种任务。

3. 搞好笼具消毒

配种前必须做好消毒工作，先清除兔笼内的粪便和污物，然后再进行全面而彻底地消毒，为了保持兔笼内的干燥环境，兔笼内可用火焰消毒。

4. 检修兔笼

兔笼的检修主要是兔笼底板，特别是公兔笼的笼底板，一定要保证完好，以防止配种时发生外伤等事故。另外，公兔笼内的食盆、水槽等，最好在配种前移至笼外，以保证配种时的笼内空间，也为了防止配种时发生种兔外伤。

5. 把握配种时机

配种时应将母兔放入公兔笼内，切勿将公兔放入母兔笼内配种。配种时间在春、秋两季，或深秋季节，最好安排在上午 8~10 时，夏季利用清晨和傍晚，冬季选在比较暖和的午后进行，喂料前后 1 小时不宜配种，以提高母兔的受胎率。

6. 精液品质检查

凡参加配种的种公兔，必须提前对其定期进行精液品质检查，及时淘汰生产性能低、精液品质不良（精子密度过低、畸形率高等）的公兔。

7. 加强饲养管理

对体况过瘦或刚断奶的母兔都要加强营养，过肥的种兔要适当减少精料喂量；凡参加配种繁殖的公、母兔均应加喂优质青绿饲料，以提高配种受胎率。

8. 做好配种前剪毛

凡参加配种的公、母兔，配种前最好进行 1 次剪毛，以利于配种和提高受胎率。特别要剪净公、母兔生殖器周围的污毛和块毛，以免配种时引起生殖道炎症等疾病。

9. 做好药品器材准备

配种前，应检查盘点药品器材等配种所需的材料，查看数量是否足够，稀释液等药品是否过期，人工授精器材是否完好等。

（三）同期发情

同期发情又称发情同期化，系人为改变母兔的发情周期，使母兔群体集中在同一时期内发情，便于集中配种繁殖，以方便统一对母兔繁殖期和仔兔的管理。

1. 主要优点

近年来，国内外学者对长毛兔的同期发情研究进展很快，长毛兔同期发情研究成果的取得，对长毛兔育种工作，以及长毛兔产业的发展壮大具有重要意义。

一是能进一步发挥优良种公兔的生产性能，大幅提高公兔对母兔的配种数量，促进实施长毛兔的选种选配计划目标的实现，加快长毛兔的品种改良和育种进程。

二是大幅提高工作效率，加快长毛兔配种繁殖计划的速度，节约人力和财力资源。

三是同期发情是胚胎移植技术的重要环节之一，可使供体、受体处于同期发情，以保证有共同的生殖生理基础。

四是有利于长毛兔场对仔兔的护理管理，便于集中时间段繁殖，也有利于对繁殖季节的把握和利用。

2. 基本原理

长毛兔的发情周期只有 10 天左右，排卵后只有 7 天左右的黄体期或假孕时间。且长毛兔属多胎动物，卵巢具有很强的活性，在发情周期的任何阶段，只要实施诱导发情手段，就会促使未发情母兔的卵巢卵泡发育，从而实现同期排卵、配种受孕的目的。

3. 实施方法

据生产实践，目前常用的同期发情药物，主要有促性腺激素，如孕马血清促性腺激素、绒毛膜促性腺激素、促卵泡成熟素及促黄体生成素等。促性腺释放激素具有催情和促进排卵的作用，使用后可使母兔的受胎率和产仔数接近于自然发情母兔的受胎率和产仔数（$P>0.05$）。

（四）自然交配

自然交配是最原始的一种配种方法，其优点是方法简单，配种及时，可节省人力。其最大的缺点是良种公兔利用率低，同时容易发生早配、早孕，无法进行选种选配，容易引起品种退化。目前，在养兔生产中，尤其是家庭养兔者普遍采用人工辅助交配。这种配种方法是在公、母兔分群或分笼饲养的情况下，当母兔发情时将其放入公兔笼内，在配种员的看护和帮助下完成配种过程。与自然交配相比，这种配种方法的优点是能有计划地开展选种选配工作，避免近亲繁殖；能合理安排种公兔的配种次数，延长种兔的使用年限；能有效地防止疾病传播，提高长毛兔的健康水平。缺点是种公兔的利用率不高，配种适期较难掌握。总之，人工辅助交配法比自然交配法先进一步，总体上来讲还是优点多于缺点，不过人工辅助交配法只能适用于小规模家庭作坊式养兔模式。

据生产实践，在人工辅助交配时，必须把母兔放入公兔笼内，不能把公兔放入母兔笼内配种，以防环境变化，分散公兔精力，延误交配时间。当公、母兔辨明性别后，公兔便会追逐母兔，如果母兔接受交配，就会举尾迎合。公兔阴茎插入母兔阴道后立即射精，并发出“咕咕”叫声，表示交配已顺利完成。配种结束后，应立即将母兔从公兔笼内取出，检查外阴部有无假配。如无假配现象即将母兔臀部提举，并在后躯轻拍数下，以防精液逆流。而后将母兔送回原笼饲养，并及时做好配种登记工作。

（五）强制措施

长毛兔属刺激排卵动物，发情母兔不经交配或药物刺激，则不会自动排卵。所以，刺激母兔排卵，采取定时配种和诱导定时分娩，对做好长毛兔的繁殖工作有着重要的实际意义。

1. 强制配种

部分发情母兔放入公兔笼中后，可能出现不停地跑动，或伏地不动，尾部紧贴兔笼底板，拒绝公兔交配，一般可采用人工强制配种。方法是一手抓住母兔颈部皮肤，采用细绳子将母兔尾巴固定后向上拉起，另一只手从母兔腹下两股之间托起后躯，以强制迎合交配，这种方法经实际操作，较为实用。

2. 定时配种

注射促排卵 3 号（LRH–A），剂量为 0.5 微克左右，用生理盐水溶解后即行注射（肌内注射或静脉注射），同时进行输精。目前我国生产的促排卵 3 号，是人工合成的高效多肽制剂，能促使分泌促黄体素和促卵泡素（FSH），可促使母兔排卵，形成黄体和分泌孕酮。

3. 定时分娩

据生产实践，母兔一般多在夜间产仔，这给护理工作带来许多不便，尤其是严寒的冬季，如不注意，往往会引起仔兔的死亡。为使母兔能在白天产仔，可肌肉注射缩宫素（又名催产素）0.5 毫升，一般母兔均可在 1 小时内分娩，成功率达 95%左右。

（六）人工授精

在规模长毛兔养殖场或养兔户比较集中的地区均可采用人工授精法，这也是目前长毛兔生产中最经济、最科学、高效率的配种方法。人工授精的优点是能够充分利用优良种公兔，迅速推广良种，可减少种公兔的饲养数量，降低饲养成本，能提高母兔的受胎率，可减少疾病传播等。其缺点是需要有熟练的操作技术及必要的药品、设备等。

1. 采精方法

采精是人工授精的关键环节，是一项比较复杂的技术。采精时，一般利用硬质塑料或竹筒制成的假阴道，外筒长 10 厘米左右，内径 4 厘米左右，内胎可用乳胶避孕套代替，内胎与假阴道外壳之间可用温水，或用易吸水的海绵。假阴道在使用前需仔细检查，用 75%酒精彻底消毒，然后用生理盐水冲洗数次，特别是乳胶避孕套，最好用热水反复揉洗后再用生理盐水冲洗。采精前，在内胎与假阴道外壳之间灌入 50℃左右的温水，注水量可根据空间而定，采精时，假阴道内胎的最佳温度为40~42℃。

采精时，为诱发公兔性欲和射精，可用发情母兔盖住握假阴道的手臂，当公兔爬跨发情母兔时，将假阴道伸向公兔笼内，将假阴道开口处对准公兔阴茎伸出方向，就可成功采精。

2. 精液检查

采集的精液能否用于输精或稀释，必须通过肉眼观察和显微镜检查后才能确定，主要是检查射精量、色泽、气味以及精子活力和密度等。

（1）射精量测定。正常公兔每次射精量为0.5~2毫升。射精量多少一般不作为评定精液品质优劣的指标，但与稀释液的稀释量有关。注意，同一只公兔如果各次射精量相差悬殊，就要检查原因，如色泽和气味检查，正常精液应呈乳白色，浑浊而不透明。如有其他颜色和臭味，则表示精液异常，如色黄则可能混有尿液，色红可能混有血液，或公兔生殖系统异常等。这类精液一律不能作人工配种输精用。

（2）精子活力检查。精子活力是评定精液品质优劣的最重要指标。正常精子成直线前进运动，凡呈圆周运动、原地摆动或倒退等，都属不正常运动。如用百分率表示，100%呈直线前进运动者应评为“1”级，90%呈直线前进运动者为“0.9”级，80%呈直线前进运动者为“0.8”级，以下类推。在长毛兔生产繁殖中，一般要求精子活力在“0.6”级以上，方可用于配种输精。

（3）精子密度测定。一般根据显微镜下精子间距大小来测定。精子间距小，每毫升含精子10亿个以上定为“密”；精子间距相当于1个精子长度，则每毫升含精子5亿~10亿个，定为“中”；精子间距超过2个以上精子长度，则每毫升精子数在5亿个以下，定为“稀”。用于输精的精子密度必须在“中”级以上。

（4）精子形态检查。精子形态与受胎率关系很大，畸形精子会明显影响受胎率。正常精子具有一个圆形或卵圆形的头部和一条细长的尾部。畸形精子主要有双头双尾、大头小尾、有头无尾和尾部卷曲等形状。在正常精液中，畸形精子不应超过20%。

3. 精液稀释

精液稀释的主要目的是扩大精液量和延长精液保存时间，稀释倍数一般为 1∶5~1∶10，如果需配种输精的母兔数量少，稀释倍数也可以小一点，具体可根据实际情况来定。常用的稀释液主要有以下几种。

（1）牛奶稀释液。取鲜奶或奶粉（先配制成 10%奶粉液）在水浴锅中加热煮沸 15~20 分钟，冷却至室温后用 4 层纱布过滤，每 100 毫升奶液中加入青霉素、链霉素各 10 万单位备用。

（2）生理盐水稀释液。取精制氯化钠 9 克，加蒸馏水至 100 毫升，在水浴锅中加热煮沸 15~20 分钟，冷却至室温后加青霉素、链霉素各 10 万单位，最方便的是用药厂生产的生理盐水，加青霉素及链霉素备用（如操作规范严谨，可不另加抗生素。如要保存，则需加抗生素）。

（3）柠檬酸钠葡萄糖稀释液。柠檬酸钠 0.38 克，无水葡萄糖 4.54 克，卵黄 1~3 毫升，青霉素、链霉素各 10 万单位，蒸馏水加至 100 毫升备用。

（4）蔗糖卵黄稀释液。蔗糖 11 克，卵黄 1~3 毫升，青霉素、链霉素各 10 万单位，蒸馏水加至 100 毫升备用。

（5）葡萄糖卵黄稀释液。无水葡萄糖 7.6 克，卵黄 1~3 毫升，青霉素、链霉素各 10 万单位，蒸馏水加至 100 毫升备用。

稀释后的精液如暂时不用，可保存在冰箱或内放冰块的冷藏箱（瓶）中，保存温度以 0~5℃为宜；如要长期保存可采用冷冻法，一般采用在液氮罐中保存，其环境温度为-196℃。

4. 输精技术

输精是人工授精的最后一个技术环节。由于长毛兔是刺激性排卵动物，因此在输精前应对母兔进行排卵处理。常用的方法是肌内注射促排 3 号 0.5 微克，或用公兔进行交配刺激（需防止公兔自然交配）。

通常在排卵处理后 2~5 小时内，用兔用输精器输精（兔用输精器以玻璃质地为多数）。输精前先用生理盐水擦净母兔外阴部，清洗周围的污物，分开阴唇。输精员将输精管缓缓插入阴道 5~8 厘米（根据母兔体型大小而定），注入稀释后的精液 0.3~0.5 毫升。输精完毕，在母兔臀部还处于向上状态时，轻拍一下母兔臀部或将母兔后躯抬高片刻，以防精液逆流。

5. 注意事项

一是整个操作过程应严格执行消毒制度；

二是采精时假阴道内胎温度应保持在 40~42℃；

三是采集的精液应注意保温（最适温度为 35℃）；

四是稀释液的酸碱度应与精液相同（pH 值 6.8~7.3）；

五是稀释液的温度应与精液等温（最适温度为 35℃）；

六是如果自配稀释液，应尽量做到现用现配，抗生素在临用前添加；

七是原则上输精管应做到 1 兔 1 支，以免疾病传播。

（七）精液保存

大型长毛兔规模化养殖场，为了保存一个优良的长毛兔种质资源，或为了保存一个品系需要，可以采用精液冷冻的方法长期保存。精液冷冻保存是长毛兔生产中值得推广应用的一项新技术。冷冻保存的精液既能供本场长期使用，也可对外供应冷冻精液，从而扩大良种公兔的利用范围，加速长毛兔改良速度，同时也可降低引种费用和饲养成本。

1. 人工采精

采用常规假阴道法采集精液，经品质评定（主要指标是射精量、精子活力、精子密度、畸形率），凡精子活力在 0.6 以上，每毫升精子密度 5 亿个以上的精液，畸形率不超过 20%。方可进行冷冻保存。冷冻保存时要贴好标签，注明采精时间及公兔编号。

2. 稀释分装

按精液量 1∶1 比例缓慢加入 7.6%等温葡萄糖溶液，以稀释精液。将稀释后的精液分装于离心管中，采取变速上挡迅速退挡的方法做离心处理，倾出上清液。经评定稀释后的精子活力符合要求者，分装安瓿，每支剂量 0.5 毫升，含有效精子数 1000 万个以上。

3. 降温平衡

将分装安瓿用纱布包裹后置于0~5℃处降温平衡，平衡时间为2~5小时，经降温平衡后的精液，即可进行冷冻保存。

4. 冷冻保存

以液氮为冷源，将降温平衡后的精液安瓿迅速转至液氮面上进行初冻（–180~–160℃），经冻结后的精液安瓿转至液氮罐中长期贮存（在常压下的液氮温度为–196℃）。

5. 解冻方法

目前国内普遍采用的解冻方法，是将冷冻精液安瓿置于30~40℃的温水浴中迅速解冻，经精子活力评定（0.3以上），即可用于人工输精。

第二节　影响繁殖力的主要因素和应对措施

影响长毛兔繁殖力的因素很多，但归纳起来的主要因素是种兔年龄、种兔营养、种兔的健康状况、配种季节、环境温度控制、种兔光照时间和强度、操作技术等七个方面。所以我们在长毛兔种兔的日常管理工作中，要采取针对性的有效应对措施，来趋利避害，减少不利因素影响。

一、主要影响因素

（一）繁殖种兔的年龄

长毛兔种兔繁殖的年龄影响因素，应分为两方面讲，一是种兔年龄影响因素，二是种兔年龄的选配影响因素。

1. 种兔年龄因素

选配长毛兔的最佳繁殖年龄为1~3岁。1岁之前，公、母兔虽已达到繁殖年龄，但尚未完全达到生理成熟期，所以配种后出现受胎率低、产仔数少的现象。3岁之后，公、母兔已进入老年期，体质渐衰，性欲减退，配种后受胎率亦低，产仔数少，仔兔品质下降，仔兔死亡率高。

2. 年龄选配因素

前面章节中已经讲到，就是要根据与配公、母兔年龄进行合理选配。因为年龄与长毛兔的遗传稳定性有关，同一个体随着年龄的不同，所产后代品质也往往不同。如果年龄选配不合理，就会影响繁殖力，其所生产的后代品质也难保证。因此，长毛兔配种繁殖，应以年龄的不同而进行科学选配。以确保公、母兔配种所产后代，在生活力和生产性能等方面均有较高的水平。

（二）繁殖种兔的营养

生产实践表明，长毛兔与其他许多动物一样，繁殖群体需要合理的饲养管理，其日粮营养水平及体况是否合理和适中，对繁殖力影响非常大，在繁殖前一段时间内，要求日粮搭配合理，营养全面，繁殖群体体况良好，体质康健。如果繁殖群体的日粮营养水平过高，则易引起公、母兔过肥，造成脂肪沉积，影响公兔的性欲和睾丸中精子的形成，影响母兔卵泡的发育和排卵，以及性欲和配种的受胎率。当然，如果繁殖群体的日粮营养水平过低或日粮营养不合理，导致繁殖群体体况不良，体质瘦弱，则对公、母兔的繁殖性能也会带来显著影响，导致性欲减退，受胎率下降，产仔数减少。

（三）繁殖种兔的疾病

从事长毛兔养殖的人们都知道，繁殖兔群的健康状况，也是影响长毛兔种兔繁殖的重要因素，几乎所有疾病都会对种兔繁殖带来或多或少的影响。种兔有疾病，会造成种兔体质下降，影响正常的生理机能，特别是生殖系统疾病：公兔的患有睾丸炎或附睾炎，往往使生殖上皮变性而影响正常精子的形成；睾丸发育不全公兔的两侧睾丸缺乏弹性、缩小、硬化，生殖上皮活性下降，从而影响精子的形成和品质。母兔的卵巢囊肿，可引起分泌功能失调而影响卵泡的成熟和排卵；母兔卵巢或子宫发育不全会影响卵泡的发育和成熟，继而影响母兔的发情与配种；母兔子宫肌瘤或输卵管炎这类疾病均可导致母兔的不孕不育。阴道炎、子宫内膜炎、包皮炎等疾病，都会直接造成种群繁殖力低下或不能繁殖。其他如密螺旋体病、脚底炎，生殖器官损伤等疾病，均可引起局部炎症和疼痛，从而影响种兔的性欲与配种。

（四）配种季节

配种季节对长毛兔繁殖力的影响，最主要的是环境温度和青绿饲料的供给。春、秋、初冬季节影响不大，但夏季因气候炎热，如果没有自动控温系统和有效的降温设施，特别是南方各省，高温高湿，母兔食欲减退，体质瘦弱，公兔常有夏季不育现象，故配种受胎率低，产仔数少，仔兔死亡率高，仔兔质量也不好。而冬季气温较低，为抵御严寒，繁殖种群机体消耗营养较大，加上青绿饲料缺乏，日粮营养水平容易下降，这样会给繁殖种群的体质带来不利影响，在繁殖种群体质不好，体况较差的情况下，就会影响配种受胎率；冬季的严寒时节，母兔分娩时如无看护措施和保温设备，容易使初生仔兔受冻或冻死，就会影响仔兔成活率。所以，盛夏或隆冬季节也是影响长毛兔繁殖力的主要因素。

（五）操作技术

操作技术，其内容广泛而丰富，贯穿到饲养管理技术的每一个环节，一个规模化的长毛兔养殖场，操作技术是否规范，操作技能的高低，将直接影响到长毛兔养殖场的经营效益。就影响繁殖力方面的操作技术，主要有以下几方面。

一是消毒不严。主要是采精器具、稀释器具和输精器材消毒不严，容易造成配种母兔生殖系统感染，从而带来阴道炎、子宫内膜炎等病患，同时也会影响精液品质。

二是温度把握不准。采精时假阴道内胎温度过高或过低（过低不易采精）；采集的精液保存温度过高；稀释精液时稀释液的温度与精液温度差异过大，造成精子应激。

三是稀释液酸碱度把握不严。稀释液的酸碱度与精液应基本相同，如果配制的稀释液其酸碱度与精液差异过大，就会影响精液品质。

四是稀释液质量低劣。如果是自配稀释液保存时间过长，或者是药厂生产的生理盐水启封后存放时间过长，使用前灭菌措施又不到位，那么，这些稀释液的质量就很难保证。

五是操作技术不规范。稀释液稀释精液过程中，稀释液应该沿避孕套壁缓慢稀释精液，如果稀释液用注射器冲射来稀释精液，就会影响精子质量；在输精时，输精管应做到1兔1支，如果若干繁殖母兔用同一支输精管来输精，就避免不了疾病传播；在输精操作时，如果母兔外阴部清洗不严，那么就容易将母兔外阴部周围的污物随着输精管的插入而带入阴道；输精时，根据母兔体型大小将输精管缓缓插入阴道5~8厘米即可注入精液，如果输精管插入过深，就会影响产仔数，反之如果输精管插入过浅，输精后又立即将母兔头部向上提起放入笼内，就会影响母兔受胎率。另外，激素使用时机不当，或使用不规范也会影响母兔繁殖力。

在长毛兔配种采用人工授精时，有不少长毛兔养殖场认为，如果一只母兔在首次人工授精时不怀孕，那么该母兔就难以再怀孕。笔者认为，这种观念是不科学的，也是片面的，造成配种的母兔不怀孕因素很多，但目前最突出的问题，也是影响最大的问题，那就是操作技术。

浙江省新昌县大市聚镇欢欣长毛兔养殖场，创办者唐欢利，勤于学习，仔细观察，积极探索，善于总结，不断解决一些突出问题，该兔场不管是兔群品质、产毛量，还是饲养管理水平、配种受胎率，都已处于非常高的水平。笔者在这个兔场做各种试验观察已近5年，对这个兔场的情况比较了解。该兔场的繁殖一律采用人工授精配种，不但繁殖率高，母兔利用率高，生产性能好，而且受胎率一直稳定地保持在较高水平。事实证明，“如果母兔首次人工授精不怀孕，该母兔就难以再怀孕”的认识是不到位的，也是不科学的。笔者认为，这与操作技术密不可分。该兔场负责人在总结经验时说：“不管是日常管理，还是配种繁殖，‘用心养兔，规范操作’才是兔场的生命线”。说明操作技术的重要性和影响力。“用心养兔，规范操作”，是一个潜心研究长毛兔饲养管理者悟出的真经，也的确是办好场养好兔的高度概括。

（六）环境控制

温热环境，光环境，空气环境，水、土壤和噪声环境，行为环境等，这些环境的控制，都会影响长毛兔种群繁殖。但总体上我们可分为自然环境和人为环境两大类，如果长毛兔场自然环境选址科学合理，人为环境控制适当，就有利于长毛兔种群的繁殖。反之，如果长毛兔场位于较差的自然环境中，就会增加人为环境控制的难度，如果人为控制环境不力或不适当，环境温度变化无常、高温高湿、阴冷潮湿，光照不足或光照过强过长，通风不良而致使兔舍内空气浑浊，粪便清理不及时或垫草更换不及时导致有害气体浓度过高，噪声过大，兔群受到干扰，兔笼过于狭小等，都会不同程度地影响长毛兔种群的繁殖。笔者在前面用较大篇幅反复地阐述环境控制问题，就是出于环境控制对长毛兔生产所带来的巨大影响。

（七）光照时间

光照时间和强度对长毛兔的生理机能有着重要的调节作用，特别是对长毛兔的繁殖，影响非常大。所以这里作为一个主要影响因素，再单独阐述一下。适宜的光照有助于增强长毛兔的新陈代谢，增进食欲，促进钙、磷代谢；光照经视觉神经作用，继而改变激素分泌，直接影响长毛兔的生长发育，影响母兔发情、母兔受胎率、公兔的精子质量、仔兔存活率、产毛等生产性能；也会一定程度地抑制病原菌的繁殖；光照会促使生殖器官的发育，致使提前性成熟；为此，在这里要特别强调一下，长毛兔有昼伏夜行生活习性，一是不能无限制地延长光照时间，公兔的光照时间应该要比母兔短些，公兔的光照时间过长会影响其生理结构和精子质量，从而影响公兔的配种能力；二是处在生长阶段的长毛兔如果光照时间过长，会造成性早熟，从而影响长毛兔个体体重以及生产性能的发挥，光照时间应随着长毛兔不同的生长生理阶段、长毛兔的用途（种用、繁殖用、产毛用等）而改变，控制好每个环节的光照时间、光照强度，才能充分发挥各种用途长毛兔的生产性能。

而对于繁殖兔群而言，应根据繁殖兔群的光照时间和强度需要来进行控制，避免因光照控制不当而造成对公兔的精子质量、母兔发情、母兔受胎率产生直接影响。

二、应对措施

（一）选好种兔

一个规模长毛兔养殖场，选好种兔，是提高长毛兔繁殖力的关键技术。首先要做好选种工作，要有系统的选种计划。要求选择产毛量高，体型大，适应性好，繁殖力强，遗传性稳定，性欲旺盛的公、母兔留作种用。留种仔兔最好从优良母兔的3~5胎中选留。留种公兔除上述要求外，还要求性欲旺盛，睾丸大而对称，隐睾和单睾均不宜留种；母兔还要求繁殖力强，母性好，外阴端正，乳头4对以上；而受胎率低，产仔数少，母性差，泌乳性能不好的母兔，一律不能用于配种繁殖。繁殖用的公母兔应有总体培育计划，有序安排后备繁殖群体。对年龄过大，繁殖能力明显下降的繁殖种兔予以及时淘汰更替。

（二）科学管理

科学饲养长毛兔种兔，包括科学的日粮供给，科学的疾病防控，科学的日常管理，合理地控制温度、湿度、光照、通风换气等等，内容广泛，而这一节只讲述两方面。

一是根据繁殖种群体况，有针对性地提供科学的日粮。前面章节中已经讲述过，繁殖用的种兔需要合适的体况，保持种兔良好的种用体况，是提高长毛兔繁殖力的重要措施之一。承担繁殖任务的公、母兔，必须有针对性地供给全价营养的日粮，特别是蛋白质、维生素和矿物质等物质的含量要符合种兔繁殖的需要。对于过肥的种兔，在日粮中要适调低高能饲料的含量；对于偏瘦母兔，可采用短期优饲的办法，在配种季节来临之前20~30天调整日粮，增加蛋白质、维生素和矿物质饲料的供给，以恢复种兔体况。

二是根据自然气候情况，合理控制好繁殖种群的环境温度和舍内通风。长毛兔繁殖，环境温度影响较大，如果长毛兔场选址不尽理想，在较差的自然环境中，一年中总有一些季节要靠人为来控制环境的温度，在配种季节来临之前一段时期内，就要控制好环境温度，使繁殖种群恢复食欲和体质。特别是种公兔，最好是长年饲养在容易控制环境温度的场所，因为种公兔夏季出现不育现象后，恢复需要一个过程，以免耽误配种时机。

前面已讲述过，通风不良而致使兔舍内空气浑浊，粪便清理不及时或垫草更换不及时导致有害气体浓度过高，会严重影响兔群健康和生产性能，会诱发疾病，从而直接影响长毛兔种群繁殖。所以不管是哪个季节，任何时候都要保持良好的通风，严寒的冬季，可选择在中午前后通风换气，但此时要把握通风的速度和强度，寒冷的冬季，通风换气速度过快，强度过大，会使兔舍内环境温度迅速下降，会给兔群带来严重应激，甚至诱发疾病，另外，冬季通风换气时，如果风速过快，就不能让风直接吹到兔群中，应设法让风转个弯再作用到兔群，或者不直接作用到兔群。例如：如果兔舍的门是双门设置，而且直接对着兔笼的走廊，那么就可将两扇门置于半开状态，使风只过走廊，避免直接吹到兔群中。这样就能达到既能通风换气，又会减少对兔群的应激的目的。

（三）适时选配

这里需把握三个要点：一是严格选择繁殖种群；二是合理安排配种计划；三是正确掌握配种时机。

1. 繁殖种群的选择

首先要选择好公兔，要求选择产毛量高，体型大，适应性好，繁殖力强，遗传性稳定，性欲旺盛的公兔；母兔的选择要求除产毛量高，体型大，适应性好，繁殖力强，遗传性稳定，性欲旺盛外，还要求繁殖力强，母性好，外阴端正，乳头 4 对以上；在繁殖种群选择时，还应注重与配种群的年龄和亲缘关系。

2. 配种计划的安排

这里所指的配种计划安排，主要是指配种季节，在不进行人工控制的情况下，应安排在春、秋和初冬季节多进行配种繁殖。当然，环境温度如果能予以人工控制，那将会大幅度提高长毛兔的繁殖力。

3. 配种时机的掌握

选择和安排适宜的配种时间，有利于提高长毛兔的繁殖力。据生产实践，母兔产仔后 1~2 天内血配，受胎率可达 90%以上；仔兔断奶或假孕结束后 1~2 天内配种，受胎率可达85%~90%；日出或日落前后 1 小时左右时，公兔、母兔的性活动较强，配种受胎率较高，这一点也是符合长毛兔昼静夜动的生活习性；要注重配种适期，长毛兔人工授精一般在刺激排卵后 2~8 小时内输精受胎率最高，自然交配则在发情旺期时，阴道黏膜呈大红色时配种受胎率最高，也就是长毛兔养殖业内所讲的“粉红早，紫红迟，大红正当时”。

（四）合理光照

光照对长毛兔的生理功能有着重要的调节作用。适宜的光照有助于增强长毛兔的新陈代谢，增进食欲，促进钙、磷的代谢作用；光照不足则可导致长毛兔的性欲和受胎率下降。此外，光照还具有杀菌、保持兔舍干燥和预防疾病等作用。一般而言，繁殖母兔要求光照时间相对较长，以每天光照 14~16 小时为宜，表现为发情率高，受胎率高，产仔数多，可获得最佳的繁殖效果。但种公兔在长时间光照条件下，其精液品质会下降，其每天的光照时间以 10~12 小时为宜。

目前，小型兔场一般采用自然光照，兔舍门窗的采光面积应占地面的 15%左右，但要避免阳光直接照射；大中型兔场，尤其是集约化的大型兔场，多采用人工光照或人工补充光照的方法，光源以白炽灯光较好，每平方米地面以 3~4 瓦为宜，灯高一般离地面 2.2~2.5 米为宜。为了便于和提高兔舍内环境的控制，目前出现了一种高达7~8 米的钢架结构兔舍，当然，这种兔舍内的人工光照安装高度，要根据兔笼的高度来定，如果非采用全自动控制生产，而仍然采用人工饲养长毛兔的话，灯高离地面仍然以 2.2~2.5 米为宜，因为兔笼高度仍然有限，过高的话，饲养员无法进行日常操作和管理。

根据笔者经验，如果平时对繁殖母兔不进行补充光照，那么，可在繁殖母兔配种之前 3 天，采用人工补光，效果非常好，母兔发情率非常高。特别是自然光照不足的季节，尤其显著。也可以在配种之前 2 天，采用人工补光的方法，每天人工补光加自然光照达 18~20 小时的办法，来促使繁殖母兔发情。

（五）规范操作

一是严把消毒关。长毛兔人工授精用的一切器具用品都要经过严格消毒，包括采精器具、稀释器具和输精器材等，防止在操作过程中污染输精器材，给长毛兔实施人工授精者，必须清洁双手。

二是严把温度关。采精时要严格把握假阴道内胎温度；精液采集后到实施输精前的这个时间段内，要防止保存温度过高；精稀释精液时稀释液的温度与精液温度力求相同。

三是严把质量关。做到稀释液的酸碱度与精液基本相同；自行配制稀释液难以把握质量关，尽量使用药厂生产的稀释液；当自配稀释液保存时间过长，或者是药厂生产的生理盐水启封后存放时间过长，使用前灭菌措施又不到位，难以判断稀释液质量时，应立即停用，及时更换为质量保证的稀释液；当精子密度及精子质量不符要求时，做到不采用不输精。

四是严把操作关。力求做到各个环节规范操作。

①把好稀释精液关。稀释精液过程中，稀释液应该沿避孕套壁或集精瓶壁，缓慢注入稀释精液，不能将稀释液用注射器冲射来稀释精液。②把好 1 兔 1 支关。在输精时，输精管应做到 1 兔 1 支，以避免疾病传播风险。③把好操作关。在输精操作时，清洁母兔外阴部，以避免污物带入阴道而产生不良后果；输精时，要把握输精管插入的深度；输精完毕，在母兔臀部还处于向上状态时轻拍一下母兔臀部，或将母兔后躯抬高片刻后再放入笼内，以防精液倒流；要正确把握使用激素的剂量和使用时机。

五是不断提高操作技术水平。从准备到采精，从精液稀释到保存，直到输精完毕，每一个环节的实施操作，不是操作一次两次就会完全掌握的，只有坚持多操作多训练多总结，才能熟练操作技能，才能不断提高技术水平，才能正确把握操作要领。

（六）重复输精

重复输精，也称重复配种，是指在一个发情期内，给同一只母兔输两次精（或交配两次）。一般情况下，只要母兔发情正常，公兔精液品质良好，输精或交配一次即可受孕。但是，为了确保母兔妊娠和防止假孕，可在第一次输精或配种后 6~8 小时，再用同 1 只公兔的精液或同 1 只公兔再重复交配 1 次。第一次交配的目的是刺激母兔排卵，第二次交配的目的是正式受孕。据试验，重复输精或重复配种能有效提高受胎率，其受胎率可达 95%~100%，每胎产仔数达 6~8 只。

（七）双重输精

双重输精一只母兔连续与 2 只不同血缘关系的公兔交配，中间相隔时间为 20~30 分钟。据试验，采用双重配种的受胎率比对照组提高 25%~30%，产仔数提高 10%~20%。同样道理，第一次交配的目的是刺激母兔排卵，第二次交配的目的是让母兔能正式受孕，当然，第一次交配能让母兔受孕的可能性依然存在。

值得注意的是，这种方法只能用于商品兔（产毛兔）场，而不能用于长毛兔种兔场，以免造成亲缘关系不清，血统混乱的严重后果。

（八）疾病控制

有疾病或不健康的母兔不能配种繁殖。所以，建立健康的繁殖种群，是一个长毛兔养殖场种兔繁殖力的保证。种兔一旦有疾病，就会影响种兔正常的生理机能，特别是生殖系统疾病如睾丸炎、附睾炎、卵巢囊肿、输卵管炎、阴道炎、子宫内膜炎、包皮炎等疾病，都会直接造成种群繁殖力低下或不能繁殖。其他如密螺旋体病、脚底炎，咬伤生殖器官等疾病，均可引起局部炎症和疼痛，从而影响种兔的性欲与配种。为此，一个规模化的长毛兔养殖场，要做好疾病控制工作，从硬件的基础设施设备完善，到软件的制度管理，都得从基础工作抓起，从日常工作抓起，从每一个岗位抓起；要加强学习，定期开展技术培训，多开展技术交流活动；完善防疫制度，落实岗位责任，制订操作程序，建立技术规范，把每一个环节，每一个岗位，每一个要求，每一项责任，落实到每一个工作人员，并予以严格执行，同时与报酬挂钩，定期予以考核。

（九）其他措施

影响长毛兔繁殖力的应对措施，除上面阐述外，还有频密繁殖，胚胎移植等方法，以及加强技术培训，促进人员素质提高等措施。这里再讲述一下频密繁殖法。

长毛兔的繁殖方法，一般可分为阶段繁殖法、频密繁殖法和半频密繁殖法。阶段繁殖法，即母兔的配种、妊娠、哺乳、断奶等阶段均按自然顺序进行，互不交叉重叠。频密繁殖又称“血配”，即在母兔产仔后 2 天内进行交配，使哺乳与妊娠同时进行，使母兔在单位时间内生产出更多的后代。半频密繁殖是一种介于阶段繁殖与频密繁殖法之间的一种繁殖方法，即将母兔安排在产仔后 15~17 天内配种繁殖。各种方法的繁殖情况见表 7–5 所示。

表 7–5　各种繁殖方法比较表

项 目	产仔间隔（天）	哺乳期（天）	年均繁殖（胎）	饲养条件
阶段繁殖法	70~90	35~42	3~5	中 等
半频密繁殖法	45~55	30~35	4~6	较 高
频密繁殖法	30~35	25~28	6~8	很 高

应当指出，采用频密或半频密繁殖法之后，由于母兔的哺乳和妊娠同时进行，因而对营养物质的需要量大幅增加，所以，在饲料的数量和质量上一定要满足母兔本身生命活动、泌乳和胎儿生长发育的需要。另外，对母兔必须进行定期称重，发现体重明显减轻时，就应停止频密繁殖法。由于采用频密或半频密繁殖之后，种兔利用年限会明显缩短，自然淘汰率较高。因此，一定要及时更新繁殖母兔群，对留种的幼兔必须加强饲养管理。

另外，还有一种加快优良母兔繁殖速度的方法，如果引进或选育出特别优秀的种兔，需要加快扩大种群的速度，就可采用代哺乳的方法，具体的做法是：在给优秀母兔配种的同时，给肉兔也进行配种，利用肉兔母性好、泌乳力强的特点，将优秀母兔生产的仔兔，由肉兔代为哺乳，而优秀母兔在生产 2 天后就再次配种繁殖，从而加快优秀种群的繁殖速度。这种方法有别于频密繁殖法，频密繁殖法会使繁殖母兔带来较重的负担，而采用代哺乳的方法，会相对减轻繁殖母兔的营养消耗，有利于保持繁殖母兔的健康体质和优良性能的发挥，也有利于延长母兔的使用年限。

第八章　长毛兔的饲料与营养需要

提供科学的饲料日粮，是养好长毛兔的关键，但要设计科学的饲料日粮配方，就必须先了解长毛兔各阶段的营养需要。

第一节　长毛兔的营养需要

一、能量需要

能量是指存在于饲料物质中的自由能。营养学上过去常用的能量单位是“卡”。1 卡热量（能）即 1 克水从 14.5℃升温至 15.5℃所需要的热量（能）。为方便起见，实际生产中常用“千卡”或“兆卡”来表示。近年来，研究营养科学的工作者认为能量以“焦耳”为单位更为准确。卡与焦耳的等值关系为：

1 卡（cal）= 4.184 焦耳（J）

1 千卡（kcal）= 4.184 千焦（kJ）

1 兆卡（Mcal）= 4.184 兆焦（MJ）

1. 能量的营养功能

长毛兔的一切生命活动（包括维持、生长、繁殖、生产过程）都需要能量。能量是长毛兔饲养标准中的重要部分，不仅决定着长毛兔的采食量，而且也决定着每千克日粮中应含有的营养密度和营养水平。生产实践表明，日粮中能量不足会导致长毛兔消瘦和生产性能下降。但是，日粮中能量水平偏高，也会因大量易消化的碳水化合物由小肠进入大肠，出现异常发酵而引起消化道疾病。同时，能量过剩，因体内脂肪沉积过多，对繁殖母兔来说会影响雌性激素的释放和吸收，对繁殖性能带来不利影响；对公兔来说则会造成性欲减退、配种困难和精子活力下降等不良后果。因此，合理控制科学的能量供应水平，对一个规模化长毛兔场来说是一项极为重要的关键措施。

2. 能量的主要来源

能量的主要来源是饲料中的碳水化合物、脂肪和蛋白质。碳水化合物可分为无氮浸出物和粗纤维，无氮浸出物是指可溶性碳水化合物，包括淀粉和各种糖类，是能量的主要来源。长毛兔对玉米、小麦、大麦、稻谷等谷物饲料中碳水化合物的消化率可达 70%~85%；对豆类子实中的蛋白质和粗脂肪，消化率可达 85%~90%。长毛兔体内能量储存的主要形式是糖原和脂肪。

3. 能量的需要量

长毛兔从日粮中获得的能量，一部分用于维持需要，另一部分用于生产需要。维持需要是指长毛兔保持正常生命活动所需要的能量，而生产需要是指长毛兔在生长、妊娠、哺乳、产毛等生产过程中所需要的能量。据试验，生长兔体重每增长 1 克，需要可消化能 39.75 千焦；每增长 1 克蛋白质，需要可消化能 47.7 千焦；每增长 1 克脂肪，需要可消化能 81.17 千焦；产毛兔每生产 1 克兔毛，需要可消化能 113 千焦。为了维持长毛兔的健康和正常生产性能，妊娠母兔、泌乳母兔的每千克日粮中应含可消化能 10.3~11 兆焦，产毛兔应含可消化能 10~11.3 兆焦。

可消化能，是指从饲料中摄入的总能（GE）减去粪能（FE）后所剩余的能量，即已消化吸收养分所含的总能量，或称之为已消化物质的能量。

二、蛋白质需要

饲料中的蛋白质通常是指粗蛋白，即指饲料中含氮物质的总和，包括蛋白质和非蛋白质含氮化合物（包括游离氨基酸、酰胺、硝酸盐及铵盐等）。

1. 蛋白质的营养功能

蛋白质是维持长毛兔生命活动的重要物质基础，也是构成肌肉、血液、内脏、皮毛组织及酶、激素、抗体等的主要成分。蛋白质的作用是脂肪、碳水化合物等营养物质所不能代替的，但蛋白质可替代脂肪、碳水化合物的产能作用。当产热物质不足时，蛋白质可以分解、氧化而释放能量。生产实践表明，如果日粮中蛋白质水平过低，则会影响长毛兔的健康和生产性能的发挥，表现为体重减轻，产毛量下降，优质毛比例降低；公兔性欲减退，精液品质降低；母兔发情不正常，受胎率降低，产仔数减少。相反，日粮中蛋白质水平过高，不仅造成饲料浪费，还会加重盲肠、结肠以及肝、肾等脏器的负担，容易引起腹泻，甚至中毒或死亡。

2. 蛋白质的主要来源

饲料中的蛋白质来源主要有植物性蛋白质和动物性蛋白质两大类，常用的有豆饼、豆粕、菜籽饼、鱼粉、肉骨粉等。蛋白质由氨基酸构成，构成动、植物体蛋白质的氨基酸有 20 多种，包括必需氨基酸和非必需氨基酸。长毛兔要从饲料中获取的必需氨基酸，主要有蛋氨酸、精氨酸、赖氨酸、组氨酸和亮氨酸等。饲料中的氨基酸种类越完全，比例越合理，利用率就越高。在实际生产实践中，为提高饲料中蛋白质的利用率，常采用多种饲料配合，使各种必需氨基酸互相补充。如玉米中缺少赖氨酸和色氨酸，而豆科植物中则含有较多的赖氨酸和色氨酸，两种饲料互相配合，起到互补作用，可明显提高长毛兔日粮中的蛋白质利用率。

3. 蛋白质的需要量

长毛兔对蛋白质的需要量一般以粗蛋白质和必需氨基酸含量来表达，长毛兔日粮中的粗蛋白水平，生长兔以 15%~17%、妊娠兔以 16%、哺乳母兔以 18%为宜。据试验，长毛兔日粮中的粗蛋白含量，与产毛量、母兔受胎率有着密切的关系。具体见表 8-1。

表 8-1 中可见，日粮中粗蛋白水平对母兔的产毛量和受胎率有明显的影响。粗蛋白水平为 16.10%时，产毛量、受胎率最高，兔毛品质最佳；日粮粗蛋白高于或低于该水平，对产毛量及母兔受胎

率均有不利影响（表 8–1、表 8–2）。

表 8–1　日粮粗蛋白水平对母兔产毛量、受胎率的影响

项目	日粮粗蛋白含量（%）		
	13.85	16.10	18.65
试验兔（只）	30	30	30
养毛期（天）	73	73	73
平均产毛量（克）	230.9±2.8	265.8±3.1	243.5±2.5
优质毛比例（%）	41.6	56.3	49.7
二三级毛比例（%）	39.5	37.2	38.6
次级毛比例（%）	18.9	6.5	11.7
受胎率（%）	55.8	78.5	61.4

表 8–2　日粮中含硫氨基酸水平与产毛性能的关系

项目	含硫氨基酸含量（%）			
	0.55	0.75	0.85	0.95
试验兔（只）	30	30	30	30
养毛期（天）	73	73	73	73
平均产毛量（克）	196.2±2.4	246.3±3.1	267.8±3.3	249.1±4.1
优质毛比例（%）	41.6	55.4	59.8	54.3
二三级毛比例（%）	36.8	30.8	33.7	30.5
次级毛比例（%）	21.6	13.8	6.5	5.2

蛋白质由氨基酸组成，构成兔体蛋白质的氨基酸有 20 多种，其中赖氨酸、蛋氨酸、色氨酸、亮氨酸、异亮氨酸、苯丙氨酸、苏氨酸、组氨酸、精氨酸和缬氨酸等为必需氨基酸。赖氨酸和蛋氨酸是限制性氨基酸，对长毛兔的营养作用十分重要，其含量高则其他氨基酸的利用率亦高。在长毛兔日粮中适当添加赖氨酸和蛋氨酸，也就提高了蛋白质的利用率。据测定，兔毛中所含必需氨基酸以含硫氨基酸（蛋氨酸+胱氨酸）含量最高，达 15.84%。但是，以青

草、农作物秸秆等青粗饲料为主的饲料中，含硫氨基酸含量仅为0.26%，二者相差甚远。因此，在长毛兔日粮中添加适量的含硫氨基酸，是十分必要的，可明显提高兔毛的产量和质量。

由表8-2中可见，日粮中的含硫氨基酸由0.55%增加至0.85%时，兔毛产量和质量均有明显提高；但超过0.85%时就出现下降趋势。

生产实践证明，多种饲料配合喂兔，可充分发挥氨基酸之间的互补作用，能明显提高饲料蛋白质的利用率。棉籽饼中添加赖氨酸和蛋氨酸，菜籽饼中添加蛋氨酸后，可成为长毛兔较为理想的蛋白质饲料。

三、脂肪需要

饲料中的脂类物质主要是指乙醚浸出物，包括甘油三酯（真脂肪或中性脂肪）、类脂（包括磷脂、糖脂、蛋白脂）等。甘油三酯由脂肪酸和甘油组成。

1. 脂肪的营养功能

脂肪在长毛兔体内的营养功能，一是提供能量，其产热量相当于碳水化合物的2.25倍；二是储存能量，形成体脂储存于皮下、肠系膜和肌纤维之间，有保护内脏器官和皮肤的作用；三是作为脂溶性维生素的溶剂，促进维生素A、维生素D、维生素E、维生素K的吸收利用；四是构成体细胞的重要组成部分，也是长毛兔体内合成维生素和激素的重要原料。生产实践表明，长毛兔日粮添加适量脂肪，还可以提高饲料的适口性，减少饲料粉尘，在饲料制粒过程中起到润滑作用。长毛兔日粮中如果脂肪缺乏，就会导致长毛兔生长受阻，发育不良，皮肤干燥，产毛量下降，兔毛品质降低，精细管退化，繁殖性能下降。

2. 脂肪的主要来源

脂肪广泛存在于动、植物饲料中。长毛兔体内脂肪除由饲料中获取外，主要由饲料中碳水化合物转变为脂肪酸后合成的，包括饱和脂肪酸和不饱和脂肪酸，其中亚油酸（18碳二烯酸）、亚麻酸

(18碳三烯酸）和花生四烯酸（20碳四烯酸）等不饱和脂肪酸，兔体内不能合成，必须由日粮中供给，称为必需脂肪酸。据试验，幼兔对脂肪的利用能力很强，通常精料中的脂肪消化率可达 90%以上。但是随着年龄的增长，长毛兔对脂肪的利用能力逐渐降低。长毛兔通常对植物性脂肪的利用能力较强，对动物性脂肪的利用能力较差。因此，植物油是长毛兔日粮中脂肪的最好来源。

3. 脂肪的需要量

据试验，长毛兔对脂肪的需要量随年龄的不同而有差异：幼龄兔需要量最高，哺乳母兔乳汁中含脂量高达 12.2%；成年兔因大肠微生物能合成较多的脂肪酸，所以需要量相对较低。生长兔、产毛兔日粮中的脂肪含量应为 3%~4%，妊娠和哺乳母兔日粮中脂肪含量应为 3%~5%。

四、维生素需要

维生素对长毛兔来说，既不是能量来源，也不是长毛兔机体组织的构成物质，但它是维持长毛兔正常生理功能所必需的物质，具有生物活性物质的作用。

1. 维生素的营养功能

维生素根据其溶解性，可分为脂溶性维生素和水溶性维生素两大类。脂溶性维生素包括维生素 A、维生素 D、维 生素 E 和维生素 K 等；水溶性维生素包括 B 族维生素和维生素 C 等。据试验，维生素与长毛兔的健康和生产性能有着密切的关系，缺乏时一般多表现为消瘦、生长发育不良、肠胃和呼吸道疾病增多、生产性能下降，母兔不孕和流产等。

2. 维生素的主要来源

长毛兔的常用饲料中都含有丰富的维生素，特别是家庭小规模养兔，多以青绿饲料为主，禾本科、豆科牧草及子实、副产品中含量较为丰富，一般不会出现维生素缺乏症。例如，大部分青绿饲料中都含有类胡萝卜素，尤以β-胡萝卜素最为重要，长毛兔机体具有将胡萝卜素转化为维生素 A 的能力，转化效率达 100%；大部分植物性饲料中都含有维生素 E，青绿饲料和优质干草中含有丰富的维生素 C、维生素 D 等；水溶性维生素一般可由肠道微生物合成，软粪中的 B 族维生素要比硬粪中含量高 3~6 倍，长毛兔采食软粪是摄取 B 族维生素的主要来源。

3. 维生素的需要量

长毛兔对维生素的需要量常以毫克或微克计算。据试验，生长兔和种公兔每千克体重每日需要维生素 A 8 微克，繁殖母兔需要 10 微克，分别相当于每千克日粮中应含维生素 A 8000 单位（U）和 10000 单位（U）。生长兔、妊娠母兔每千克日粮中应含维生素 D 900~1000 单位（U）；维生素 D 的最低推荐量为每千克日粮 50~60 毫克；维生素 K 的推荐量为每千克日粮 2 毫克；生长兔饲料中每千克日粮应含维生素 B_1 2 毫克，维生素 B_6 300 毫克，维生素 B_{12} 10 微克，维生素 C 50~200 毫克，胆碱 1500 毫克。

五、粗纤维需要

粗纤维是构成植物性饲料细胞壁的基本物质，主要包括纤维素、半纤维素、木质素和果胶等，是植物细胞壁的主要成分，也是植物性饲料中难以消化的营养物质。长毛兔属单胃食草动物，其消化道结构能有效地利用植物性饲料，同时也产生了对植物纤维的生理需要。

1. 粗纤维的营养功能

据试验，粗纤维在维持长毛兔正常消化机能、保持消化物稠度、形成硬粪及消化运转过程中起着重要的作用。成年兔饲喂高能量、高蛋白质日粮，往往事与愿违，不但不能加快生长，提高生产性能，反而会导致消化道疾病的发生。其主要原因就是粗纤维供给量过少，因而使肠道蠕动减慢，饲料通过消化道时间延长，造成结肠内压升高，从而引起消化紊乱，出现腹泻，甚至死亡。但日粮中粗纤维含量过高，也会引起肠道蠕动过速，饲料通过消化道速度加快，营养浓度降低，饲料在消化道通过的时间过短，也会使部分营养浪费，导致营养不良，生产性能也会下降。

2. 粗纤维的主要来源

粗纤维是植物细胞壁的主要组成成分，粗饲料中的各种干草、农作物秸秆和树叶类是长毛兔日粮中粗纤维的主要来源。据试验，长毛兔能够利用较多的粗饲料，能较好利用粗饲料中的粗纤维。

3. 粗纤维的需要量

有关长毛兔日粮中的粗纤维水平，迄今见解不一。有的提出以12%~14%为宜；也有人提出饲喂16%~20%粗纤维含量的日粮，长毛兔生产性能较高，发病率较低。据试验，长毛兔日粮中粗纤维水平与产毛性能有一定的关系。具体见表8–3。

表8–3　日粮粗纤维水平与产毛性能的关系

项目	不同粗纤维水平（%）			
	12	14	16	18
试验兔（只）	30	30	30	30
养毛期（天）	73	73	73	73
平均产毛量（克）	171.4±2.7	263.8±3.5	255.6±2.9	153.1±3.1
优质毛比例（%）	42.5	61.3	52.8	43.5
二三级毛比例（%）	38.7	31.9	36.7	39.7
次级毛比例（%）	18.8	6.8	10	16.8

由表8–3中可见，日粮粗纤维水平为14%~16%时，兔毛产量最高，品质最佳；粗纤维水平低于或高于该水平时，对兔毛产量和质量均有不利影响。

根据试验，结合笔者经验，长毛兔日粮中最适宜的粗纤维水平为15.5%。

六、矿物质需要

矿物质又称无机盐。矿物质在长毛兔体内的含量很少，约占成年体重的4.8%。但它参与机体内的各种生命活动，在整个机体代谢过程中起着重要作用，是保证长毛兔正常生长、繁殖以及生命活动所不可缺少的营养物质。

1. 矿物质的营养功能

根据长毛兔对矿物质的生理需求大小，一般将矿物质分为常量元素（包括钙、磷、钾、钠、氯、镁、硫等）和微量元素（包括铁、铜、锰、锌、钴、碘、硒等）。钙和磷是长毛兔体内含量最多的矿物质元素，是构成骨骼的主要成分。如果长毛兔日粮中钙磷不足，就会引起幼兔佝偻病，出现关节肿大、弯腿、拱背等和成年兔的软骨病、骨质疏松症，钠和氯在机体酸碱平衡中起着重要作用，也是维持细胞体液渗透压的重要离子，如长期缺乏则会引起食欲减退、生长迟缓、被毛粗糙、饲料利用率下降等。此外，较为重要的矿物质元素还有钾、镁、铜、锌、硒等。

2. 矿物质的主要来源

豆科牧草中含有丰富的钙，糠、麸类饲料中含有较多的磷。如果长毛兔日粮中钙、磷不足，则可添加骨粉、石粉、磷酸氢钙等予以补充。钠和氯在一般植物性饲料中的含量都比较低，可用食盐予以补充。

3. 矿物质的需要量

日粮中钙和磷的含量，生长兔为 0.5% 和 1.0%，妊娠母兔为 0.3% 和 0.5%，哺乳母兔则为 0.8% 和 1.2%。食盐的添加量为 0.5% 左右。钾的适宜含量为 0.6% 和 0.8%，每千克日粮中镁的含量为 300~400 毫克，锌为 50 毫克，铜为 10 毫克，钴为 0.1 毫克，硒为 0.1 毫克。

七、水分需要

水是一切生命之源，一切生命活动都起源于水，水对生命活动起着极其重要的作用，水的功能极其重要而广泛，生命时刻离不开水，是动物赖以生存不可缺少的最重要的物质资源之一。如果没有水，养料无法吸收，氧气无法运送，代谢产物无法排除，机体的一切新陈代谢无法进行，生命活动就将终止。因此，水对动物的生命是最重要的物质资源。

长毛兔也一样，水分是长毛兔机体的重要组成成分，长毛兔体内的水分含量占体重的70%左右，存在于机体的各个组织器官、细胞以及血液、乳汁和粪尿中。

1. 水分的营养功能

水分是长毛兔体内最重要的溶剂，体内营养物质的运输、消化、吸收、排泄及体温调节等生理活动都需要水分。据测定，当长毛兔机体失水5%时，即有严重干渴、食欲减退的表现；失水10%时就会出现生理失调、代谢紊乱；失水20%时即可导致死亡。

2. 水分的主要来源

长毛兔体内的水分主要来自饮水、饲料水和代谢水。代谢水是体内营养物质氧化过程中产生的水分，数量很少；各种饲料中含水量差异很大，低者5%~7%，高者可达80%~90%，但仍不能满足长毛兔生命活动和生产性能发挥所需水量的要求，必须供给充足的清洁饮水。工厂化养兔以饲喂颗粒饲料为主，更需供给大量的清洁饮水。

3. 水分的需要量

据试验，长毛兔的需水量，一般为采食干物质量的1.5~2.5倍，每天每千克体重的平均需水量为100~120毫升。饮水量的多少受气候条件和兔体大小的影响，在9℃气温条件下，成年兔每千克体重每天需饮水70~80毫升，而在28℃的气温条件下，则饮水量需100~120毫升。在没有自动饮水设施的条件下，需在陶瓷盘或陶瓷水鉢等水容器中早、晚各更换加满清洁饮水1次，才能满足长毛兔需要。

第二节　长毛兔的饲料与营养

一、饲料分类

饲料有多种分类方法，我国的饲料分类是将饲料分成8大类，然后结合中国传统饲料分类习惯再分成17亚类：青绿饲料，树叶类，青贮饲料，块根、块茎、瓜果类，干草类，农副产品类，谷实类，糠麸类，豆类，饼粕类，糟渣类，草籽树实类，动物性饲料，矿物质饲料，维生素饲料，饲料添加剂，油脂类饲料及其他等。而国际上则将饲料直接分为8类：粗饲料，青绿饲料，青贮饲料，能量饲料，蛋白质补充料，矿物质，维生素，饲料添加剂。这里只介绍长毛兔日粮中的常用饲料。

二、常用饲料

长毛兔的常用饲料，根据营养特性和主要作用，大致可分为青绿饲料、粗饲料、能量饲料、蛋白质饲料、矿物质饲料、添加剂饲料和其他非常规饲料等。前4种是组成长毛兔日粮的基本成分，后3种主要以少量或微量添加的形式，对长毛兔日粮进行完善补充，以补充某些矿物质元素、氨基酸和维生素的不足。

（一）青绿饲料

青绿饲料来源广，种类多，适口性好，营养价值高，在长毛兔场的日常管理中，合理利用青绿饲料，是降低长毛兔养殖成本，提高经济效益的有效方法之一。我国大部分农村地区青绿饲料充足，青绿的农作物秸秆丰富，如何根据当地实际，合理而有效地利用，值得广大长毛兔养殖者去进一步探索，去研究。

1. 饲料种类

（1）天然牧草。主要包括草地草坡，以及平原田间地头自然生长的野生杂草。如早熟禾、狗尾草、车前草、猪殃殃、一年蓬、野苋菜、胡枝子、蒲公英、马齿苋、青蒿等。其中有些具有药用价值，如蒲公英具有催乳作用，马齿苋具有止泻、抗球虫作用，青蒿具有抗毒、抗球虫等作用。长毛兔对各种天然牧草的适口性不同，鲜草适口性好的，就当青绿饲料利用，如果鲜草利用适口性不好，而其营养价值较高的，可制成青干草利用。

（2）栽培牧草。主要包括黑麦草、苏丹草、紫云英、紫花苜蓿、鲁梅克斯、串叶松香草、墨西哥玉米等。栽培牧草多数是经过人工选育栽培的牧草，产量高，质量好，既可鲜喂，也可晒制干草加工成配合饲料，是长毛兔的优质饲料，对长毛兔饲养产业的发展和效益的提高有着不可替代的作用。

（3）蔬菜类。主要包括青菜、大白菜、胡萝卜、萝卜菜、牛皮菜、甘薯叶、甘蓝叶等。蔬菜类作物产量高，尤其在冬春缺乏青绿饲料的季节，可作为长毛兔的青饲料来补充饲喂，蔬菜类青绿饲料具有清火通便作用，含有丰富的维生素。因蔬菜类饲料含水分高，应适当控制喂量，以防止腹泻等疾病的发生。

（4）树叶类。主要包括紫穗槐叶、松针、桑树叶、柳树叶、香椿树叶等。其中生长茂盛、叶片细嫩、营养丰富的紫穗槐叶、马尾松针和桑树叶等，维生素、蛋白质含量高，是长毛兔的优质饲料。尤其是紫穗槐叶，营养非常丰富，粗蛋白、维生素含量高，其粗蛋白含量高于紫花苜蓿。而且对兔的适口性较好，鲜喂或干喂长毛兔均喜食。

（5）水草类。主要包括水浮莲、水葫芦、水花生和绿萍等。水草因含水量高，故宜晾干表面水分后再喂，有些地区采用将水草打浆拌料的办法喂兔，效果很好。

2. 营养特性

（1）青绿饲料水分含量高，一般可达 60%~80%，有些水生饲料和叶菜类饲料，水分高达 90%~95%。

（2）蛋白质含量差异较大，以干物质计算，豆科类饲草可高达 10%~20%，禾本科饲草仅 3%~6%，蔬菜类为 8%~15%。

（3）青绿饲料适口性好，易消化。含有各种酶、类激素物质（促性腺激素和雌激素）、钙、钾等碱性物质，对长毛兔的生长繁殖有促进作用。

（4）青绿饲料体积大，含能量低，每千克含消化能只有 1.25~2.5 兆焦。

所以，单以青绿饲料喂兔难以满足其能量需要。

3. 利用注意事项

（1）青绿饲料必须放置草架上饲喂，切忌放入笼舍底板上饲喂，以免粪尿污染，并造成浪费。

(2) 保持清洁、新鲜、嫩绿，当天喂兔草料要当天收割。露水草不能喂兔，切忌雨淋。如果收割的青绿饲料有露水，必须先行晾干表面水分后再饲喂；如果是雨天收割的青绿饲料，可用千分之一浓度的高锰酸钾溶液浸泡后饲喂。

(3) 防止霉烂变质，堆积过久、发酵腐烂的青绿饲料切忌喂兔，以免引起中毒、腹泻，甚至死亡。所以，青绿饲料的存放，不能堆积，必须在通风的架子上薄薄地摊开存放。

(4) 为满足长毛兔的营养需要，青绿饲料必须与禾本科、豆科等饲草搭配饲喂。

(5) 防止农药中毒，切忌在喷洒农药后的田边、菜地或粪堆旁割草喂兔。

(6) 防止寄生虫感染，特别是带露水的青草和雨天收割的青绿饲料，容易造成寄生虫感染，所以，需经清洗晾干后饲喂，经常饲喂水生牧草的长毛兔场，兔群需定期驱虫。

(二) 粗饲料

粗饲料是指干物质中粗纤维含量在18%以上的饲料，粗纤维含量高，可利用成分少，在长毛兔日粮中的主要功能是提供适量粗纤维和构成合理的日粮组成。

1. 饲料种类

(1) 青干草。主要包括天然牧草或人工栽培牧草在质量最好和产量最高时期收割，经晒制干燥而成的饲草。晒制良好的青干草颜色青绿，气味芳香，质地柔软，适口性好，是长毛兔日粮中的优质粗饲料。

(2) 秸秆类。主要包括稻草、玉米秸、豆秸、小麦秸、大麦秸、花生秧、甘薯藤等。一般来说，这类粗饲料营养价值较低，粗纤维含量较高，但粉碎后可用作长毛兔颗粒饲料的组分，是冬春季节的主要粗饲料来源。

(3) 秕壳类。主要包括各种植物的子实壳，其营养价值高于同种作物的秸秆，常用的有谷壳、豆荚、花生壳、大麦壳、小麦壳及其他子实的脱壳副产品。此类粗饲料来源广、种类多、价格低，是长毛兔冬春季节的主要粗饲料来源。

2. 营养特性

（1）粗纤维含量较高。一般干物质中粗纤维含量可达 25%~50%，无氮浸出物含量为 20%~40%，消化率较低，但有防止肠道疾病的多种功能。

（2）粗蛋白含量差异较大。豆科干草的营养价值优于禾本科干草，特别是前者含有较丰富的蛋白质和钙，其蛋白质含量一般在15%~24%之间，禾本科秸秆及秕壳一般只有 3%~6%。

（3）维生素 D 含量较为丰富，优质干草中含有一定的胡萝卜素和 B 族维生素，其他维生素含量较低。

（4）矿物质方面，钙、钾含量较高，磷、钠含量较低，基本上属于生理碱性饲料。

（5）总能含量较高，但消化能含量较低，因收割时期、调制技术及本身质地不同而存在一定差异。

3. 利用注意事项

（1）粗饲料中因粗纤维含量较高，适口性较差，宜粉碎后与其他优质饲料混合制成颗粒饲料，以改善适口性和提高消化率。

（2）根据长毛兔的营养需要，日粮中的粗纤维含量一般为 14%~16%，应严格控制使用，缺乏使用易引起消化道疾病。过量使用也会引起肠道蠕动过速，饲料通过消化道速度加快，营养浓度降低，饲料在消化道通过的时间过短，也会使部分营养浪费，导致营养不良，生产性能也会下降。

（3）为满足长毛兔的营养需要，在长毛兔的日粮中，禾本科干草应与豆科干草等配合应用，最好能同时配合饲喂青绿饲料及骨粉等。

（4）要防止干草、秸秆及秕壳类饲料堆积过久，霉烂变质。树叶类粗饲料最好用青绿树叶晒制，切忌发酵霉烂。

（5）干草或秸秆的叶片营养价值较高，但容易脱落，故在调制和装运过程中应特别注意，尽量减少损失。

（三）蛋白饲料

蛋白质饲料是指饲料干物质中粗蛋白含量在20%以上的饲料。蛋白质饲料在长毛兔日粮中所占比例不是非常高，但对长毛兔的生长发育和生产性能的发挥具有重要作用，是长毛兔日粮中不可缺少的营养成分。

1. 饲料种类

（1）植物性蛋白质饲料。主要包括豆饼、豆粕、花生饼、花生粕、棉籽饼、棉籽粕、葵花籽饼、葵花籽粕等。豆类及各种油料子实经压榨法取油后的副产品，统称为饼类，经浸提法取油后的副产品统称为粕类。压榨法的脱油率低，饼内尚有4%以上的油脂，在实际生产中，我们可利用其高能量的特点；浸提法多采用有机溶剂来脱油，粕中残油少，只有1%左右，比饼类容易保存。

（2）动物性蛋白质饲料。主要包括渔业、肉食及乳品加工的副产品，常用的有鱼粉、肉骨粉、羽毛粉、蚕蛹粉、血浆蛋白粉等。动物性蛋白质饲料品质好，消化率高，钙、磷比例适宜。据国外研究报道，血浆蛋白粉是早期断奶仔兔日粮中的优质蛋白质来源，能有效降低幼兔因肠炎引起的死亡率。

（3）微生物蛋白质饲料。又称单细胞蛋白质饲料，主要包括酵母、藻类等。常用的饲料酵母有啤酒酵母、石油酵母、纸浆废液酵母等。长毛兔日粮中添加适量饲料酵母，有助于促进盲肠微生物生长，防止胃肠道疾病，改善饲料利用率，提高生产性能。一般日粮中的添加量以2%~5%为宜。

2. 营养特性

（1）蛋白质含量高。植物性蛋白质饲料粗蛋白含量占干物质的20%~40%，动物性蛋白质饲料粗蛋白质含量为40%~80%，饲料酵母的粗蛋白含量为50%~55%。

（2）植物性蛋白质饲料粗纤维含量较低，动物性蛋白质饲料不含粗纤维，而富含脂肪及蛋白质，故能量价值高，每千克含消化能14~25兆焦。

（3）植物性蛋白质饲料适口性较好，赖氨酸含量较高。动物性蛋白质饲料氨基酸组成平衡，尤以蛋氨酸、赖氨酸含量最为丰富。

（4）消化率高。植物性蛋白质饲料消化率为70%~85%，动物性蛋白质饲料的消化率则达80%~90%。

（5）矿物质元素、维生素含量丰富，尤以钙、磷及B族维生素含量较高。

3. 利用注意事项

（1）动物性蛋白质饲料来源较少、价格相对较高，要合理使用，减少浪费，一般使用量只占日粮的1%~5%。而且加多了也不合适，一方面会影响日粮配方的设计，另一方面，象鱼粉这些动物性蛋白质饲料，如果加多了会影响饲料的适口性。

（2）蛋白质饲料如果贮存不当，易发生霉、酸、腐败等变质，长毛兔食用后容易引起中毒，因此，应妥善保存，使用时应注意饲料质量状况。

（3）鱼粉、血粉适口性较差，大量添加蚕蛹会明显影响长毛兔的食欲。一般用量应控制在1%~3%。

（4）生豆饼中含有抗胰蛋白酶因子和脲酶等有害成分；菜籽饼带有辛辣味，适口性较差，且含有硫葡萄糖苷等有毒物质。大量饲喂易引起兔子腹泻、甲状腺肿大和泌尿系统炎症等。

（5）鱼粉是常用的动物性蛋白质饲料。优质鱼粉，色金黄，脂肪含量不超过8%，含盐量4%左右（特别好的鱼粉含盐量2%左右），干燥而不结块；劣质鱼粉，有特殊气味，呈咖啡色或黑色，这种劣质鱼粉不宜喂兔，以免带来不良后果；鱼粉本身的质量有差异，生产鱼粉的国家或地区不同，鱼粉原料不一，鱼粉的质量有较大差异，在设计配方和实际加工颗粒饲料时应予充分考虑。

（四）能量饲料

能量饲料是指饲料干物质中粗纤维含量低于18%，粗蛋白含量低于20%的饲料。这类饲料是长毛兔日粮中的主要能量来源，但蛋白质含量较低，必需氨基酸含量不足。因此，配制长毛兔日粮时，必须相应地与蛋白质含量较高的饲料配合使用。

1. 饲料种类

(1) 谷实类子实。主要包括玉米、高粱、大麦、稻谷、小麦等。玉米是长毛兔日粮中最重要最常用的能量饲料之一，适口性好，含能量高，素有“饲料之王”之美称，用量可占日粮的 10%~20%。

(2) 谷物加工副产品。主要包括米糠、玉米糠、麦麸、高粱糠等。麦麸营养丰富，适口性好，含有适量的粗纤维和硫酸盐类，是长毛兔的良好饲料来源，但麦麸具有轻泻作用，要注意与其他饲料原料的配合，一般日粮中的麦麸用量为日粮总量的 10%~18% 。

(3) 糖、酒等加工副产品。主要包括糖蜜、酒糟、豆渣、甜菜渣等。在长毛兔饲料中添加适量糖蜜可明显改善饲料的适口性和颗粒料质量，喂量可占日粮总量的 3%~6%。

2. 营养特性

(1) 含能量较高。谷实类子实，每千克含消化能 10.46 兆焦以上；麦麸、米糠等，每千克含消化能 10.87 兆焦以上。

(2) 无氮浸出物含量较高。一般谷实类子实无氮浸出物含量占干物质含量的 71.6%~80.3%，糠麸类含量为 53.2%~62.8%，消化率高达 70%~96%。

(3) 蛋白质含量较低。谷实类子实蛋白质含量为 6.9% 10.2 %，糠麸类含量为 10.3%~12.8%，必需氨基酸含量不全，赖氨酸、色氨酸、蛋氨酸含量较低。

(4) 矿物质元素中，磷、铁、铜、钾等含量较高，钙含量较低。但磷中约有 70%为植酸磷，其吸收利用率较低。

(5) 所有能量饲料都缺乏维生素，但因有体积小、粗纤维含量低、营养价值高等特点，为长毛兔日粮配合的主要饲料原料。

3. 利用注意事项

(1) 不同种类的能量饲料其营养成分差异很大，配料时应注意饲料种类的多样化，科学设计，合理搭配使用。

(2) 谷实类饲料对长毛兔的适口性顺序为大麦、小麦、玉米、稻谷。高粱因单宁含量较高，在长毛兔日粮配合时应有所限制。

(3) 长毛兔属食草类动物，其日粮中必须要有一定的粗纤维含量，而能量饲料粗纤维含量较低，特别是玉米，日粮中用量不宜过多，以免导致胃肠炎等消化道疾病的发生。

(4) 应用能量饲料时，为提高有机物质的消化率，应经过粉碎，并搭配蛋白质、矿物质等其他饲料加工成颗粒料饲喂。

(5) 高温、高湿环境下很容易使精饲料发霉变质，特别是黄曲霉素对长毛兔有很强的毒性，选料加工及贮存时应特别注意。

(五) 添加剂饲料

添加剂饲料是指添加于配合饲料中的某些微量成分，长毛兔的生长发育以及繁殖等生产性能均有显著影响。

1. 饲料种类

(1) 氨基酸添加剂。常用的有赖氨酸和蛋氨酸，也是多数植物性饲料最易缺乏、对长毛兔生产性能有显著影响的氨基酸。

(2) 微量元素添加剂。常用的有硫酸铜、硫酸锰、硫酸锌、硫酸亚铁和亚硒酸钠等。添加原料大多为盐类。

(3) 维生素添加剂。常用的有维生素 A、维生素 D、维生素 E 等。商品生产中应用最多的是多维素，即复合维生素。

(4) 促进生长添加剂。过去常用的有喹乙醇和抗生素等，如土霉素、金霉素、四环素、杆菌肽锌、北里霉素等。但国家有关部门的规定在不断调整，应依法使用。

(5) 驱虫保健添加剂。常用的有氯苯胍、磺胺二甲嘧啶等。另外，大蒜、洋葱、韭菜等亦有防治消化道疾病和球虫病的功能。以大蒜最为常用。

2. 营养特性

(1) 饲料添加剂按其添加成分，可分为营养性物质（如氨基酸、维生素、矿物质元素等）和非营养性物质（如抗生素、激素等），对促进生长、增进食欲以及发挥长毛兔生产性能等有良好作用。

(2) 赖氨酸和蛋氨酸是长毛兔日粮中必需供给的限制性氨基酸，赖氨酸的生理功能是参与体蛋白的合成，因此与长毛兔的生长、发育、繁殖密切相关，赖氨酸对幼兔的生长极为重要；而蛋氨酸是含硫必需氨基酸，与生物体内各种含硫化合物的代谢密切相关，蛋氨酸还可利用其所带的甲基，对有毒物或药物进行甲基化而起到解毒的作用。在长毛兔的日粮中添加0.1%~0.2%的赖氨酸和0.3%~0.4%的蛋氨酸，可明显提高长毛兔的各种生产性能和对其他氨基酸的利用率。

(3) 维生素A、维生素D、维生素E及胆碱等在长毛兔体内含量甚微，但具有生物活性物质作用，添加后可参与酶分子构成及促进生长等作用，维生素E对长毛兔的繁殖性能有显著影响。

3. 利用注意事项

(1) 添加剂因用量小，不能直接加入饲料，须预先混合后再与日粮混合均匀，应注意混合方法，混合时要注意均匀度，以便达到预期效果。

(2) 长期补饲药物添加剂，特别是抗生素，易破坏消化道中微生物区系的正常活动，同时容易产生抗药性，所以要把握用药原则，要选择使用最敏感的药物添加剂，并严格控制用量，及时更换。

(六) 矿物质饲料

矿物质饲料一般用量很少，但对长毛兔的生长发育以及繁殖等生产性能影响很大，是日粮中不可缺少的组成部分。

1. 饲料种类

(1) 食盐。大多数植物性饲料中钠、氯含量不足，一般可用食盐予以补充。

(2) 骨粉。骨粉的主要成分是碳酸钙，含钙量为23%~30%，磷含量为10%~14%，是长毛兔最常用的钙、磷补充饲料。

(3) 石粉。石粉的主要成分也是碳酸钙，含钙量为35%~38%，是最常用的补钙饲料。

2. 营养特性

(1) 在长毛兔的日粮中，需要量较多的矿物质元素有钙、磷、钠、氯、钾等，所以日粮中必须适量补充食盐、骨粉、石粉等饲料原料。

（2）大多数植物性饲料中的钠、氯含量不足，补充食盐不但能调节钠、氯、钾的生理平衡，还有提高饲料适口性和增进食欲的作用。

（3）骨粉中含有大量的钙和磷，而且钙、磷比例平衡。一般蒸煮骨粉含钙量为30%，含磷量14%；生骨粉含钙量为23%，含磷量10%。

（4）石粉即石灰石粉，天然的碳酸钙，含钙量高达38%以上，常在钙少、磷多的情况下使用，以调整日粮中钙、磷比例的平衡。石粉对促进仔、幼兔生长，效果较好。

3. 利用注意事项

（1）食盐喂量一般占日粮的0.5%~1%，用量过大会引起食盐中毒，应在日粮配合加工时，直接拌入饲料原料中，也有长毛兔饲养者把食盐溶于饮水中补给的。

（2）喂用的骨粉要防止霉变，颜色变黑且有臭味的骨粉不能用作长毛兔饲料喂兔，以免引起中毒。

（3）矿物质元素饲料，一般用量较少，应注意混合方法，混合时要注意混合的均匀度。

（七）其他饲料

常用饲料，除上述六类外，还有油脂类，糟渣类以及麦芽根等其他饲料，这类饲料含有丰富的营养物质，有的还可作为颗粒饲料的黏合剂。合理利用这类饲料，有利于降低饲料成本，提高长毛兔养殖场的经济效益，促进产业的发展。

1. 油脂类

这是油与脂的总称，习惯上呈液态的称为“油”，呈固态的称为“脂”。温度不同形态可变，但其本质不变。它们都是由脂肪酸与甘油所组成。油脂来自于动植物，是一种高能量饲料原料。

油脂是高热能来源，油脂的能量相当于碳水化合物和蛋白质的2.25倍；油脂是必需脂肪酸的重要来源之一；油脂具有额外热能效应，添加的油脂与基础日粮中的油脂在脂肪酸组成上产生协同作用；油脂能促进色素和脂溶性维生素的吸收。另外，饲料中添加油脂能改善饲料适口性，能提高饲料能量浓度，减少饲料粉尘。

2. 糟渣类

包括酒糟、醋糟、酱糟和甘蔗渣、甜菜渣、葡萄渣等，是以谷物、薯类或甘蔗、甜菜、葡萄为原料，加工或酿制酒、醋、酱、糖后的副产品。

糟渣类饲料的营养成分，因原料、加工酿制工艺不同，差异很大，粗蛋白含量10%~30%，粗脂肪含量5%~15%，粗纤维含量15%~30%。糟渣类饲料中还含有丰富的矿物质，干啤酒糟的含钙量为0.15%~0.35%，含磷量为0.35%~0.55%，醋糟的含钙量为0.42%~0.73%,，含磷量为0.25%~0.59%，还有丰富的铁、锌、硒、锰等微量元素。

3. 麦芽根

麦芽根是啤酒制造过程中的副产品，为发芽大麦去根、芽余下的部分，可能还含有麦芽壳和麦芽屑等。

麦芽根营养丰富，含水分4%~7%，粗蛋白24%~28%，粗脂肪0.5%~1.5%，粗纤维14%~18%，还富含B族维生素，是长毛兔良好的补充饲料。

糟渣类、麦芽根等饲料多含酸香味，长毛兔多喜采食，有调节胃肠功能和预防腹泻等作用；但新鲜糟渣类饲料含水量大，易变质，不宜久存，要及时晒干或饲喂，严禁饲用发霉变质的糟渣产品；醋糟具有酸香味，少量饲喂有调节胃肠功能、预防腹泻等作用，但大量使用时，最好与碱性饲料混合饲喂，以防酸中毒；酒糟营养含量稳定，但不齐全，群众称之为“火性饲料”，容易引起便秘，喂量以不超过日粮总量的10%为宜；麦芽根呈淡黄色，气味芳香，略有苦味。因其含有大麦芽碱等，故喂量不宜过大，以不超过日粮总量的15%为宜；油脂氧化会产生醛、醇、酸和酮等物质，应注意保存方法和贮存时间。

三、饲料加工制作

饲料加工的主要目的，是根据长毛兔各生长阶段的营养需要，通过科学的饲料原料配合，提高长毛兔日粮的营养价值，减少饲料浪费，提高饲料的利用率，改善饲料的适口性，并扩大饲料原料的来源。

（一）物理处理

物理调制的方法是通过清洗、粉碎、浸泡、晒干、发芽等简单方法，对饲料进行去污、去杂，防止饲料霉烂变质等，都属于物理调制法。

1. 清洗

凡采集的青绿饲料必须先进行清洁，尽量不带泥沙杂质，未受农药等有毒有害物质污染。鲜喂的青绿饲料应洗净晾干，要求青绿饲料表面无水分后再行饲喂。

2. 粉碎

谷粒饲料宜适当粉碎。整粒谷物喂兔，不仅消化率低，造成饲料营养浪费，而且不易与其他饲料混合均匀。但粉碎粒度不宜过细，粉粒直径以 1~2 毫米为宜。

3. 浸泡

豆类、饼粕类和谷实类饲料，经水浸泡后膨胀变软，可以提高消化率。豆科子实还需浸泡蒸煮后方可饲喂，以消除或大幅减少抗胰蛋白酶的有害影响，同时提高饲料的适口性和消化率。

4. 晒干

盛花期前收割的青草或农作物秸秆，营养丰富，但容易霉烂变质，为了提高青饲料的利用率，也为了扩大优质饲料来源，应将青饲料尽快晒制成干草，以免青饲料霉烂变质，宜于长久保存。青草等青饲料晒制过程越短，养分损失越少。优质干草色青绿、味芳香，是长毛兔散养户冬、春季节的优质饲料来源，是规模养殖场长毛兔日粮的优质原料。

5. 发芽

为解决长毛兔冬、春季节青绿饲料缺乏问题，在日常生产中，常用大麦、稻谷、玉米等谷物饲料发芽后喂兔，以提高饲料的营养价值。发芽饲料的制作方法：先将发芽用的子实饲料置于 45℃左右的温水中浸泡32~36小时，捞出后平摊，厚度为3~5厘米，上面覆盖塑料薄膜，维持环境温度23~25℃，每天用35℃左右的温水喷洒3~5次，3~7天即可发芽，一般以芽长5~8厘米喂兔效果最好。

（二）化学处理

化学调制的方法是应用酸、碱等化学制剂，对秸秆等粗饲料进行化学处理，目的是破坏粗饲料中的木质素，改善饲料的适口性，提高饲料的消化率。

1. 碱化处理

将稻草、麦秸等粗饲料切碎放入缸或水泥池内，用1%~2%的石灰水浸泡1~2天，捞出后用清水洗净，晾干后即可喂兔。用量可占日粮的2%左右。

2. 氨化处理

将稻草、麦秸等粗饲料切碎放入缸或水泥池内，用尿素、碳铵或氨水进行氨化处理，用量以干秸秆计算，尿素5%、碳酸氢铵10%、氨水10%~12%，与干秸秆拌匀踩实后用塑料薄膜覆盖封闭严实。氨化时间为：冬、春季节4~6周，夏、秋季节1~2周。启封后通风12~24小时，待氨味消失后即可喂兔。

3. 棉籽饼去毒法

棉籽饼中含有游离棉酚，使用不当易引起长毛兔中毒，故使用前一定要进行去毒处理。一般可按棉籽饼中游离棉酚含量，加入等量铁元素，拌匀后配合其他饲料即可直接喂兔，用量一般可占精料用量的10%~15%。

（三）添加剂的合理使用

大规模现代化的长毛兔生产，一般都采用封闭式或半封闭式的笼舍饲养，容易缺乏微量元素和维生素等营养物质。因此，必须添加适量的微量元素、维生素和防病保健等添加剂，来进行人为补充。但是，有关防病保健类药物，国家有关规定在不断调整，需严格按国家有关规定添加使用。

1. 矿物质微量元素方面

可用硫酸亚铁5克，硫酸铝、氯化钴各10克，硫酸镁、硫酸铜各 15 克，硫酸锰、硫酸锌各 20 克，硼砂、碘化钾各 1 克，干酵母 60 克，土霉素 20 克，混合拌匀后（碘化钾最后混合），再加骨粉或贝壳粉 10 千克，充分混合拌匀，装袋封闭保存备用，使用时按 1%~2%比例加入精饲料中饲喂。

2. 氨基酸方面

目前作为饲料添加剂的氨基酸，主要有 DL–蛋氨酸和 DL–蛋氨酸羟基类似物（MHA），L–赖氨酸和 DL–赖氨酸，DL–色氨酸和 L–色氨酸，以及 L–苏氨酸等。一般长毛兔日粮中，蛋氨酸的添加量为 0.3%~0.4%，赖氨酸的添加量为 0.1%~0.2%，色氨酸、苏氨酸除仔兔和哺乳母兔日粮中可少量添加外，一般不需另行添加。

3. 维生素方面

目前作为饲料添加剂的维生素，主要有维生素 A 乙酸酯和维生素 A 棕榈酸酯、维生素 D_3、维生素 E、维生素 K_3 制品等。对长毛兔而言，容易缺乏的维生素，主要有维生素 A、维生素E、维生素 D 等，当冬、春季青饲料不足或配合全价日粮时，往往需要适当添加。

4. 防病保健方面

球虫病是危害长毛兔生产的重要疾病之一，常给养兔业带来巨大经济损失。由于目前尚未研制出兔用球虫病疫苗，因此多用药物预防。理想的抗球虫药物，应选用广谱高效、毒性低、残留量少、性能稳定、抗药性小，便于使用和贮藏、影响日粮适口性小、价格低廉。目前生产中常用的主要有氯苯胍，饲料中添加量为 0.015%，从仔兔开始采食连续饲喂至断奶后 45 天，效果良好；地克珠利，饲料或饮水中的添加浓度为 1 毫克/千克，对预防肝球虫、肠球虫有较好的效果，对氯苯胍有抗药性的虫株对该药敏感；磺胺氯吡嗪（又名三字球虫粉），不拌料添加饲喂，作为治疗用，效果良好。另外，在实际生产中，用于驱虫比较多的还有伊维菌素，伊维菌素是新型的广谱、高效、低毒抗生素类抗寄生虫药，对体内外寄生虫特别是线虫和节肢动物均有良好驱杀作用。

5. 中草药方面

（1）球虫九味散。白僵蚕 32 克，生大黄 16 克，桃仁泥 16 克，土鳖虫 16 克，生白术 10 克，桂枝 10 克，白茯苓 10 克，泽泻 10 克，猪苓 10 克。混合研末，内服，每日 2 次，每次 3 克，预防球虫病效果显著。

（2）四黄散。黄连 6 克，黄柏 6 克，大黄 5 克，黄芩 15 克，干草 8 克，混合研末，内服，每日 2 次，每次 2 克，连用 5 天，可预防球虫病和巴氏杆菌病。

（3）催情散。党参、黄芪、白术各 30 克，肉苁蓉、阳起石、巴戟天、金毛狗脊各 40 克，当归、淫羊藿、甘草各 20 克，粉末混合，每日每兔内服 4 克，连服 5~7 天，催情效果明显。

（四）预混合饲料加工制作与加工工艺

在长毛兔的日常饲养管理中，使用预混合饲料，便于长毛兔日粮的合理配合，有利于保证饲料日粮质量。

预混合饲料的生产工艺、设备、技术、质量，是长毛兔日粮生产制作的最关键环节之一，将直接影响着长毛兔日粮的质量和安全。为此，笔者展开讲一下添加剂预混料的生产工艺技术和关键点的把握。

添加剂预混料是由维生素、微量元素、氨基酸、药物添加剂、酶制剂以及其他添加剂等多种添加剂和载体或稀释剂组成，有的还含有钙、磷、食盐等动物所需的所有矿物质，只需配以相应的能量和蛋白质等基础饲料，使用方便，符合我国养殖业的实际，适合饲料厂，特别是中小型饲料厂和中小规模养兔场的需要。选择先进的生产工艺，加大工艺设备投资，提高自动化控制程度，才能全面提升预混合饲料生产工艺技术水平，以保证预混料产品质量安全。

1. 配料工艺选择

配料是预混料生产中最为重要的工序和关键，配料工艺的选择是预混料厂加工工艺设计的基础，不同的配料工艺其所配置的配料仓数量不同，原料的上料方式也有差别。配料的准确性直接影响到预混料的质量、成本和安全性。

对于生产能力在每小时 10 吨以下的中小型预混合饲料厂，建议采用多仓两秤配料工艺，配料秤一大一小，大秤的最大称量值一般与混合机的每批混合量相等或略小 10%~20%，小秤的最大称量值根据配比在 20%以下的组分总重量确定，一般为混合机每批混合量的 20%~30%。配比在 20%以上的原料如载体和常量成分等用大秤配料，配比在 2%~20%的组分物料用小秤配料，配比小于 2%的微量组分由人工直接添加到混合机中。

2. 原料上料方式选择

预混合饲料厂所需的原料如维生素、抗生素、微量元素、载体等都应该是由专业从事原料加工的企业提供，故不需要配备原料预处理工序，如粉碎、干燥等，只需对原料进行接收与清理。由于预混料产品是由少则 10 余种，多则几十种不同品种、不同比重、不同细度的粉状原料配合、混合而成，所需原料品种多，用量差异大，性质各异，需根据生产规模的大小、自动化程度的高低、配料工艺的类型和原料的特性采用不同的上料方式，值得注意的是，要防止残留和原料间的交叉污染。

目前国内中小型预混料加工生产线采用较多的是“斗式提升机+电动葫芦”的上料工艺，一般采用低残留斗式提升机提升载体及常量成分，其它原料采用电动葫芦上料。该上料工艺配套设施简单，运行成本费用低，设备投资成本较少，但由于提升机底部残留较多，不能满足单位价值较高的原料上料（损耗成本大），不能解决吸湿性较强的原料上料（吸湿结块），被输送的前后物料会发生较严重的交叉污染，需要经常清理；由于预混料原料粒度小，提升机提升过程中产生的气流易造成粉尘外溢，带来物料交叉污染和环境污染；提升机提升的物料品种多，需经旋转分配器进入不同的配料仓，窜仓、错仓现象时有发生，需在生产过程中加以注意。

3. 混合打包工艺选择

混合是预混合饲料厂最重要的工序之一，也是保证预混料质量的关键所在，要求混合周期短、混合均匀度高、出料快、残留率低、密封性好以及无外溢粉尘等。我国中小型预混合饲料厂多采用混合后不经输送直接打包的工艺流程（有的小型预混合饲料厂由于厂房高度有限，在工艺设计上，需将混合好的预混合饲料用搅龙输送出一段距离后才能分装打包），以免预混合饲料出现分级现象。

混合后不经输送直接打包工艺简洁明了，不存在输送设备的积料现象，大大减少变换品种时的交叉污染，同时将混合好的预混料出现再分级的可能性降到最低。但该工艺一般只能配备 1~2 台打包机，生产能力受打包机的打包速度影响较大，变换品种时必须将料斗中的料包装完毕，需要一定的等待时间，同时打包工作必须在车间内进行，对现场空气环境有一定影响。

混合后的预混料分级是预混料加工的大忌，由于预混合饲料组成成分多，粒度粗细不一，质量大小各异，在输送过程中会造成层层分级，而且加药预混料除了对分级有要求之外，对不被污染的要求更为严格，因此，成品预混料应避免输送，以防再分级和交叉污染，特别是对于高浓度的微量成分或有药物的预混合饲料应坚决采用混合后直接打包的工艺。若浓度不高或不含药物的预混合饲料，在条件有限的情况下，也可以根据原料情况、设备性能、生产品种、操作控制水平等考虑采用输送后再打包的生产工艺，但输送设备必须满足特定要求，尽最大限度防止预混合饲料分级。

4. 通风除尘

粉尘问题是预混合饲料厂安全生产、防止交叉污染及周边环境保护的重点。由于原料性质，预混料加工在生产的很多环节如输送、配料、混合、筛分、包装等都会产生大量粉尘，必须对除尘系统进行合理的设计布置，配置完善的通风除尘设备，有效控制粉尘。目前常用的通风除尘工艺包括单点除尘、集中除尘和两者相结合的除尘工艺。

单点除尘即分别对诸如包装点、投料点、上料点、配料点、每个料仓顶部等产尘点进行单独除尘，与集中除尘相比，不仅除尘效果更好，粉尘污染可以降至最低，而且收集的粉尘不掺杂其它物料，可以循环使用，减少物料损耗。预混料加工应尽可能采用单点除尘工艺，提高除尘效果和回收粉尘的利用效率。对于易造成交叉污染的回收粉尘，特别是小料投料口的回收粉尘，要经特殊处理后再利用。

5. 工艺设计具体注意事项

预混料厂工艺设计，除了做好上述各工序的工艺选择外，还有许多具体事项需要引起足够重视，以达到配料准、混合匀、残留低、污染少、环境好。

(1) 注意原料清理。为了保证预混料的产品质量，必须清除原料中的大而长的块状物质和磁性杂质，因此在大料投料口处应安装栅筛，配料仓之前安装粉料清理筛和永磁筒，对于采用电动葫芦提升的小配比物料，也应在每个配料仓投料口或混合机小料投料口安装栅筛或简易振动筛。

(2) 注意配料仓数量和结构形式。在预混料生产中，为了整齐、美观以及建设和施工中的方便，要求配料仓的规格尺寸尽量一致，但有些原料在预混料中的用量太少，因此需要将配料仓设计为大、小仓两种类型或大、中、小仓三种类型。载体仓为大型仓，宜采用方形结构，偏心出料口，碳钢材质；中小型配料仓为了减少原料在仓壁的粘附，适应不同性质的原料，宜采用圆形仓结构，不锈钢材质，所有配料仓应开检修清理孔，配压缩空气管路，易于人工实施料仓清理，同时应配置回气和排气除尘装置，以保证环境卫生。

为了消除料仓底部物料结拱现象，配料仓应设计成二次扩大料斗，并采取各种破拱措施，如有的在仓壁上安装仓壁振动器，有的采用气力破拱装置，还有的在料斗下安装振动漏斗或机械松料器等。采取这些措施可以很好地解决结拱问题，同时确保料仓中所存原料能够先进先用，没有死角。

(3) 注意防冲秤工艺设计。冲秤现象是指在料仓配料时，一些原料如石粉，由于流散性极佳，往往在称量结束时继续流入配料秤中，少则几千克，多则几十千克，导致配料错误和生产质量事故。为了避免发生冲秤现象，应采取防冲秤工艺设计，包括：喂料器倾斜安装，使出口微微仰起，使其具有 3°~5°的仰角；喂料器特殊制造，出口螺旋特殊处理，如采用双螺旋叶片增加叶片的约束面和约束力，或让螺旋叶片离出料口保住一定距离，保证出料口的物料有一个斜面，不易崩塌；喂料器出料口安装闸门或蝶阀，在下料时打开，不下料时关闭，阻断配料秤卸料负压对喂料器内物料的吸附作用，避免物料直接滑入秤斗，但闸门易漏料，最好用蝶阀；配料秤与混合机之间配置合理的回风装置，避免配料秤在放料过程中产生负压，把流动性好的原料吸附下来。

（4）注意配料秤配料精度。预混合饲料的原料品种多，配比量差异大，称量精度要求达到：微量成分 0.01%~0.02%，中量成分 0.03%~0.05%，常量成分 0.1%，载体 0.25%。提高自动配料秤配料精度的具体措施包括：①选用高精度传感器，选择输入阻抗一致的传感器一起配合使用，提高配料秤的静态精度。电子秤分度值应合理，达到 1/5000 ~ 1/10000。②所有配料搅龙变频控制，喂料速度由快到慢连续变化。③配料秤与混合机之间安装闸门，阻断混合机卸料气流对配料秤的影响，保证配料精度。混合机的上方亦可安装回风管来平衡混合机与秤斗间风压，以减少放料时气流对秤斗的冲击。④合理配置喂料器出口位置和喂料顺序，避免配料秤内物料形成偏心，使各传感器受力不均而引起“偏心误差”；在秤斗中安装锥形散料器，既使物料均匀分布在秤斗中，也可降低落料冲击力，减少“冲击误差”。

（5）注意混合机小料投料口工艺设计。不论采用何种配料工艺，为了保证配料精度，降低交叉污染，总有一些添加量很少的微量组分和一些稳定性、流动性较差的原料，无法参加自动配料，需要由人工直接添加到混合机中。为了实现微量组分的准确添加，同时将添加量纳入企业管理信息系统，需要在小料投料口安装称量值合适的电子秤，中控室配料电脑控制系统完整。为了减少积料造成交叉污染，电子秤出料口宜采用蝶阀，尽量不用电动或气动闸门，同时应配置三通和废料仓，一旦电子秤称量值超出允许误差范围，将自动进入废料仓，留待查找原因。

在小料投料口处还应采用先进的条形码识别跟踪监控系统，将不同的原料品种编制相应的条形码，对所投原料进行条码扫描，通过中央控制系统进行识别核对，确认无误后生产线同意接受，并将扫描过程形成记录。应用该技术，会减少人为操作失误，避免投料过程发生差误，使产品品质得到保证。

（6）注意混合均匀度工艺。预混料生产混合机的选择配置是保证混合均匀度的关键，需优先考虑混合均匀度、混合死角与残留三大因素，其次考虑混合时间、价格、安装条件等。目前使用较广泛的混合机类型是双轴桨叶混合机和单轴桨叶混合机，具有混合均匀度高（变异系数小于5%，最好能达3%）、混合时间短（40~60秒/批）等特点，同时桨叶与机壳间隙可调，有效的喷吹装置和大开门设计，有效降低物料残留和配料批次间的交叉污染，促进预混料品质的提高。

（7）注意预混料包装秤选择。预混料包装秤应具有精度高、速度快、准确可靠、性能稳定、机内残留低且易被清除，密闭性能好、防止物料结拱、防静电等特点。选择包装秤除了考虑速度、精度及稳定性外，其喂料和称重机构应有清理孔，以便清理机内残留，避免交叉污染。

综合上述，我们应该看到，预混合饲料的生产，绝不是简单的配合混合，其工艺技术、规范管理上有着丰富的内涵。

所以，广大长毛兔养殖者，如果是自行加工饲料，就要有一整套既容易控制产品质量，又结合本场实际需要，科学合理的生产工艺设备和管理制度，如果选择向厂家购买，要多听多看多交流，选用大型兔场使用率较高，市场口碑好，质量稳定的品牌饲料。如浙江省宁波巨高兔业、延龄兔业、绿兴兔业、新昌福祥兔业等知名度较高养殖规模较大的长毛兔生产企业，多年来一直在使用新昌县金瑞生物科技有限公司生产的兔用预混料，其质量稳定，反映良好。该企业位于“中国有影响力的长毛兔之乡”——浙江省新昌县，其主要管理技术人员均出自国内最早从事商业化兔用饲料生产的原新昌县饲料公司，专注于兔营养研究已达二十余年，产品在国内养兔界具有较高的市场占有率和知名度。

（五）颗粒饲料加工制作与加工工艺

在长毛兔的日常管理中，为了减少饲料浪费，提高饲料利用率，更科学合理地为长毛兔提供日粮，将饲料进行配合加工成颗粒，是目前最好的选择。颗粒饲料加工是饲料工业中比较先进的加工技术。实践表明，长毛兔对颗粒饲料具有特别的嗜好，并能明显提高生产效益和经济效益。

长毛兔颗粒饲料加工工艺流程包括原料的接收与清理、粉碎、配料计量、混合、调质与制粒、冷却与分级、打包。

1. 原料的接收与清理

原料清理不单是为了控制成品的含杂量，也是为了保证加工设备的安全生产，减少设备损耗以及改善加工时的环境卫生。饲料加工厂常用的清理方法有筛选和磁选两种。

2. 粉碎

粉碎是用机械的方法克服固体物料内聚力而使之破碎的一种操作过程。饲料原料的粉碎是饲料加工过程中重要的工序之一。它是影响饲料质量、产量、电耗和加工成本的重要元素。

饲料粉碎会明显影响长毛兔对饲料的可消化性，从而影响长毛兔的生产性能，对饲料的加工过程与产品质量也有重要影响。适宜的粉碎粒度不但能显著提高饲料的转化率，而且有利于饲料的混合、调质、制粒等。

（1）粉碎的目的。一方面增加饲料的表面积，有利于长毛兔的消化和吸收。动物营养学试验证明，减小颗粒尺寸，能改善干物质、蛋白质和能量的消化和吸收，从而提高饲料的利用率。另一方面，改善和提高物料的加工性能。通过粉碎可使物料的粒度基本一致，减少混合均匀后的物料分级。对于微量元素及一些小组分物料，只有粉碎到一定的程度，保证其有足够的粒子数，才能满足混合均匀度要求；对于制粒加工工艺而言，必须考虑物料粉碎粒度与颗粒间的相互作用，粉碎的粒度会影响颗粒的耐久性和稳定性。

（2）粉碎粒度要求。对于不同的饲养对象、不同的饲养阶段，有不同的粒度要求。在饲料加工过程中，首先要满足动物对粒度的基本要求，此外再考虑其他指标。兔饲料生产用粉碎筛片孔径以2.0毫米为宜。

（3）粉碎设备。按粉碎机械的结构特征可将粉碎设备分为锤片式粉碎机、盘式粉碎机、压碎粉碎机、辊式粉碎机、碎饼机五类，其中以锤片式粉碎机最为常用。

3. 饲料的配料计量

饲料的配料计量是按照预设的饲料配方要求，采用特定的配料计量系统，对不同品种的饲用原料进行称量及投料的工艺过程。经配制的物料送至混合设备进行搅拌混合，生产出营养成分和混合均匀度都符合产品标准的配合饲料。饲料配料计量系统以配料秤为中心，包括配料仓、给料器、卸料机构等。

4. 混合

每只长毛兔一餐的采食量只是工厂生产的某一批饲料中极少的一部分。为保证长毛兔每餐都能采食到包含有各种营养成分的饲粮。就必须保证各组分物料在整批饲料中均匀分布，尤其是一些添加量极少而对长毛兔生长又影响很大的“活性成分”，如维生素、微量元素等，更要求分布均匀。

所谓混合，就是各种饲料原料经计量配料后，在外力作用下各种物料组分互相掺合，使其均匀分布的一种操作过程。在兔饲料生产中，主混合机的工作状况不仅决定着产品的质量，而且对生产线的生产能力也起着决定性的作用。

（1）混合机分类。混合机按主轴的布置形式可分为卧式混合机和立式混合机。卧式混合机有混合周期短，混合均匀度高以及残留量少等优点。立式混合机结构简单，动力小，但混合周期长、残留量相对较多。

（2）混合机的技术要求。

第一，混合均匀度要好。生产配合饲料的混合均匀度变异系数≤7%，生产预混合饲料的混合均匀度变异系数≤5%。

第二，混合时间要短。混合时间的长短直接影响到饲料生产线的生产效率。

第三，机内残留率要低。为避免交叉污染，保证每批次的产品质量，配合饲料混合机内残留率 ≤1%，预混合饲料混合机 ≤0.8%。目前先进的机型可达到 0.01%以下。

第四，结构要合理、简单、不漏料，并要求便于检修、取样和清理。

5. 调质与制粒

在调质器中物料经过蒸汽熟化、调质，进入制粒机制粒。通过机械作用将单一原料或配合混合料压实并挤压出模孔形成颗粒状饲料的过程称为制粒。制粒的目的，一是为了便于形成营养全面的长毛兔日粮；二是改善日粮适口性，减少饲料浪费；三是便于饲料的装运和保存。

与粉状饲料相比，颗粒饲料具有以下优点：

(1) 饲料报酬高。在制粒过程中，水分、温度、压力三者综合作用使营养成分利用率得以提高，还可以破坏饲料中的一些有毒有害因子，改善饲料的卫生状况。

(2) 可避免长毛兔挑食。用颗粒饲料喂养长毛兔，长毛兔对各种饲料成分不能挑食，采食一粒颗粒饲料就包含各种营养成分，保证长毛兔日粮的全价性。

(3) 减少长毛兔采食活动过程中的营养消耗。长毛兔对粒料的采食速度往往高于粉料，其采食时间仅为粉料的三分之一。

(4) 饲喂方便，节省劳动力，可减少长毛兔采食过程中的饲料浪费达 8%~10%。

(5) 贮存运输更为经济。颗粒饲料体积小，一般颗粒饲料比相同重量的粉料体积减少 1/2~2/3，便于贮藏、包装和运输。同时可节省料仓容量，不会产生自动分级，特别是对于保持饲料中微量成分的均匀性具有重要作用。不易受潮，利于机械化饲喂投料。

(6) 颗粒饲料不易飞散，除可减少自然损耗，还可改善环境卫生。

关于兔饲料调质与制粒工序的相关工艺参数，可参考如下：蒸汽压力 6~8 千克，减压后为 3 千克；调质温度 80~100 度；环模孔径3.5 毫米，环模压缩比 1:10；我国南方的颗粒饲料水分应≤12.5%，贮藏时间长的应更低，北方地区可≤13.5%。

关于制粒机械分类。兔饲料生产中常用的制粒机械有环模制粒机和平模制粒机二类。

环模制粒机主要部件是环模和压辊，通过环模和压辊对物料的强烈挤压使粉料成形。它又可分为齿轮传动和皮带传动型两种，是目前国内外使用最多的机型，其具有产量高、粉化率低，含水量稳定不易发霉变质等优点，缺点就是投资大、对操作人员的要求高。适合于大型长毛兔养殖场和商品兔饲料生产企业选用。

平模制粒机主要工作部件是平模和压辊，以电动机或柴油机为动力，带动皮带轮传递到主轴及平模，擦动压轮使压轮与平模之间有大于 80℃的摩擦温度，粉料通过高温糊化凝结，在压轮的挤压下，从平模孔中挤出，经过切刀分段，最后从下料口中滚出，经自然冷却后包装使用。这种制粒方式具有价格低廉、结构简单、操作简便的特点，但由于加工过程中未经过蒸汽调质和冷却过筛，所以含水量变化大、粉化率高、不耐久贮，宜现制现用。适合小型长毛兔养殖场选用。

6. 冷却、分级工序

物料经过制粒成形后形成高温颗粒（温度80~100℃），进入冷却器进行冷却（冷却后温度不得高于室温 5℃）。冷却后的物料经分级筛分级后进入成品仓。

7. 打包

颗粒饲料打包分为人工打包、半自动打包、自动打包。散装饲料不需打包，直接用散装饲料运输车运往兔场饲喂。

8. 注意事项

一是加工后的颗粒饲料，不要放在阳光下暴晒；二是颗粒饲料感官指标应色泽一致，无发霉、变质、结块及异味；三是贮存颗粒饲料的环境应通风、干燥，包装袋应干净、无毒、完好无破损，应采用双层塑料袋包装，外层用编织袋，内层用塑料薄膜袋，贮存的饲料，不能直接放置在地面，应放置在防潮木板垫或塑料架垫上，使饲料与地面保持一定距离，以防饲料回潮霉变。

由此可见，饲料日粮的合理生产加工，主要取决于生产设备和加工技术。

小型长毛兔养殖场（户），可以选用小型平模式颗粒饲料机，进行自行加工。平模式颗粒饲料机国内很多厂家都有生产，浙江省新昌县陈氏机械厂是其中的佼佼者，新昌县陈氏机械厂建厂已有20多年历史，随着市场的需求而发展壮大，其产品国内销售市场遍布除西藏外的所有省、市、自治区，台北大学也在使用该企业的产品，而具有一定规模的长毛兔养殖场，其长毛兔的饲料日粮，应选用专业化生产厂家生产的长毛兔饲料产品，国内生产长毛兔饲料的厂家也不少，浙江省的嵊州市金农牧业发展有限公司就是较为突出的专业生产厂家之一，该公司建于2002年5月，技术力量较强，设施设备先进，产品质量稳定，浙江、江苏、福建等地都有较大的市场份额。

（六）有毒有害物质预防

在长毛兔的日常管理中，有毒有害物质的预防，也是一项值得引起重视的工作，长毛兔如果误食了有毒野草、被农药污染的青料或饲料中的某些毒素，就很可能引起中毒，甚至死亡。

1. 常见有毒植物

主要有毛茛、乌头、苍耳、狼毒、蓖麻、菖蒲、毒芹、夹竹桃、龙葵、曼陀罗、天南星、白头翁、番泻叶、牛舌草、狗舌草等。长毛兔虽有识别有毒植物的能力，但在饥饿状态下很容易误食混在草料中的这些有毒植物，引起中毒、死亡等现象。因此，在采集青粗饲料时必须剔除这些有毒植物，避免长毛兔因误食毒草而造成不必要的损失。值得一提的是，上述所说的各种植物，其毒性有强弱大小，有的毒性很强，是绝对不能喂兔的，有的毒性较小，少量饲喂不会有大问题，反过来讲，白头翁、牛舌草、狗舌草等植物本身就有药用价值，用得适当还有治疗作用。

2. 常用饲料的毒性

主要有胰蛋白酶抑制因子（豆科子实中含量较高）、外源凝集素（菜豆中的毒性最强，大豆、豌豆次之，蚕豆中的毒性较小）、芥子苷（菜籽饼中的含量较高）、皂角苷（豆科牧草及菜籽饼中含量较高）、棉酚（棉籽饼中含量较高）、草酸盐（苋菜、菠菜、甜菜等青绿饲料中含量较高）等。这类毒素可明显降低长毛兔对蛋白质的消化吸收功能，甚至引起长毛兔食欲减退、腹泻、生产性能下降等。所以，豆科子实饲料必须经蒸煮或焙炒后才能喂兔，日粮中菜籽饼、棉籽饼的用量必须严格控制用量。

3. 其他饲料毒素

主要有霉菌毒素、亚硝酸盐、氢氰酸、龙葵素和甘薯黑斑病毒素等。长毛兔对霉菌毒素非常敏感，特别是黄曲霉和灰曲霉等毒素，进入兔体后即可导致中枢神经系统和血液循环系统损伤，甚至引起死亡。

所以，饲料原料的选用非常重要，这是确保饲料质量的关键。目前，饲料防霉的有效措施是添加防霉剂，目前市场上防霉剂产品较多，如麦特酶胶素，每吨饲料添加1000克效果较好。青绿饲料堆贮过久或调制不当，可能会产生亚硝酸盐、氢氰酸等有毒物质，这些有毒物质在极小剂量情况下就会使长毛兔中毒死亡。预防的有效方法是饲喂长毛兔的青绿饲料应避免长期堆放，严禁饲喂腐烂变质的青草、青菜等青绿饲料。马铃薯富含淀粉，产量高，种植广，是很好的能量饲料，但是马铃薯的芽、茎、叶和变绿的薯块均含有龙葵毒素，尤其是叶、花、果、芽中的龙葵毒素含量更高，这种毒素对胃肠道有强烈的刺激作用，可引起出血性肠炎，中毒后表现为消化系统和神经系统功能紊乱，甚至死亡。预防方法是严禁使用马铃薯的茎、叶、芽饲喂长毛兔，变绿的薯块要煮熟后才能饲喂。甘薯富含淀粉，在我国种植地域广阔，产量又高，甘薯盛产区常作能量饲料饲喂长毛兔。但表面有裂口的甘薯或保存不当（甘薯的保存有两个要点：一是温度要相对恒定，二是保存温度以6~16℃为宜）易受甘薯黑斑病菌侵害，产生有毒性的甘薯酮、甘薯醇等呋喃萜烯类物质，带苦味，耐高温，长毛兔采食后主要侵害肺组织及呼吸中枢，最后导致长毛兔呼吸极度困难而窒息死亡。预防方法是饲喂前仔细检查薯块，严禁使用带有黑斑病的薯块饲喂长毛兔，并将感染黑斑病的甘薯及时妥善处理。

四、日粮配合技术

日粮配合与加工技术，是长毛兔养殖场日常管理中最重要的关键点之一，日粮配合是否科学合理，加工技术和方法是否适当，将直接关系到长毛兔养殖场的经济效益。日粮是指每只长毛兔一昼夜内所采食的饲料总量。日粮配合就是根据长毛兔各生长阶段的营养需要，饲料的营养成分和特性，选取适当饲料原料，确定适宜的比例和数量，为长毛兔提供营养平衡、价格相对低廉的配合饲料，以充分发挥长毛兔的生产性能，提高饲养长毛兔的经济效益。

（一）配合原则

1. 注重日粮的适口性

用于配合日粮的饲料原料，必须适合长毛兔的适口性。饲料适口性的好坏直接影响到长毛兔的采食量，饲料适口性好，能提高长毛兔的饲养效果；如果适口性不好，即使饲料营养价值很高，也难以收到好的饲养效果。

2. 符合消化生理特点

长毛兔是单胃草食动物，长毛兔的日粮配合，应以青粗料为主，精料为辅，要符合消化生理特点；要充分考虑长毛兔的采食量及日粮营养浓度，日粮中粗纤维含量过高，营养浓度会相对降低，会引起肠道蠕动过速，饲料通过消化道速度加快，饲料在消化道通过的时间过短，也会使部分营养浪费，导致营养不良，生产性能也会下降；但如果给长毛兔饲喂高能量、高蛋白质日粮，不但不能加快生长，提高生产性能，反而会导致消化道疾病的发生，由于粗纤维供给量过少，致使肠道蠕动减慢，饲料通过消化道时间延长，造成结肠内压升高，从而引起消化紊乱，出现腹泻，甚至死亡。

3. 饲料原料多样化

不同的饲料种类其营养成分也有差异，单一饲料很难保证日粮中的营养平衡，采用多种饲料原料搭配，有利于营养物质的互补作用，从而满足长毛兔的营养需要。笔者认为，长毛兔日粮的配合，应选用6种以上的不同饲料原料来配合而成。

4. 充分利用当地饲料资源

日粮配合选用的饲料应根据条件，充分利用当地经济实惠、营养丰富、价格低廉的饲料资源，以降低饲养成本。

5. 要保证饲料质量

用于长毛兔日粮的饲料原料，应保持质量稳定，一个长毛兔养殖场，在常年的日常管理中，如果出现一次饲料质量事故，其损失有可能无法估量，如果饲料质量事故发生在繁殖季节，可能会造成怀孕母兔普遍流产，这样，很有可能错失一个繁殖季节。这里所说的长毛兔日粮质量，是有两方面，一是指饲料原料的应有营养含量，如果所选用的饲料原料的营养含量不足，就会对日粮配合产生不良影响，所产的日粮营养往往达不到配方设计的要求；二是指饲料原料是否存在霉变现象，长毛兔对霉菌毒素极为敏感，配合饲料应严禁选用各种发霉变质的饲料，以免引起中毒。另外，长毛兔的配合日粮，应保持相对稳定，不宜变化太大、太快，如必须更换，亦需逐步进行，要给兔群有足够的适应时间，让兔群有一个适应过程，以免带来不良影响。

应该强调的是，一个日粮配方在广泛使用前，应该先进行小范围的饲养试验。如果所配日粮具有适口性好、兔群生产性能普遍较好、饲料转化率高、且成本较低，即可全场使用。

另外，日粮配制还应把握以下三句话，亦即三个关键环节：一是科学的配方设计是基础；二是优质的原料采购是重点；三是合理的生产加工是保障。

（二）饲养标准

我国的长毛兔饲养科研工作者，经过长期的试验研究，制定了长毛兔的饲养标准，具体见表8–4。

虽然有这个饲养标准，但是，由于我国地域辽阔，气候特点各异，一年四季的气候条件更是大相径庭，为此，广大长毛兔饲养者，要结合当实际，季节的变化，灵活掌握应用。

当前，我国对长毛兔的研究，相比猪、鸡等其他家畜家禽，还有大量工作要做，有待科研工作者进一步试验研究。

表 8-4　我国长毛兔饲养标准（营养需要建议量）

项　目	生长兔		妊娠母兔	哺乳母兔	产毛兔	种公兔
	断奶至3月龄	4~6月龄				
消化能（兆焦/千克）	10.5	10.3~10.5	10.3~10.5	11.0	10.0~11.3	10.0
粗蛋白（%）	16~17	15~16	16	18	15~16	17
可消化粗蛋白（%）	12~13	10~11	11.5	13.5	11	13
粗纤维（%）	14	16	14~15	12~13	14~16	16~17
粗脂肪（%）	3	5	3	3	3	3
蛋白质能量比（克/兆焦）	11.95	10.76	11.47	12.43	10.99	12.91
蛋氨酸+胱氨酸（%）	0.7	0.7	0.8	0.8	0.7	0.7
赖氨酸（%）	0.8	0.8	0.8	0.9	0.7	0.8
精氨酸（%）	0.8	0.8	0.8	0.9	0.7	0.9
钙（%）	1.0	1.0	1.0	1.2	0.7	1.0
磷（%）	0.5	0.5	0.5	0.8	0.5	0.5
食盐（%）	0.3	0.3	0.3	0.3	0.3	0.2
铜（毫克/千克）	20~200	10	10	10	20	10
锌（毫克/千克）	50	50	70	70	70	70
锰（毫克/千克）	30	30	50	50	30	50
钴（毫克/千克）	0.1	0.1	0.1	0.1	0.1	0.1
维生素 A（单位）	8000	8000	8000	10000	6000	12000
胡萝卜素（毫克/千克）	0.83	0.83	0.83	1.0	0.62	1.2
维生素 D（单位）	900	900	900	1000	900	1000
维生素 E（毫克/千克）	50	50	60	60	50	60

（三）配方设计

前面已经讲了各种饲料原料的营养特点和功能，也阐述了各种用途长毛兔的营养需要，长毛兔的配方设计，要以此为依据，正确把握基本原则和总体要求。配方设计是一项系统性工作，当前，在计算机广泛应用的时代，兔群营养需要的数量计算并不难，在设计长毛兔日粮配方时，还应考虑把握以下几个关键点。

1. 要考虑季节性

同一用途的长毛兔，随着季节的变换，其营养消耗也不同，营养需要也随之改变，气候适宜时，长毛兔饲料利用率高，炎热的夏季与寒冷的隆冬时节，长毛兔需要应对高温和寒冷，其营养消耗相对较大，饲料利用率也会下降。为此，在设计日粮配方时应予以充分考虑。

2. 要考虑兔群用途

种用兔、繁殖兔、产毛兔和生长兔群，各种兔群的用途不同，其营养需要也不同，为此，在设计日粮配方时，要有针对性，以提高饲料报酬，发挥各种兔群的生产性能。

3. 要考虑当地饲料原料优势

配方设计，要贴切实际，充分考虑饲料原料优势，便于采购、运输和贮存，如果设计的日粮配方，其中有个别原料难以采购，或运输贮存不便，就会影响正常生产和运行。另外，要注意饲料原料的产地，如果产地常年降水量高，就要特别注意饲料原料质量。

4. 要考虑当地气候特点

当地气候特点关系到饲料原料和成品饲料的保存时间，如果当地气候干燥，就利于饲料的保存，如果当地气候潮湿多雨，气温又偏高，就应考虑饲料原料的选用，不用或少用易霉变的饲料原料。在配方设计时应充分体现。

5. 要考虑兔群的营养需要和平衡

各种兔群的用途不同，其营养需要也不同，设计长毛兔饲料配方，应该充分考虑其营养需要的相对平衡性，以利于各种兔群性能的发挥和日粮利用率的提高。

6. 要考虑饲料的适口性

保证日粮良好的适口性，是日粮配方设计的基本要求，我们要充分考虑长毛兔的采食习性，日粮的适口性直接关系到饲料的浪费多少和兔群的采食量，是配方设计的重要元素。

7. 要考虑饲料原料的实际营养含量

饲料原料，由于产地、收割时机、采收方法不同等因素，同一品种饲料原料的实际营养含量也有差异，在日粮配方设计时要充分考虑这一因素，以保证成品饲料日粮的营养水平。

8. 要考虑日粮成本

饲料日粮，是一个长毛兔养殖场支出最大的运行成本，如何降低日粮成本，是值得重视、研究和把握的一项重要内容，在保证饲料日粮质量的前提下，要充分考虑饲料原料的采购选用成本。

五、日粮配方举例

科学合理的日粮配方，为各阶段的长毛兔提供相应的饲料日粮，是长毛兔养殖的基本要求，特别是具有较大规模的长毛兔养殖场，日粮配方的合理性，是长毛兔生产性能的发挥，提高长毛兔饲养生产水平，确保兔群健康的重要保证。在实际生产中，每个兔场必须根据各种饲料原料的营养特性、饲料资源、环境因素，不同季节，以及长毛兔养殖场的规模、饲养条件、技术水平、经营方向等具体情况，来科学设计饲料日粮配方。笔者根据多年的实践和总结，设计了三个日粮配方，供长毛兔养殖场参考。

表中配方的各种饲料配比单位为%。

仔兔日粮配方见表 8–5 所示。

种兔日粮配方见表 8–6 所示。

产毛兔日粮配方见表 8–7 所示。

（一）仔兔日粮配方

表 8-5　长毛兔仔兔日粮配方

	配比	消化能 kcal/kg	粗蛋白	粗纤维	钙	磷	有机磷	赖氨酸	蛋氨酸+胱氨酸
玉米	14.00	0.4746	1.19	0.28	0.0028	0.0378	0.0168	0.0322	0.042
麸皮	15.00	0.3345	2.325	1.02	0.015	0.1395	0.036	0.0795	0.054
次粉	3.50	0.11235	0.5075	0.098	0.0028	0.0168	0.0049	0.0182	0.01715
玉米胚芽粕	5.00	0.13	0.9	0.325	0.003	0.0615	0.0155	0.0375	0.01245
43 豆粕	14.00	0.4774	6.02	0.728	0.0462	0.07	0.0252	0.3724	0.182
麦芽根	8.00	0.231	2.08	1	0.0176	0.0584	0.036	0.104	0.0504
甜菊叶	4.00	0.25	0.32	1.2	0.0724	0.0288	0.0172	0.02	0.0168
苜蓿草	15.00	0.12	2.1	4.47	0.201	0.0285	0.033	0.09	0.0495
稻糠	6.00	0	0.18	2.28	0.0024	0.006	0.0012	0	0
豆秸秆粉	13.00	0.09	0.65	3.9	0.1599	0.0195	0.013	0.0338	0.0572
植酸酶	0.02	0	0.01	0	0	0	0	0	0
食盐	0.30	0	0	0	0	0	0	0	0
磷酸氢钙	0.60	0	0	0	0.126	0.099	0.099	0	0
石粉	1.00	0	0	0	0.36	0	0	0	0
赖氨酸	0.26	0.01	0.098	0	0	0	0	0.25	0
蛋氨酸	0.10	0.025	0.245	0	0	0	0	0	0.1
兔复合多维素	0.02	0	0	0	0	0	0	0	0
兔用微量元素	0.20	0	0	0	0	0	0	0	0
	100.00	2.39585	16.7255	15.301	1.0091	0.5658	0.2978	1.125	0.59355
		9.78 兆焦/千克							

*1 大卡（kcal）=4.186 千焦（kJ）

（二）种兔日粮配方

表 8–6　长毛兔种兔日粮配方

	配比	消化能 kcal/kg	粗蛋白	粗纤维	钙	磷	有机磷	赖氨酸	蛋氨酸+胱氨酸
玉米	10.00	0.339	0.85	0.2	0.002	0.027	0.012	0.023	0.03
麸皮	18.00	0.4014	2.79	1.224	0.018	0.1674	0.0432	0.0954	0.0648
次粉	3.00	0.0953	0.435	0.084	0.0024	0.0144	0.0042	0.0156	0.0147
43 豆粕	12.00	0.4092	5.16	0.624	0.0396	0.06	0.0216	0.3192	0.156
进口鱼粉	0.70	0.08	0.448	0.0035	0.02772	0.02135	0.02135	0.03584	0.01547
麦芽根	9.00	0.231	2.34	1.125	0.0198	0.0657	0.0405	0.117	0.0567
甜菊叶	6.00	0.25	0.48	1.8	0.1085	0.0432	0.0258	0.03	0.0252
草粉	8.50	0.1275	0.68	2.55	0.05525	0.0867	0.02975	0.0425	0.0408
苜蓿草	10.00	0.12	1.4	2.98	0.134	0.019	0.022	0.06	0.033
米糠	4.00	0.1104	0.56	0.08	0.006	0.0728	0.0084	0.0288	0.024
稻糠	8.00	0	0.24	3.04	0.0032	0.008	0.0016	0	0
豆秸秆粉	8.00	0.09	0.4	2.4	0.0984	0.012	0.008	0.0208	0.0352
植酸酶	0.02	0	0.01	0	0	0	0	0	0
食盐	0.50	0	0	0	0	0	0	0	0
磷酸氢钙	0.60	0	0	0	0.126	0.099	0.099	0	0
石粉	1.06	0	0	0	0.3816	0	0	0	0
赖氨酸	0.30	0.03	0.294	0	0	0	0	0.294	0
蛋氨酸	0.10	0.01	0.098	0	0	0	0	0	0.1
兔复合多维素	0.02	0	0	0	0	0	0	0	0
兔用微量元素	0.20	0	0	0	0	0	0	0	0
	100.00	2.2948	16.185	16.1105	1.02257	0.69655	0.3374	1.08214	0.59587
		9.61 兆焦/千克							

*1 大卡（kcal）=4.186 千焦（kJ）

（三）产毛兔日粮配方

表 8–7　产毛兔日粮配方

	配比	消化能 kcal/kg	粗蛋白	粗纤维	钙	磷	有机磷	赖氨酸	蛋氨酸+胱氨酸
玉米	13.00	0.4407	1.105	0.26	0.0026	0.0351	0.0156	0.0299	0.039
麸皮	16.00	0.3568	2.48	1.088	0.016	0.1488	0.0384	0.0848	0.0576
玉米胚芽粕	6.00	0.156	1.08	0.39	0.0036	0.0738	0.0186	0.045	0.0294
43 豆粕	13.30	0.4535	5.719	0.6916	0.0439	0.0665	0.0239	0.3538	0.1729
进口鱼粉	1.00	0.114	0.64	0.005	0.0396	0.0305	0.0305	0.0512	0.0221
麦芽根	8.00	0.231	2.08	1	0.0176	0.0584	0.036	0.104	0.0504
甜菊叶	4.00	0.25	0.32	1.2	0.0724	0.0288	0.0172	0.02	0.0168
苜蓿草	15.00	0.12	2.1	4.47	0.201	0.0285	0.033	0.09	0.0495
稻糠	6.00	0	0.18	2.28	0.0024	0.006	0.0012	0	0
豆秸秆粉	15.00	0.09	0.75	4.5	0.1845	0.0225	0.015	0.039	0.066
植酸酶	0.02	0	0.01	0	0	0	0	0	0
食盐	0.36	0	0	0	0	0	0	0	0
磷酸氢钙	0.50	0	0	0	0.105	0.0825	0.0825	0	0
石粉	1.10	0	0	0	0.396	0	0	0	0
赖氨酸	0.20	0.02	0.196	0	0	0	0	0.196	0
蛋氨酸	0.30	0.03	0.294	0	0	0	0	0	0.3
兔复合多维素	0.02	0	0	0	0	0	0	0	0
兔用微量元素	0.20	0	0	0	0	0	0	0	0
	100.0	2.262	16.954	15.8846	1.0846	0.5814	0.3119	1.0137	0.8037
		9.46 兆焦/千克							

*1 大卡（kcal）=4.186 千焦（kJ）

第九章　长毛兔饲养与管理

第一节　饲养管理原则

一个长毛兔养殖场，日常管理工作内容很多，饲养管理原则的主要内容，包括为长毛兔提供良好的生活环境、做好消毒防病工作、保证饲料原料质量、科学配制日粮、注重健康观察和规范操作等。

一、控制环境

这里所指的控制环境，是指一个兔场内的温度、湿度、光照、氨气、硫化氢、二氧化碳，以及空气、粉尘、水质、噪声等的环境，通过管理者的合理控制，达到预期目标要求。前面章节中已有详细阐述，这里不再细说，一个兔场内的总体环境要求是保持清新的空气，优良的水质、适宜的温湿度、科学的光照、洁净安静的环境、合理的生存空间以及严防外来生物侵袭。这里要特别强调“三防”工作，即夏季防暑、冬季防寒和雨季防潮：

1. 夏季防暑

长毛兔怕热，当兔舍温度超过25℃时，就会影响食欲和繁殖性能，当兔舍温度超过32℃时，就有可能出现中暑，甚至死亡等情况。笔者认为，从经营成本与管理要求等综合衡量考虑（温度控制要求过高，成本过大，而控制尺度过松，则影响长毛兔生产性能的发挥过大），兔舍温度最好控制在30℃以内。因此，夏季饲养长毛兔的关键是做好防暑降温工作，一般可采取以下措施：打开门窗通风降温，种植攀缘植物或落叶乔木遮阳降温，屋顶或室内洒水降温，提供清凉饮水散热降温，同时养毛期不要过长，要及时剪毛（也可采取局部剪毛的方法，即剪去背部或腹部的兔毛），以利于长毛兔机体散热。

2. 冬季防寒

长毛兔相对比较耐寒，但当兔舍温度低于5℃时，就会影响正常的生产性能发挥（与兔毛长短有关）。特别是贼风侵袭，对长毛兔的健康影响更大。因此，冬季饲养长毛兔必须采取相应的防寒措施，如关闭门窗，防止贼风侵袭，铺厚垫草，挂帘保温等。但在保温的同时，要注重舍内空气的质量，可在中午前后换气。

3. 雨季防潮

雨季梅季湿度大，环境潮湿，通常是一年中长毛兔最易发病和死亡的季节，所以应特别注意防潮工作。兔舍要勤打扫，垫草要勤更换，天气晴朗时打开门窗便于通风，下雨时关闭门窗，减少室外潮气进入舍内。如遇连续阴雨天气，可撒些生石灰或草木灰吸潮，尽量降低舍内湿度。

二、严格防疫

一个长毛兔规模养殖场的疫病防控，除具备前面讲述的必须的硬件设施设备外，还要严格执行各项防疫制度，主要有以下几条：

（1）严格兔场门卫制度。外来人员、外来车辆不得进入饲养区；饲养区内外车辆、用具分开使用。

（2）严格执行卫生消毒制度。饲养区大门口的消毒池，以及兔舍门口设有的消毒槽或消毒垫，消毒液要保持新鲜、有效，进出的人员、车辆须经过消毒池或消毒垫。饲养员以及管理工作人员须更换衣、鞋，并洗手、消毒后方可进入饲养区。饲养区每天清扫，并每周消毒1次。空笼可采用火焰消毒，其他场所可用消毒药喷洒。

（3）严格执行隔离观察制度。从外地引进的兔只，应在隔离饲养区进行健康检查，接种疫苗，并隔离饲养观察一个月，健康的兔只才能进入饲养区。兔场内一旦发现病兔，应及时隔离治疗。

（4）严格执行兔场免疫计划。对兔群按规定免疫程序进行免疫接种。

(5) 严格执行病死兔无害化处理制度。病死兔不得随意抛弃，应及时给予无害化处理。关于病死兔无害化处理的方法和要求，到第十一章再作详细介绍。

三、精心选料

上规模规范管理的长毛兔养殖场，其长毛兔日粮一般都采用颗粒饲料，这样只要按照设计配方要求，把好饲料原料质量关即可，防止过多的杂质和霉变饲料原料进入生产线。

而小型的长毛兔养殖户，往往就地取材，充分利用农作物秸秆、茎叶、块根作为长毛兔的日粮，其饲料日粮来源、品种不稳定，所以需特别注意日粮的选料，要充分掌握长毛兔为食草动物，饲料日粮应以草料为主，精料为辅的原则。据试验，没有草料，光有精料是养不好长毛兔的。一般青粗饲料应占全部日粮的50%~70%。长毛兔采食青粗饲料的数量，大致为本身体重的10%~30%，体重3.5~4千克的成年兔，每天应供给青粗料700~800克，精饲料75~100克。另外，还应注意青粗饲料的质量，防止霉变饲料和泥沙等杂质的混入。

四、合理搭配

长毛兔生长快，繁殖力高，机体代谢旺盛，加之生产兔毛需要各种营养参与代谢过程。所以，饲喂长毛兔的饲料不仅要注意营养物质的数量，还要考虑到质量，特别要满足长毛兔对能量、蛋白质、脂肪、矿物质和各种维生素的需要，要强调饲料的合理搭配，避免用单一饲料饲喂长毛兔。

饲料多样化，有助于提高日粮中蛋白质的含量和利用率，也利于其他各种营养物质的互补，保证长毛兔能够获得全价营养物质。例如，禾本科子实及副产品含赖氨酸、色氨酸较低，豆科子实及副产品则含赖氨酸、色氨酸较高，适当搭配就可明显提高饲料的全价性。俗话说“若要兔子好，饲喂百样草”，就是这个道理。

五、科学调制

长毛兔对饲料的选择要求比较高，合理调制则可明显提高饲料的适口性和消化率。青草和蔬菜类饲料喂前应先剔除有毒植物，如受污染或夹杂泥沙则应清洗晾干后再喂；块根、块茎饲料应经挑选、洗净和切碎后饲喂，最好刨丝后与精料混合饲喂；谷物饲料或饼粕类饲料均需磨碎或压扁，最好与干草粉混合拌湿或制成颗粒饲料饲喂。

生产实践证明，要想养好长毛兔，还必须注意饲草、饲料的品质，做到以下十不喂：一不喂霉烂、变质饲料；二不喂带泥沙、粪污的饲料；三不喂带雨水、露水的青绿饲料；四不喂被农药等有毒有害物质污染的饲料；五不喂冰冻饲料；六不喂发芽马铃薯和带黑斑病的甘薯等饲料；七不喂未经蒸煮或焙烤的豆类饲料；八不喂有毒植物；九不喂大量牛皮菜、菠菜等饲料（因草酸含量较高）；十不喂大量新鲜紫云英等青绿饲料（易腹泻）。

六、看兔投料

长毛兔的投料，需建立饲喂制度，通常可分为自由采食和限量饲喂两种。目前，我国养兔大多采用定时定量–限量饲喂方式，按照不同兔的营养需要和季节特点，定出饲养管理的操作日程，每天的饲喂次数、时间及喂量都要保持相对稳定，不能忽早忽迟，也不能饥饱不均。

在实际生产中，定时定量饲喂，可使兔子养成良好的采食习惯，增进食欲，每天喂料次数以 2~3 次为宜。但在喂饲过程中还必须做到“五看”。

一看兔体型大小投料，不能一样对待。一般体型大的成年兔投料要多些，青年兔、幼兔要适当少些，青饲料应按季节搭配喂用。

二看兔子肥瘦程度投料。较肥的兔子应适当少喂精料，增喂青粗饲料；瘦弱兔子应适当增加精料的喂量，适当补喂一些浸泡、煮熟的黄豆或豆粕豆渣。

三看粪便干湿度投料。如果粪便干结，则要增加青绿饲料喂量，拌料以湿度大些为宜；如果粪便过湿，则要减少青绿饲料喂量，拌料也以较干燥为佳。

四看饥饱情况投料。一般兔子都以喂到七八成饱为宜，喂料过饱容易引起消化不良、肠炎、腹泻等；喂料不足则会影响生长和生产性能的正常发挥。

五看天气冷热情况喂料。当气温超过30℃时，则采用早、晚喂料，同时以饲喂冷、凉饲料或青绿饲料为好；冬季天寒，精料以热水冲拌、捏团饲喂为好。

七、逐步换料

长毛兔的日粮配合组成应相对稳定，不要随意调整饲料成分和配合比率。如果必须变换饲料时，新饲料喂量要逐步增加，新旧饲料更替有个渐进过程，使兔群对新饲料有个适应期。如果饲料突然变换，不仅会引起食欲下降，甚至还会引起消化功能紊乱，导致腹泻等消化道疾病的发生。

一般农户养兔，饲料多随季节而变化，夏、秋季青绿饲料资源充足，冬、春季则以干草和块根、块茎类饲料为主，饲料和饲草的种类和来源经常发生变化。改换饲料时更要注意逐步换料的原则，以防止引起消化道疾病。

八、注重观察

观察和检查兔群是饲养管理人员必须坚持的一项日常工作，也是饲养管理人员责任心的体现。观察内容主要包括健康状况、采食情况和发情表现等情况。

1. 健康观察

饲养员每天早、晚都要观察、检查兔群的精神状态、行为表现、食欲好坏等，必要时可配合进行体温、呼吸等常规检查。同时，还要观察检查兔群的粪尿排泄情况，栏舍中有无软粪、腹泻等情况出现，以及粪便形状是否正常等，以便及时发现问题，及时采取措施。

2. 采食观察

每次喂料时，饲养管理人员要观察兔群的采食情况，了解是否有剩料或喂量不足的情况，作为喂量调整的依据，以免饲料浪费或影响兔群健康。

3. 发情表现

兔场在计划繁殖期间，饲养员要同时检查繁殖母兔的发情情况，以便及时掌握配种时机。

饲养员对兔群的检查观察，可结合早、晚喂料时进行。兔场技术人员应根据需要，定期或不定期进行检查观察。

九、规范操作

一个长毛兔规模养殖场，计划制度和技术是关键，应建立一系列的规章制度和操作规程，并具有一定的操作技术水平。

这里所指的规范操作有两个方面，一是指操作程序，二是指操作技术。一个长毛兔场的操作程序，包括饲养管理规程、动物防疫制度、免疫计划、繁育计划、生产计划、饲养员操作日程等，这些计划制度和规程一旦出台，就一定要层层落实，责任到人，严格执行。操作技术相比操作程序更为具体，如免疫操作技术、人工授精操作技术、给药操作技术、决定一只母兔的配种时机、摸胎技术等，是一种含有专业技术特长、掌握熟练技能的工作，也是计划制度和规程执行过程中的具体操作要求和操作方法，是评估工作质量、工作成效的决定性指标，是制度规程执行成败的关键。由此可见，在长毛兔的日常管理要点中，规范操作也是关键的一项。

第二节　不同群体的饲养管理

长毛兔自出生到成年，要经过仔兔期、幼兔期、青年期和成年期等几个阶段，各个时期因生理特点不同，对外界环境和饲养管理的要求也各有所异。因此，在饲养管理中，除应遵守一般的饲养管理要求外，还应针对各类兔的特点进一步加强饲养管理。

一、仔兔培育要点

从出生到断奶时期的小兔子称为仔兔，按其生理特点又可分为睡眠期（从出生至12日龄）和开眼期（12日龄至断奶），由于仔兔的生理功能尚未发育完全，其适应性差，抗病能力弱，是一生中最难养的时期。据资料介绍，造成仔兔大批死亡的原因，主要是来自饲养管理不当。如兔舍温度低，容易冻死；仔兔患黄尿病等，容易病死；仔兔营养不良，容易饿死；断奶应激，以及外来生物伤害等。所以，仔兔饲养管理的中心任务就是做好防寒保暖、兔舍卫生、喂奶和母兔的饲养管理工作。

1. 冬季防寒，夏季防暑

刚出生的仔兔体表无毛，体温随外界温度的变化而变化，自身的体温调节功能低下，冬季气温偏低，如果管理不当，容易发生冻伤或冻死事故。所以，冬繁兔舍要求温度保持在15~25℃，一般多采用将仔兔移至保温室培育管理，产仔箱底部最好垫一层隔热保温材料，然后衬垫柔软的稻草和兔毛（云丝棉、棉花）。如果发生冻伤事故，可将体表发凉的仔兔立即放到红外线灯下取暖，或将热水袋放入产仔箱底部，铺上垫草和兔毛，再将受冻仔兔放在上面取暖缓解。夏季天气炎热，阴雨潮湿，蚊、蝇较多。所以，在做好防暑降温的同时，要防止蚊蝇叮咬和外来生物的伤害，产仔箱应盖上有缝隙的箱盖。另外，应勤换垫草，防止蒸窝，避免引起皮肤斑疹，甚至溃烂死亡现象的发生。

2. 早吃初乳，防止吊奶

仔兔产下后就有吃奶的习性，早哺乳、吃足奶对仔兔的健康生长关系很大，特别是吃足初乳极为重要。因为初乳中含有丰富的蛋白质和免疫抗体，能增强仔兔的抗病能力，促进胎粪排泄，有利于提高仔兔的成活率。吃足母乳的仔兔腹部圆胀，肤色红润，安睡不动；未吃饱的仔兔则皮肤皱褶，肤色灰暗，在窝内很不安静，手摸时头部上窜，发出“吱、吱”叫声。

母兔哺乳时受到突然惊吓，或因产仔数多母乳不足，突然跳出产仔箱并将仔兔带出巢箱，俗称吊奶。吊出的仔兔如不及时发现并送回巢箱，就容易被踩踏或受冻挨饿，还容易受到外来生物的伤害，管理上应特别注意。

3. 母仔分离，定时哺乳

母仔分养，好处很多：一是便于人工控制温度，做到冬暖夏凉；二是可以防止鼠害兽害；三是能防止母兔无故伤害仔兔；四是可避免仔兔误吃母兔粪便，减少球虫病的感染机会，提高仔兔成活率。

母仔分养的做法，一般可采用出生后就将仔兔和母兔分开饲养，每天定时给仔兔喂奶 1~2 次（喂 1 次时以早晨为好，喂 2 次的可早晚各 1 次）。也可采用初生至 12 日龄，拿仔留母，把仔兔饲养在保温培育室内；12 日龄至断奶，赶母留仔，每天定时将母兔放回仔兔舍内哺乳。据实践观察，母兔自然哺乳时，第一次多在产后 1 小时内完成，大多数母兔 1 天只喂 1 次奶，时间多在清晨；如果 1 天哺乳 2 次，则 1 次在清晨，1 次在傍晚。每次哺乳时间为 5 分钟左右。采用母仔分养时，饲养管理人员也要遵循母兔自然哺乳的规律。

4. 提早补料，适时断奶

仔兔一般 12 日龄开眼。开眼后仔兔生长发育很快，母乳往往不能满足仔兔的食欲，因此要开始采食饲料。据测定，二周龄之内的仔兔 100%的营养靠母乳供给，三周龄时母乳营养占 83%，四周龄时占 55%，五周龄时占 40%，六周龄时仅占 27%。长毛兔一般从 18 日龄左右开始补料，先喂给少量容易消化、营养丰富的饲料，如嫩青草等，仔兔因胃小，消化能力弱，因此应少喂多餐；20 日龄后逐渐补喂少量配合饲料，同时注意及时补给氯苯胍、洋葱、大蒜等消炎杀菌杀虫健胃的药物。

仔兔一般 40~45 日龄断奶。断奶方法，最好采用一次性断奶法，即在同一时间将母仔分开饲养。如果仔兔生长发育不均匀，则可采取分批断奶，生长发育较好的先断奶。

5. 搞好卫生，预防疾病

仔兔生长快，适应性差，抗病力弱，尤其是开食后，粪便增多，所以一定要搞好清洁卫生工作。箱内潮湿污秽，既不利于保温，更不利于仔兔健康，要勤换垫草，保持产仔箱内清洁。笼舍要定期消毒，消毒药物应选用刺激性小、消毒效果好的药物。

仔兔哺乳期间的多发病，主要有大肠杆菌病和黄尿病。大肠杆菌病主要因笼舍和产仔箱卫生不良，母兔乳头沾污致病性大肠杆菌，仔兔哺乳后感染所致。所以，搞好卫生消毒是预防仔兔大肠杆菌病的重要措施之一。仔兔黄尿病主要是由仔兔吮吸患乳房炎的母兔乳汁引起的（主要是感染了葡萄球菌引发的仔兔急性肠炎），死亡率很高，预防该病的主要手段，是做好母兔乳房炎的防治工作。

二、幼兔培育要点

从断奶至三月龄左右的兔子称为幼兔。幼兔的特点是生长很快，但幼兔刚断奶，开始完全独立生活，是一个重要的适应过程，如果饲养管理不当，不仅影响生长发育，降低成活率，而且关系到良种特性的充分发挥和兔群质量的巩固提高。所以，幼兔阶段是长毛兔生长期的关键阶段，必须认真对待和精心管理。

1. 加强营养

断奶幼兔对外界环境的变化极为敏感，抗病力和适应性都较差，尤其是高产的良种长毛兔抗病力更差。幼兔新陈代谢很旺盛，需要营养量大。由于幼兔阶段消化功能还较薄弱，对粗纤维的消化能力较低。因此，饲喂幼兔的饲料，要求营养全面，品种多样，适口性好，容易消化吸收。精料应是以麸皮、豆饼、玉米等为主要成分配合成的高能量、高蛋白质混合料；青饲料应青嫩、新鲜，切忌喂给粗纤维含量较高的粗硬饲料。每天可饲喂 4~5 次，即二青二精，或三青二精，间隔饲喂。

2. 分群笼养

断奶后的幼兔应按大小、强弱实行分笼饲养，一般每笼养兔

3~4 只。分群笼养可使幼兔吃食均匀，生长发育均衡。笼养幼兔过多则因吃食不均而影响生长，引起厮咬争斗。对体弱有病的幼兔要单独饲养，仔细观察，精心管理，以利于弱小幼兔尽快恢复体况。为了解笼养兔的健康和生长情况，必须定期称重。一般可每隔 15 天称重 1 次。如生长一直很好，可选留为后备种兔；如体重增长缓慢，则应单独饲养，加强营养，注意观察。

3. 疫病预防

幼兔阶段由于母源抗体水平已开始下降，所以对疫病的抵抗力较弱，容易受到兔瘟病毒、巴氏杆菌、魏氏梭菌等病原的侵袭而发病，甚至引起死亡。所以，幼兔阶段应按免疫计划认真做好免疫接种工作，特别是兔瘟、巴氏杆菌病和魏氏梭菌病，以增强抗病力，提高成活率。另外，应继续做好日粮中的预防性投药工作，特别是抗球虫药物和收敛、止泻药物，以防球虫病和腹泻症的发生。

4. 鉴定记录

仔兔断奶时应进行第一次鉴定、称重，并编制耳号，做好记录。根据生长发育情况，将部分表现优良的兔只转入种兔群饲养，发育一般的兔只转入生产群饲养。

5. 剪好头刀毛

断奶仔兔一般在二月龄左右就要进行第一次剪毛(俗称“头刀毛”)，即把乳毛全部剪掉。体质健壮的幼兔，剪毛后由于新陈代谢旺盛，采食量增加，生长发育加快；体质瘦弱的幼兔第一次剪毛可适当延后，断奶后立即剪毛往往会带来不良后果，甚至引起死亡。幼兔第一次采毛以剪毛为好，绝不能采用拔毛法采毛，否则不但易损伤皮肤，而且影响成年后的兔毛密度与长度。剪毛后的幼兔要加强护理，精心喂养，冬季和早春剪毛后要注意防寒保暖。

三、青年兔饲养管理

从 3 月龄到初配前的未成年兔称为青年兔，或叫育成兔。青年兔的抗病力已大幅提高，适应性强，死亡率低，是长毛兔一生中最容易饲养的阶段。

1. 科学饲养

青年兔的日粮应以青粗料为主，适当补给精饲料，每天每只可喂给青粗料 500~600 克，混合精料 50~70 克。对五月龄以后准备留作种用的后备兔，应适当控制精料喂量，以防过肥，影响种用质量。由于青年兔是长肌肉、长骨骼的阶段，应特别注意维生素和矿物质饲料的补充。

2. 加强管理

青年兔的管理重点是实行公母兔分开饲养， 做到 1 兔 1 笼。据生产实践，三月龄的公母兔已有配种欲望，但尚未达到体成熟年龄。所以，从三月龄开始，就要将公母兔分笼饲养，以防早配、滥配现象的发生。凡不留作种用的公兔，可及时去势。去势后既便于管理，又可提高产毛量。公兔去势一般可提高产毛量 10%~15%。

3. 选种鉴定

对四月龄以上准备留作种用的公母兔，要进行 1 次综合鉴定。根据体貌特征、生长发育状况、产毛性能进行选择，把生长发育优良、健康无病、符合种用要求的后备兔编入种兔群，次等的编入生产群，劣等的一律淘汰，以不断提高兔群质量。对编入种兔群的后备兔要加强培育，从 6~7 月龄开始，可训练公兔进行配种，一般每周交配 1 次，以增强性欲，提高种用质量。

四、种用母兔饲养管理

种用母兔是兔群的基础，兼负着妊娠、产仔、哺乳和产毛等多种任务，营养消耗很大，特别是妊娠后期和哺乳期，更应加强营养，精心管理。

1. 空怀期饲养管理

空怀期是指仔兔断奶到再次配种妊娠间的一段时期。空怀母兔由于哺乳期消耗了大量营养物质，体质较为瘦弱。为了尽快使母兔恢复体况，保证下次正常配种繁殖，需要提供各种营养物质以尽快复膘，但也要避免母兔过肥，以免影响配种受胎。生产实践证明，饲养空怀母兔营养要全面，在青草丰盛季节，只要供给充足的优质青草和少量精料，即可满足营养需要，以保持七八成膘的肥度较为适当。正常情况下，空怀母兔在配种季节来临前20~30天就应调整日粮配方，并供给青绿饲料。

母兔过肥或过瘦都会影响发情、配种，应及时调整日粮中蛋白质和碳水化合物的比例。对过瘦的母兔应在配种前一个月增加精料喂量，以迅速恢复体膘；对过肥的母兔应减少精料喂量，增加运动，并供给青绿饲料；对长期不发情的母兔，除应改善饲养管理条件外，还可采用人工催情技术，以便及时配种繁殖。

2. 妊娠期饲养管理

母兔在妊娠期间所需的营养物质，除维持本身需要外，还要满足胚胎、乳腺发育和子宫增长的需要，所以需要消耗大量的营养物质。生产实践证明，在妊娠前期（即妊娠后1~18天）营养水平稍高于空怀母兔即可；妊娠后期（即妊娠后19~30天）因胎儿生长速度很快，需要营养物质较多，营养水平应比空怀母兔高1~1.5倍。在自由采食情况下，每天精料喂量应控制在150~180克；在自由采食基础饲料（青、粗料）、补加混合精料的情况下，混合精料的喂量可控制在80~100克。

妊娠母兔的管理工作，主要是做好护理，防止流产。母兔流产的主要原因有机械性、营养性和疾病性因素等。机械性流产多因捕捉、惊吓、不正确的摸胎、挤压等因素引起；营养性流产多因营养不全，投料不足，突然改变饲料，或因饲料霉烂变质、冰冻等因素引起；因病流产多为巴氏杆菌、沙门氏杆菌、密螺旋体等病引起。因此，对妊娠母兔应1兔1笼饲养，防止挤压，不要无故捕捉，摸胎动作要轻巧规范；饲料要清洁新鲜，营养要全面；笼舍要卫生，空气流通清新，环境洁净安静；发现有病母兔应查明原因，及时隔离治疗；临产前3~4天，准备好产仔箱，清洗消毒后铺垫一层晒干松软的稻草，在临产前1~2天放入笼内，供母兔拉毛做窝；产房要有专人负责，冬季室内要防寒保温，夏季要防暑防蚊。

3. 哺乳期饲养管理

母兔分娩后即进入哺乳期，长毛兔的哺乳期一般为40~45天。

母兔哺乳期间是负担最重的时期，饲养管理的好坏对母兔、仔兔的健康和生长都有很大的影响。

（1）加强饲养。哺乳母兔为了维持生命活动和分泌乳汁，每天都要消耗大量的营养物质，所以饲养哺乳母兔必须供给营养丰富和容易消化的日粮，保证供给充足的蛋白质、矿物质和维生素。饲料一定要新鲜、清洁，并要适当补喂精料和矿物质饲料，如豆粕、麸皮、豆粕及食盐、骨粉等。投喂的草料不仅要营养丰富，而且要适口性好，母兔采食量多，泌乳量就高。夏、秋季节，哺乳母兔每天可饲喂青绿饲料 1000~1500 克，混合精料 100~150 克；冬、春季节，每天每兔可饲喂优质干草 150~300 克，青绿多汁饲料 200~ 300 克，混合精料 100~150 克。如果所喂饲料不能满足哺乳母兔的营养需要，就会动用体内贮存的大量营养物质，从而降低母兔体重，影响母兔健康和泌乳量。

（2）精心管理。饲养哺乳母兔最好采用母兔与仔兔分开饲养，即平时将仔兔从母兔笼中取出，安置在保温室，哺乳时将仔兔送回母兔笼内，分娩初期可每天哺乳 2 次，每次 10~15 分钟；12 日龄至断奶，采用赶母留仔，每天定时将母兔放回仔兔舍内哺乳。这种饲养方法的优点是可了解母兔的泌乳情况，避免仔兔吊奶受冻；避免母仔争食，增强母兔体质；减少球虫病感染机会；培养仔兔独立生活能力。哺乳母兔饲养管理的优劣，一般可根据仔兔生长和粪便情况进行辨别。母兔管理良好，泌乳充足，仔兔吃饱后腹部胀圆，肤色红润，产仔箱内清洁干燥，很少有仔兔粪尿；如果管理不善，泌乳不足，则仔兔腹部空瘪，肤色苍白，经常发出“吱、吱”的叫声。

（3）预防乳房炎。引起哺乳母兔乳房炎的原因很多，有的是母兔泌乳过多，仔兔太少，乳汁过剩所致；有的是母兔泌乳不足，仔兔过多，引起争食而咬伤乳头所致；也有母兔乳房受到机械性损伤，伤口感染葡萄球菌等病原菌，致使乳房发生炎症的情况。所以，首先要做到有针对性的防治。对于泌乳过多而产仔少者，可采取寄养法；对于奶水不足的母兔，可加喂煮黄豆、米汤或红糖水，也可喂给“催乳片”。每次喂奶后要及时检查母兔的乳房，看乳汁是否排空。发现乳房有硬块的要立即按摩或热敷，松软硬块；乳头有破裂的需及时涂擦碘酊和内服消炎药。其次，要搞好笼舍的环境卫生，保持清洁干燥，经常检查笼底板及产仔箱的安全状态，以防损伤乳房或乳头而引起乳房炎。

五、种用公兔饲养管理

规模兔场公兔的优劣，将直接影响兔群的质量。在日常管理、种公兔培育及饲养管理中，务必引起高度重视。

1. 非配种期饲养

非配种期是种公兔恢复体况的时机，生理负担轻，故只需保持中等营养水平即可，体况以不肥不瘦为好。公兔过肥或过瘦，均会减弱配种能力，甚至失去种用价值。根据生产实践，非配种期的种公兔只要保证日粮蛋白质水平在 12%~14%，并供给足够的维生素即可，每日每兔供给精饲料 80~100 克，青绿饲料 800~1000 克，冬季由于青绿饲料缺乏，干草营养水平相对较低，应适当加喂精饲料，就可满足其营养需要。

2. 配种期饲养

配种期是种公兔生理负担最重的时期。除了维持自身的营养需要外，还要应对配种，所以应保持必要的营养水平，同时要注意营养的全面性。特别是蛋白质、矿物质、维生素等营养物质，对提高精液的数量和质量有着重要意义，如供应不足会使公兔性欲减退，精液数量和质量明显下降。在实际生产中，一般在配种季节来临前 20~30 天就应调整日粮配方，并供给青绿饲料，配种旺期要适当增加动物蛋白、矿物质和维生素等。

3. 笼舍要求

饲养种公兔的笼舍，要求宽敞、平整、牢固、通风和透光。笼底板的竹条间隔不可过宽，以防配种时腿部损伤；笼底板安装必须平整，不可过分粗糙，以防损伤公兔脚掌。因为患脚皮炎的公兔，往往拒绝配种。剪毛时要注意公兔脚掌部的被毛不宜剪得过短，以防皮肤摩擦受伤引起脚皮炎。

4. 安全度夏

环境温度对公兔精液品质影响很大。据资料显示，当室温超过25℃时，精子的活力就会受到明显影响。当室温高达30℃以上时，就会引起精子数量减少，密度降低，畸形精子数增加等不良状况，严重者会导致中暑。为使种公兔安全度夏，可在7月初（夏季来临前）剪毛1次，以利皮肤散热。炎热的夏季切勿中断供水，有条件的兔场最好采用自动饮水设备供水。夏季的种用公兔，必要时可安排在容易控制温度的半地下室饲养，所谓半地下室，是利用场地的自然坡度而挖掘建造，兔舍的左右墙壁和后墙壁紧贴山体，只留兔舍前方墙壁进出和采光，而半地下室的上面是兔舍。这种建筑物易保持室内温度相对恒定，同时，由于种用公兔数量少，群体小，一般不易引起空气浑浊状况。这种饲养方式利于种用公兔度夏。

5. 配种制度

实践证明，公兔配种负担过重，持续时间较长，可导致性功能衰退，精液品质下降；但配种任务过轻，或长期闲置不配，公兔的性欲得不到满足，也可使性功能降低，影响配种能力。所以，只有合理使用种公兔，才能充分发挥其种用性能。还应强调，换毛期的种公兔不宜进行配种。因为换毛期间营养消耗多，体质较为瘦弱，如果参加配种则会影响公兔的健康和母兔的受胎率。

第三节 四季饲养管理要点

长毛兔的生长发育和生产性能与外界环境条件密切相关，不同的环境条件对长毛兔的影响截然不同。因此，四季养兔就应根据各地的气候特点和四季的气候变化，采取科学的饲养管理。

一、四季气候特点

我国幅员辽阔，地形复杂，各地的气候、环境等都有明显的地区特性和季节特点。了解和掌握这些特性和特点，将有助于长毛兔在不同季节的饲养管理，以提高养兔的经济效益。

1. 气温

我国的气温特点，大致是北方地区冷，南方地区热；冬季气温低，夏季气温高。春季，华东、华南地区多梅雨，季风活动频繁，增温慢；华北、西北地区则空气干燥，升温较快；夏季，全国气温普遍较高，7月南方地区的平均气温可达28℃左右，北方黑龙江大部分地区也可达20℃以上；秋季，南方地区气温普遍高于春温，北方地区则秋温低于春温；冬季，北方地区1月平均气温都在0℃以下，而南方地区则仍在10℃左右，个别地区会出现低于10℃，但其持续时间不长。

2. 降水量

我国东、南、西、北各地区的年均降水量差异很大。东南沿海地区年降水量可达1500~2000毫米，西北内陆大部分地区则在400毫米左右，我国位于欧亚大陆的东部，降水主要受来自海洋的夏季风影响，在夏季风自我国的东南沿海地区向西北内陆地区逐渐推进的过程中，随着距离海洋越来越远，水汽也越来越少，所以，总的降水趋向是由东南沿海向西北内陆逐渐减少。从降雨季节看，一般是夏季多雨（占全年降水量的一半左右），冬季少雨（大部分地区只占全年降水量的5%~10%）。就地区而言，总的是北方雨季短，雨量主要集中在夏季；南方雨季长，雨量分布相对较均匀。

3. 湿度

我国相对湿度的空间分布，大致与降水量相同，由东南向西北逐渐减少。所以，东南地区湿润，西北地区干燥。从相对湿度的变化情况看，华北、东北地区夏季湿度大，春季湿度小；长江流域以南则春季湿度大，秋季湿度小；西北地区则冬季湿度大，夏季湿度小。

二、春季饲养管理要点

我国南方地区春季多阴雨，湿度大，兔病多；北方地区春季多风沙，早晚温差大，是饲养长毛兔的不利季节之一。其饲养管理工作的重点如下。

1. 把好饲料质量关

春季虽然野草已逐渐萌芽生长，但因含水量高，容易霉烂变质。所以，要严把饲料质量关，不喂霉烂变质或夹泥带沙、堆积发热的青饲料。早春饲料青黄不接，为促使母兔发情，提高受胎率，应喂富含维生素的饲料，如谷芽、麦芽、豆芽等，但最理想的，还是种植适宜冬春季节的牧草，如黑麦草、胡萝卜等。在生产实践中，每年春季饲料中毒现象较多，主要是误采误食返青早的有毒野草、受潮发霉的饲料、出芽的马铃薯、患黑斑病的甘薯等所致。因此，要谨防饲料发霉变质，防止误采有毒草料。

2. 把好春繁配种关

冬繁条件不好的兔场，春繁要尽早开始，以保证在春季繁殖两胎。春繁季节，一般宜在 2 月中下旬开始配种，3 月上旬配种结束。由于种公兔已长期不配，所以最初几次精液中精子活力低，死亡、畸形精子多，影响受胎率和产仔数。因此，最好采用复配法，或者在正式配种前给公兔进行采精。

3. 把好春季保暖关

春季气温极不稳定，尤其是 3 月，时有寒风雨雪，造成气温忽高忽低，容易诱发长毛兔的感冒和肺炎。特别是冬繁幼兔刚刚断奶，繁殖兔群抗病力弱，容易发病死亡。务必要精心护理。

4. 把好笼舍卫生关

春季因雨多水，湿度大，病原微生物容易繁殖，是多种传染病的易发季节。所以，一定要做好笼舍的清洁卫生工作，做到勤打扫，勤清理，勤洗刷，勤消毒。

三、夏季饲养管理要点

夏季气温高，湿度大，对长毛兔生长极为不利，是最难饲养的一个季节，故有“寒冬易度，盛夏难养”之说。饲养管理工作的重点是防暑降温。

1. 注重通风降温

夏季兔舍应注重降温通风，不能让太阳光直接照射到兔笼上。笼舍温度超过 30℃时，可采用屋顶喷水方式降温。露天兔场要及早搭好凉棚，种植瓜类、葡萄等攀缘植物；没有屋檐的兔舍，南北向窗户要装帘遮阳；有条件的兔场可安装排风设施，以保持舍内空气流通。

2. 伏前剪毛散热

为使长毛兔安全度夏，入伏前对全场的存栏兔都要剪毛 1 次。养毛期可适当缩短至 6~7 周，种兔的养毛期更应短些，幼兔的头刀毛可适当提前剪，以利兔群散热降温。

3. 调整喂料时间

夏季中午炎热，长毛兔多呈食欲不振。因此，每天喂料一定要做到早餐早喂，晚餐迟喂，中餐多喂青绿饲料。以减少日间的采食和活动量。

4. 供给充足饮水

炎热季节要保证供给充足、清洁的饮水，有条件的兔场应安装自动饮水器，保证 24 小时供水。为预防消化道疾病，可适当饮用 0.01%高锰酸钾水。

5. 搞好清洁卫生

夏季湿度大，气温高，蚊蝇孳生，病原菌容易繁殖，为此，一定要搞好环境卫生清洁工作。笼舍要勤打扫，饲槽(食盆）必须每天清洗 1 次，地面应定期消毒，要防止饲料发霉变质。

四、秋季饲养管理要点

秋季气候适宜，饲料充足，营养丰富，是饲养长毛兔最好季节。饲养管理工作的重点是抓好秋繁和换毛期管理。

1. 抓好秋繁配种

秋季是长毛兔繁殖的良好季节，应认真对待，好好把握。但在生产实践中发现，此时长毛兔刚刚度过盛夏，种兔体质较为瘦弱。因此，入秋前应加强饲养管理，调整日粮配方，注意人工补光，实行复配法，以提高配种受胎率，保证秋季繁殖效率的提高。

2. 加强饲养管理

成年兔秋季正值换毛期，换毛期的兔子营养消耗较多，体质较为瘦弱。因此，必须加强饲养管理，适当增加蛋白质饲料；切忌饲喂露水草，以防引起肠炎、腹泻等疾病。

3. 抓好防疫卫生

秋季是疾病多发季节，特别是幼兔容易发生感冒、肺炎、肠炎等疾病，要从饲养管理入手加强常见病防治。同时要做好兔瘟、巴氏杆菌病等传染病的防疫工作。并加强对疥癣病的防治。

4. 搞好兔群整顿

每年秋季，一般兔场应根据长毛兔的产毛和繁殖性能，对兔群进行 1 次全面整顿。选择产毛性能好，繁殖力强，后代优秀的兔子继续留作种用，生产性能较差或老弱病残兔只应予淘汰，选留优良后备兔补充种兔群。

5. 贮足越冬饲料

立秋之后，饲草结籽，树叶开始凋落，农作物相继收获，而且秋季相对少雨，利于饲草晒干，应及早收贮饲草饲料，以备冬、春之需。若采收过晚，茎叶老化，粗纤维含量增加，可消化养分降低，影响饲用价值。

五、冬季饲养管理要点

冬季气温较低，日照时间短，青绿饲料缺乏，给长毛兔饲养带来一定困难。饲养管理的重点是做好防寒保温和青绿饲料的供给工作。

1. 搞好防寒保暖

冬季气温虽低，但除新生仔兔外，长毛兔兔舍温度并不要求很暖和，只要求温度相对稳定，切忌忽冷忽热。室内养兔要关好门窗，防止贼风侵袭，室外养兔笼门应挂好草帘，以防寒风侵入。但要注重在中午气温较高时给予适当通风换气，以保证兔舍内的空气质量。

2.加强饲养管理

冬季天冷，对仔兔巢箱应勤换垫草，保持干燥；寒潮袭击时要停止剪毛，如需采毛最好选在中午前后气温回升，有太阳光时进行。不论大小兔，采毛后，均应在笼内铺垫少量干草，以防夜间受冻。

3. 加强饲料供应

冬季长毛兔热量消耗量大，饲料喂量应比平时增加 20%左右。另外，使用配合饲料的，应适当提高能量饲料的比例，如玉米、大麦、高粱等。粉料可用温水拌食，做到少喂勤添，以防剩料结冰采食后诱发消化道疾病。同时要保证青绿饲料供给，根据兔场规模，应配套种植黑麦草、胡萝卜等优质牧草。

4. 抓好冬繁配种

冬繁长毛兔具有毛囊发育良好、产毛量高的优点，所以有条件的地区应抓好冬繁配种工作。实践表明，只要做好保温防寒工作，冬繁的仔、幼兔成活率都比较高。但冬繁仔兔哺乳期宜长，一般不搞血配，以繁殖 1~2 胎为宜。

5. 把握冬季采毛

冬季有利于兔毛的生长，采毛时采用拔毛方法的，拔毛时应拔长留短，每月 1 次。通过拔毛可促使血液循环，提高兔毛产量，增加粗毛比例。此方法对被毛密度低的个体尤为适宜，但幼兔、妊娠母兔和哺乳母兔则不宜拔毛。冬季采毛也可采取采一半留一半的方法，将需采毛的兔只采去背部或腹部的兔毛，留下另一半过几天再采，以减少寒冷对兔只的应激。

第四节　兔场经营管理理念

长毛兔规模养殖场，其经营管理负责人非常关键，是兔场经营管理目标制定、制度建立、方法措施落实的主导者和决策者，是兔场饲养经营管理成败的决定性因素。根据笔者多年实践的体会，要经营管理好一个长毛兔养殖场，除了前面已阐述的管理技术要素外，还应在经营管理理念上下功夫，笔者认为应注重以下三点。

一、精心设计正确定位

一个上规模，投入大，自动化机械化程度高的长毛兔养殖场的建设和经营，早在筹建时就要确定经营的总体方向、重点和目标，确定以培育种兔为重点，还是饲养产毛兔为主产毛为目标，产毛兔是以剪毛形式采毛还是以拔毛为主（以剪毛形式采毛，宜养密度高产量高的长毛兔；如果以拔毛的方法采毛，所养殖的长毛兔，其毛的密度不宜过大，毛的密度过大，不利于拔毛，否则对长毛兔会带来较大损害），这些都需提前考虑，融入兔场的设计、建设和引种等工作之中。为此，要先行开展市场调研，分析市场需求趋势，为兔场的正确定位提供依据，从而统筹谋划，精心设计，确定兔场规模、布局、功能区配置以及目标制定、制度建立和方法措施等。这是一个规模兔场的经营指南和目标方向的定位问题。

饲养长毛兔的最终目标是为了获取更好的经济效益，虽然在创建时就有一个基本方向性定位，但是经营市场在不断变化，也不能一成不变，总体上来说，要保持良好的经济效益，就要正确把握市场发展趋势，对市场需求有一个基本预测和判断，包括是粗毛市场走俏，还是绒毛市场趋旺等，从而根据市场走势，适当调整生产和经营策略，对种兔培育，兔毛生产，品种结构，繁殖计划等经营重点作必要的调整，以把握市场先机。

二、勤于学习提升素质

我国饲养长毛兔历史悠久，经验丰富，各有技巧，具有较高的养兔技术水平，作为兔场的管理者、技术人员和饲养员，要勤于学习，要将学习理论，掌握技能作为一项前置基础工程来抓，积极开展技术培训，兔场管理者要带头学，督促全体员工自觉学，形成学理论、比能力、提素质的良好氛围，提高单兵作战能力，为能养兔养好兔作好准备，打下坚实的生产技术基础。

三、加强交流积极借鉴

为不断提高生产技术水平和管理能力，兔场管理者，要采取请进来，走出去的方法，邀请具有较高的理论水平，丰富的实践经验的专家老师来兔场指导授课，同时，组织兔场技术人员加强交流，外出取经，取长补短，积极借鉴别人的技术长处和管理经验，来不断提升兔场的整体经营水平。值得强调的是，要借鉴别人的技术和经验，首先自身要有一定的理论基础和技术水平，面对他人的介绍，必须具备取舍能力，要懂得哪些技术和经验可以取，哪些东西应该舍，由于饲养条件、环境因素、管理模式、经营方法等不同，必须结合实际，决不能盲目地照搬照抄。另外，别人的一些经验，有的可能存在偶然性，应予以鉴别。

第十章　长毛兔养殖场排泄物的资源化利用

长毛兔粪便是优质的农作物有机肥，含有丰富的养分，我国广大农村一直把它作为优质的农作物有机肥来使用，这种利用方式，也是一种最为经济、简便和资源化循环利用的粪便处理方式，不但为农作物提供了优质的基肥和追肥，也解决了畜禽养殖业排泄物对环境的污染问题。但是，当一定区域内畜禽规模及其产生的粪便超过农作物生长需要和土壤消纳承载能力时，富营养问题就会显现，特别是在畜禽养殖增长较快的地区，耕地中过量施用和不合理施用畜禽粪便，不仅造成氮磷流失污染环境，而且还影响农作物的正常生长。

许多欧美发达国家都建立了基于氮磷养分管理的畜禽养殖场粪便还田匹配耕地面积的规定；欧盟许多国家已把农场氮元素收支平衡作为监测农业环境政策效应的一个重要工具；为了控制畜禽粪便污染，欧盟委员会把投入农田的粪便氮作为评价氮素环境污染的一个指标；德国规定施用养殖场未经处理的动物粪便时，土地的平均总氮施用量为草地上每年不应超过 210 千克/公顷，耕地氮素施用每年上限为 170 千克/公顷，且每年 11 月份至翌年 2 月禁止向农田倾倒粪便；丹麦法律规定施入裸露土地上的粪肥必须在施后 12 小时内犁入土壤中，在冻土或冰雪覆盖的土地上不得施放粪肥，每个农场的贮粪能力要达到能贮存最少 9 个月的产粪量，要在 95%以上的耕地上种植秋季作物，以减少硝酸盐渗析的危险；英国的法律规定，粪便施用量为每公顷土地不超过 250 千克氮，冬季不允许向耕地施用粪肥，规定了水体敏感区域中的动物和其他粪肥氮的最大允许施用量，草地、玉米和其他作物施氮 170 千克/公顷，低氮需求的农作物施氮为125千克/公顷。还有一些国家同时制定了每年粪便磷的施用限量。

在我国的广大农村，长期以来都是以一家一户饲养畜禽的方式占主导地位，这种生产方式，有利于畜禽排泄物的分散消纳和使用率的提高，农民将畜禽粪便视为提高农作物产量和质量的主要营养肥。但是随着规模化畜禽养殖业的不断发展，一家一户分散养殖的方式逐渐失去主导地位，由于畜禽养殖业的相对集中，在一个地区畜禽养殖不均衡状况逐步显现，一些畜禽排泄物污染环境的问题也随之出现。养殖量少的地区缺少畜禽粪便有机肥，到其他畜禽粪便富余地区调运又会增加有机肥成本，而在畜禽养殖规模大、养殖单位多的地区，就会出现畜禽排泄物消纳利用困难的情况。

下面介绍一下长毛兔养殖场排泄物资源化利用的一些方法和做法。

第一节　做到雨污分流

在前面章节中已简单阐述过，一个长毛兔养殖场，在规划布局和设计建设中，就要融入雨污分离的元素。雨污分离，是指将雨水与兔场的污水彻底分开，分别设置排水管道，雨水通过雨水管网排出场外，而将污水通过污水管网引入处理池进行集中处理。要达到这种要求，必须要做到以下几点：一是在基础设施建设上，要有将屋顶雨水引入雨水管网的设施，如屋檐天沟、屋顶下水管等，地面的建设，要有利于地面雨水能自行汇入雨水管道，以达到屋顶雨水和地面雨水全部导入雨水管道，排出兔场外的目的。二是兔场要建设两个排水系统，而且相互不能交叉互通，一个排水系统作收集兔场全部雨水用，而另一个系统作为收集引导兔场产生的兔尿、冲洗污水用，将所有兔尿、冲洗污水汇集进入处理池。

第二节　兔粪收集发酵

兔场产生的长毛兔粪便，要及时收集，存放到堆粪棚中，堆粪棚中的兔粪要及时堆放在一起，以便于发酵。堆积后的粪便经微生物发酵产热，温度可达70℃以上，这不但可利用发酵产热的原理来达到杀灭各种病原微生物、寄生虫卵的目的，而且经过发酵的兔粪，能提高作为农用物有机肥使用的安全性，减少兔粪中草种子的发芽率。为了提高兔粪发酵产热的效果，可在堆积的兔粪上覆盖塑料膜，也可采用堆粪棚棚顶用透光塑料板代替瓦片的方法，以增加堆粪棚内的透光率，利用阳光照射粪堆，提高粪堆产热效果。

第三节　污水集中处理

长毛兔场内的雨水已引导汇集排出场外，而收集到污水处理池的兔尿和冲洗污水必须经有效处理，才能作为农作物肥料使用。处理方式可采用沼气池厌氧发酵，也可以采用多格式化粪池处理。

如果兔场规模大，产生的兔尿和冲洗污水多、浓度高，可采用建设沼气池，将兔尿和冲洗污水进行厌氧发酵处理，这种方法的优点：一是处理效果好，经沼气池厌氧发酵处理的沼液，COD浓度会大幅降低，同时会杀灭寄生虫、寄生虫卵和一些病原菌，能实现无害化减量化目标；二是所产生的沼气可作为生产生活用能，如兔场的保温、发电、饲料加工、烧水烧饭等等；三是能有效杀灭各种病原微生物、寄生虫卵等，有利于兔场的疾病控制。其缺点是：一是投资相对较大；二是如果进入沼气池的兔尿和冲洗污水量少而浓度低，就会影响沼气产量。所以，此方式只适合规模较大的兔场。

如果兔场规模相对较小，产生的兔尿和冲洗污水量少，可以采用多格式化粪池处理，多格式化粪池的容积大小，应根据粪尿及污水总量而定。此方法投资少，只要多格式化粪池容积达到配套要求，其处理效果也能达到预期目的。但不管是采用沼气池厌氧发酵方法，还是多格式化粪池处理方法，都要留有余地，因为冬季有机肥消纳需求量会减少，经处理的液体贮存时间需要延长。

第四节　农牧对接利用

前面章节中说过，“兔子吃吃草，全身都是宝”，其中的内涵之一，就是指兔子粪尿也是农作物的优质有机肥料，兔粪中的氮、磷、钾含量高于其他畜禽粪尿，兔粪和兔场沼液作农作物有机肥使用，不但具有改善土壤结构、增加土壤有机质、提高土壤肥力、减少病原菌及害虫的危害作用，而且还能促使玉米、水稻、小麦、蔬菜等农作物品质的提升和产量的提高，实现增产增收，能使果、林、茶、竹、花木等有更好的长势。同时，也是促进粮食、茶叶、蔬菜、水果等无公害生产的一种有效手段。在浙江省，从 2014 年开始启动“五水共治”决策部署以来，关停清养了几万个畜禽养殖场户，猪粪及家禽粪便仍然难卖，但兔粪非常畅销，而且价格较高，每袋（40 千克左右）卖到 20~25 元，这足以说明兔粪的内在价值。所以对兔子粪尿要加以合理利用，实行种养结合，农牧配套，循环利用模式，实现农牧生态的良性循环。这样既为种植业提供优质有机肥，又能保护自然环境不受污染，利于兔场疾病控制，提高兔场经济效益，获取社会效益经济效益双赢。

最好的有机肥也要合理使用才能发挥作用，收集并经处理的兔子粪尿虽好，如果不合理使用，仍会对农作物带来负面影响，并造成环境污染。所以，我们要根据不同的农作物品种、土壤肥力和季节来分别对待。

1. 种植品种

蔬菜类及果、茶、林、竹、花木等基地对有机肥消纳能力强，兔子粪便和沼液施用量可以适当增加；而多数粮食作物，对有机肥消纳能力有限，需适当控制施用数量。

2. 施用季节

有机肥的施用有明显的季节性。由于各种植物有其自身的生长规律和生长条件，而生长条件主要是气温，但植物对有机肥的需求是在生长期，所以要根据各种植物不同的生长季节，来合理施用有机肥。

3. 土壤肥力

土壤本身的肥力情况，直接关系到有机肥的施用量，如果土壤贫瘠，有机质含量低，有机肥需求量大，为了改良土壤，也可适当延长施肥时间；如果土壤本身肥力好，有机质含量高，其有机肥消纳能力就相对较低，需要控制施用数量；如果经土壤肥力测定的耕地，可以确定有机肥使用数量（图）。

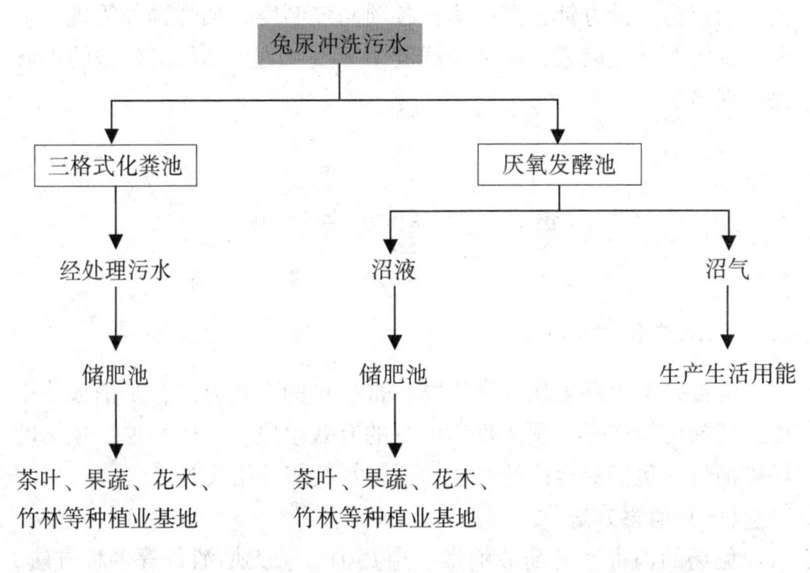

图　长毛兔养殖场排泄物资源化利用流程图

第十一章　长毛兔常见病防治

长毛兔疾病的防治，是养兔生产中的重要内容，兔病防治的效果，是体现一个长毛兔养殖场技术水平的重要标志，也是影响兔场经营效益的重要因素，兔场管理者一定要高度重视，正确把握消毒、预防、治疗和病死兔无害化处理等每一个环节，坚持以防为主，治疗为副的方针，严格执行各项防疫制度，加强饲养管理，减少应激源等诱发因素，保证兔群健康无疫，为兔场经济效益的提升提供保障。

第一节　预防与诊断

一、严格消毒

消毒是消灭环境病原微生物和寄生虫的有效方法，是消灭传染源，切断传播途径，预防疫病流行的有效手段。一般来说，兔场的环境消毒，包括兔舍内外环境，兔笼及其相关用具等。

（一）消毒方法

兔场的消毒，有药液消毒、熏蒸消毒、火焰消毒等多种方法，也可分为化学消毒法，物理消毒法和生物消毒法。

1. 化学消毒法

通常采用化学药品来进行消毒，消毒用的化学药品很多，如氢氧化钠、生石灰、新洁尔灭、过氧乙酸、来苏尔（甲醛）溶液、高锰酸钾等等。根据药物的性质，可喷雾或喷洒消毒，浸泡消毒，熏蒸消毒等。

2. 物理消毒法

物理消毒包括机械性消毒（如清扫、洗刷等），利用阳光消毒(阳光的紫外线具有良好的杀菌作用，阳光的灼热和水分蒸发引起的干燥，亦有杀菌作用)，火焰消毒（常用于兔笼、笼底板、产仔箱的消毒)，煮沸消毒（适用于医疗器械及工作服等的消毒)。

3. 生物消毒法

主要用于粪便及污染物的无害化处理。规模化兔场应及时收集兔粪和污染物，集中在远离兔舍处堆积，堆积后的粪污经微生物发酵产热，我们可利用发酵产热的原理来达到杀灭病毒、病菌、寄生虫卵的目的，同时又可保持粪污的肥效和减少对环境的污染。

这里特别强调药液消毒法，药液消毒，看似简单，其实是一项技术含量较高的工作，很多兔场工作人员，难以正确把握技术要领和操作程序，影响消毒效果。正确的消毒方法，应把握以下要领和步骤：一是对需消毒的场所先行清扫，再作清洗，二是清洗过的场所需干燥后才能喷洒药液，三是要正确选用消毒药，四是要正确稀释药液浓度，五是要将需消毒的场所全面洒湿为止，六是有些具有较强腐蚀性的消毒药，如氢氧化钠（俗称烧碱)，喷洒后，在关养兔只前，需经清水冲洗干燥后，再行饲养，以防兔只受到损伤。

（二）消毒制度

规模化长毛兔养殖场，在建设应有的消毒防疫设施和设备外，还应建立严格的消毒制度，定期更换消毒液，保持消毒池药液有效；更衣室用紫外线灯消毒，光照强度按每平方米 1 瓦计算，消毒时间 30 分钟以上；饲养场地、兔舍、兔笼及用具每周消毒 1 次，饲养员以及管理工作人员须更换衣、鞋，并洗手、消毒（脚踏消毒槽或消毒垫）后方可进入饲养区，饲养人员工作服要随时清洗消毒，车辆（或兔舍饲料车）须经过消毒池或消毒垫消毒方可进场。发生疫情时，要及时进行全场反复彻底消毒。一些消毒制度已在饲养管理要点的严格防疫章节中阐述，这里不再重复。

二、免疫接种

免疫接种是长毛兔各种传染病防控的最有效方法，对健康兔群进行相应的疫苗注射，其目的是保证免疫兔群的抗体水平，防止各种传染病的传染。

1. 预防接种

发生某些传染病的地区，或有某些潜在传染病病源的地区，或受到邻近地区某些传染病威胁的地区，为防患于未然，要有计划地给健康兔群进行预防接种。

2. 紧急接种

一旦发生某种传染病时，为了迅速控制和扑灭疫病，应对疫区和受威胁区内尚未发病的兔群进行紧急接种。紧急接种对控制和扑灭兔瘟、巴氏杆菌病等具有显著效果。紧急接种时，应对兔群进行仔细检查，只有健康兔群才能接种疫苗，对病兔应及时隔离治疗，或者予以淘汰进行无害化处理，不再接种疫苗。

3. 免疫程序

根据长毛兔传染病的流行特点及疫苗的种类，制订合理的免疫计划，确定首免日龄、接种方法、接种次数、免疫时间间隔、每次接种的疫苗用量等，称为免疫程序。

兔瘟是对长毛兔的健康威胁最大的疫病，兔瘟的免疫接种，如果母源抗体水平较高，一般在40~45日龄对断奶兔进行首免，每只兔皮下注射1~2毫升， 65~70日龄时二免，每只兔皮下注射2毫升。免疫期一般为6个月。成年种兔或产毛兔每年免疫接种2次。其他兔病的免疫接种，可按照疫苗说明书结合实际进行免疫注射。

4. 免疫接种注意事项

一是疫苗的保存。各类疫苗在运输过程中必须要低温保存。疫苗贮藏时，要按规定在低温或冷冻条件下保存；在运送和使用过程中，可用冷藏包内加冰块的方法进行运送。要防止疫苗受热，应避免阳光直射。疫苗启封后要及时使用。冬季免疫时，要防止疫苗冻结。

二是注射前的物品准备。技术人员要配备足够的免疫疫苗、注射器械和药物（包括消毒药物和防止过敏反应的药物），并对注射器械进行消毒。要仔细阅读疫苗说明书，原则上按说明书规定进行免疫注射。

三是在注射前要检查疫苗的质量。注射前要检查疫苗的性状是否正常，如发现疫苗瓶有裂纹的，封口不严实的，没有标签的，疫苗过期的，疫苗中混有杂质的，溶解不全的都不能使用。

四是要先行健康检查。在实施注射前，要先行了解和观察兔只的健康状况。病兔和可疑病兔不能注射免疫疫苗。

五是注射前疫苗准备。疫苗临用前要充分摇匀，并等疫苗恢复至室温后再行注射。

六是要规范操作。对注射部位要进行严格消毒。免疫注射时要做到一兔一针头。并用足剂量。

七是在同一只兔体上同时注射两种疫苗时，应分开部位注射，不能将两种疫苗混合注射，也不能用一支注射器连续使用两种疫苗。

八是免疫反应处理。在免疫注射过程中，要边注射边观察，及时处理免疫反应，确保免疫安全有效。如出现不良反应，应立即用肾上腺素或地塞米松进行治疗，并适当保暖，保持环境安静，避免出现新的应激源。

三、药物预防

长毛兔场的疫病防控，除搞做好消毒灭源、免疫接种外，药物预防也是有效的举措之一。尤其是在某些疫病流行季节或易发年龄段，或在疫病流行初期，应用高效、安全药物进 行群体预防或治疗，可以收到明显效果。如母兔产后 3 天内，每次内服长效磺胺 0.5 克，每天 1 次，连用 3 天，可有效预防乳房炎；如诺氟沙星，具广谱抗菌作用，尤其对需氧革兰氏阴性杆菌有良好的抗菌作用，是治疗肠炎及泌尿系感染的常用药物。诺氟沙星为杀菌剂，其机理是通过作用于细菌 DNA 螺旋酶的 A 亚单位，抑制 DNA 的合成和复制，从而达到杀菌目的；如抗球虫药氯苯胍，对预防球虫病有显著作用。

使用药物预防时，应注意防止病原体产生耐药性。有条件的规模化兔场，可以进行一些药敏试验，选用高敏性药物用于有计划的药物预防。同时，使用的药物要详细登记名称、批号、剂量、使用方法等，以便观察效果，及时调整药物预防计划。

四、隔离防疫

隔离防疫的目的，为消灭传染源，切断传播途径，一个规模化长毛兔场，除了计划建设围墙、隔离室等硬件设施外，还应有严格的隔离措施，制定具体的隔离制度。一个规模兔场的隔离地点有三处：一是隔离观察室，主要是针对刚引进的种兔，进行隔离观察、检测和免疫；二是隔离观察治疗室，主要是针对本场内的病兔或可疑病兔进行观察检查和治疗，对临床症状不明显，但与病兔或其污染环境有接触史者，有可能处在潜伏期，或有排菌（毒）危险的兔只，进行隔离观察和治疗。另外，对通过临床及必要的实验室检查，未见任何临床症状，但与病兔或可疑病兔有明显接触史的，也应转到隔离观察室饲养一定时间，确认兔只健康后方可与健康兔混养。三是就地隔离，这是一种非常的应急措施，主要是针对兔群发病初期未被发现，而被兔场工作人员发现时，已有较多个体发病，或者发病较普遍，或者是传染性较强的疫病，在这种情况下，应采取就地隔离的措施，将整幢兔舍封锁隔离，对该幢兔舍周围进行严格消毒，除了兽医技术人员和饲养员外，其他无关人员严禁入内，而为该幢兔舍服务的人员，不能靠近或进入其他健康兔舍。

隔离室（舍、区）应由专人观察、治疗和饲养，饲料、饮水和用具要单独专用，粪污要及时进行无害化处理，隔离处要采取严密的消毒措施。在发病数量少、病兔品质低，或潜在危害性大的情况下，可对病兔和同群兔进行扑杀，以达到彻底消灭传染源的目的。

如果兔场发病的兔只是传染性较强的疫病（如兔瘟），而且经免疫效果评估，兔群抗体水平达不到要求，就应立即对健康兔群进行紧急免疫接种。

对于整幢兔舍采取隔离封锁的，其解除封锁时间为：在最后一只病兔治愈后，并超过该病的潜伏期后，经严格健康检查，同时进行反复而彻底消毒，才能解除隔离区的封锁。

五、病死兔无害化处理

对于病死兔的处理，要严格按照农业部制定的《病死动物无害化处理技术规范》所规定的要求处理。严格落实“五不准一处理”措施。“五不准”是指“不准宰杀、不准食用、不准出售、不准转运、不准丢弃病死畜禽及其产品”；“一处理”是指“对死亡畜禽必须进行无害化处理”。

无害化处理，是指用物理、化学等方法处理病死动物尸体及相关产品，消灭其所携带的病原体，消除动物尸体危害的过程。

无害化处理方法有焚烧法、化制法、掩埋法和发酵法等。

1. 焚烧法

焚烧法是指在焚烧容器内，使长毛兔尸体及相关产品在富氧或无氧条件下进行氧化反应或热解反应的方法。焚烧法可分为直接焚烧法和炭化焚烧法。

2. 化制法

化制法是指在密闭的高压容器内，通过向容器夹层或容器通入高温饱和蒸汽，在干热、压力或高温、压力的作用下，处理长毛兔尸体及相关产品的方法。化制法有干化法和湿化法。

3. 掩埋法

掩埋法是指按照相关规定，将长毛兔尸体及相关产品投入化尸窖或掩埋坑中，并覆盖、消毒，发酵或分解长毛兔尸体及相关产品的方法。具体有直接掩埋法和化尸窖处理两种方法。具体的要求和操作方法如下。

（1）直接掩埋法。掩埋地点选择要求：应选择地势高燥，处于下风向的地点。并应远离动物饲养厂（饲养小区）、动物屠宰加工场所、动物隔离场所、动物诊疗场所、动物和动物产品集贸市场、生活饮用水源地，以及远离城镇居民区、文化教育科研等人口集中区域、主要河流及公路、铁路等主要交通干线。掩埋坑体容积以实际需要处理的长毛兔尸体及相关产品数量确定；掩埋坑底应高出地下水位 1.5 米以上，应防渗、防漏；坑底洒一层厚度为 2~5 厘米的生石灰或漂白粉等消毒药；将长毛兔尸体及相关产品投入坑内，最上层距离地表（覆土）1.5 米以上；再用生石灰或漂白粉等消毒药进行消毒。

(2) 化尸窖处理。只限本兔场使用的化尸窖，其建设地点选择，应结合本场地形特点，建设在下风向处。

化尸窖的建设应为砖和混凝土，或者钢筋和混凝土密封结构，应防渗防漏。在顶部设置投置口，并加盖密封上锁；

在投放使用前，应在化尸窖底部铺洒一定量的生石灰或消毒药；投放后，投置口密封加盖上锁，并对投置口、化尸窖及周边环境进行消毒。当化尸窖内长毛兔尸体达到容积的四分之三时，应停止使用并密封，并另行建设新的化尸窖。填满长毛兔尸体的化尸窖，待尸体完全分解后，经清理消毒可重新启用。

(3) 有关注意事项　一是覆土厚度一定要达到规定要求，以防狗等动物挖出长毛兔尸体；二是在掩埋处要设置警示标识；三是掩埋后要注重查看，掩埋坑塌陷处应及时进行覆土；四是掩埋后，应立即用消毒威等氯制剂、或生石灰等消毒药对掩埋场所进行彻底消毒，并进行不定期消毒；五是化尸窖周围应设置围栏、设立警示标志；六是对化尸窖内清理出来的残留物应进行焚烧或者掩埋处理，对刚清理的化尸窖池应进行彻底消毒，以备重新启用；七是清理化尸窖的操作人员要注重自身安全防护。

4. 发酵法

发酵法是指将长毛兔尸体及相关产品与稻糠、木屑等辅料按要求摆放，利用长毛兔尸体及相关产品产生的生物热或加入特定生物制剂，发酵或分解尸体的方法。发酵法在实际生产管理中不常用。

另外，如果当地政府组建有社会化服务组织，也可按规定程序，由有资质的社会化服务组织进行无害化处理。

大家应该注意，如农业部发布新的技术规范，应及时跟进，并严格执行。

六、兔病诊断

兔病诊断，可以说是一个长毛兔养殖场技术含量最高的工作，要正确诊断兔病，提高兔病的诊断技术水平，技术人员不但需要有扎实的理论基础和丰富的临床经验，而且需要有灵活的思维方式和一定的相关学科知识。兔病诊断的目的是为了了解疾病的发生原因，掌握本质，为正确治疗和有效控制提供依据，以便制定出科学合理的治疗原则和防控方案。

（一）临床诊断

临床诊断的主要方法，通常包括问诊、视诊、触诊、叩诊、听诊和嗅诊，中医称望、问、闻、切。

1. 问诊

问诊主要是了解病历，但也要了解该地区、特别是周边地区长毛兔场的发病情况。向饲养员及兔场技术人员了解的内容包括：发病时间、发病数量、病兔年龄、病兔表现、发病经过、食欲、饲料变换情况、饲料质量和来源情况、用药情况、本兔场其他兔群的发病情况及饲养员的意见（即饲养员估计的病因，如受凉、受惊等应激情况，受伤、饲喂不当等）；了解消毒、免疫、无关人员进出情况等等兔场防疫制度执行情况；了解兔场既往史，如过去是否发生过类似症状的疾病；了解其他日常饲养管理情况等。

2. 视诊

主要是观察发病兔的整体状态，主要包括精神、体况、姿势、被毛、皮肤、天然孔、黏膜、呼吸、动作行为、排泄物、呕吐物等。

3. 触诊

主要检查体温、表皮平整度，疼痛反应、脉象、心率、骨骼是否受损、腹壁紧张度、功能性反应、敏感度、灵活度等。

4. 叩诊

叩诊在兔病诊治上不常用，主要是通过叩击，听所发声音是否正常、弹性程度和一些功能性反应。

5. 听诊

主要是通过病兔叫声、喘息、呻吟、咳嗽、胃肠蠕动等是否正常，为诊断提供参考。

6. 嗅诊

是采用闻气味的方法，为兔病诊断提供线索，如新鲜的粪便是否有恶臭等。

另外需强调的是，在兔病诊断过程中，笔者认为要注重诊断的方式方法，除了解和掌握上述情况外，必须把视野放远放阔，不能局限于本兔场，甚至本幢兔舍或一只病兔的个体情况上，要了解掌握周边地区环境和附近兔场的疫病流行情况，要考虑气候季节的易发病，再结合病兔个体临床症状来综合分析诊断，以提高兔病诊断的正确率。

（二）病理解剖

病理解剖是为兔病诊断提供有效依据的方法之一，是按照病理学原理，对病死兔或病兔进行有目的的解剖，以便进一步了解掌握病情。

1. 剖检方法

剖检病死兔，一般采取仰卧式，腹部向上，置于搪瓷盘或解剖台上，沿腹中线上起下颌部，下至耻骨缝处切开皮肤，检查皮下有无出血及病变；打开腹腔后，依次检查腹膜、肝、胆、胃、脾、胰、肠及淋巴结、肾脏、膀胱和生殖器官；暴露胸腔后，检查心、肺、胸膜、肋骨、胸腺；再检查咽部、气管、口腔、鼻腔及脑部。

2. 浅表淋巴结检查

主要检查下淋巴结（下颌骨两侧）、肩前淋巴结(肩胛骨前缘)、股前淋巴结（髂骨外角）。健康兔体表淋巴结细小，不易触摸到；如患野兔热时，全身淋巴结肿大；如患李氏杆菌病，颌下淋巴结明显肿大；如机体局部感染，则病灶附近淋巴结发生肿胀；如患结核或伪结核病时，则淋巴结发生慢性肿胀。

3. 消化系统检查

主要检查胃部有无积食，腹腔有无积液、肠道有无臌气及病变等。健康兔腹部柔软而有一定弹性，胃肠道未见明显增大。如患大肠杆菌病，则多呈卡他性或出血性肠炎，肠壁变薄，肠黏膜脱落；如患魏氏梭菌病，则胃内充盈，小肠、盲肠和结肠内充满气体，肠内容物呈墨绿色，有腐败气味。

4. 胸腔脏器检查

主要检查胸腔积液色泽，心肌是否充血、出血、变性、坏死等。如患巴氏杆菌病、葡萄球菌病、波氏杆菌病时，多呈胸膜与肺、心包粘连、化脓或纤维素性渗出。

5. 腹腔脏器检查

主要检查腹水、寄生虫结节、脏器色泽和质地，有无肿胀、充血、出血、化脓、坏死、粘连、纤维素性渗出等。

(1) 肝。表面有绿豆状大小，呈灰白色或淡黄色结节，节结内有淡黄色脓样或酪样物质，节结周围被增生的结缔组织所包围，多为肝球虫病；肝脾肿大、硬化，胆管扩张，多为肝球虫病、肝片吸虫病；肝实质呈淡黄色、细胞间质增宽，多为病毒性出血症。

(2) 脾。脾肿大、淤血，多为病毒性出血症；脾肿大、有大小不等的灰白色结节，切开结节有脓汁或干酪样物质，则多为伪结核病、沙门氏杆菌病。

(3) 肾。肾充血、出血，多为病毒性出血症；局部肿大、突出，呈鱼肉样病变，则多为肾母细胞瘤、淋巴肉瘤等。

(4) 胃肠。黏膜充血、出血、炎症、溃疡，则多为大肠杆菌病、魏氏梭菌病、巴氏杆菌病；肠壁有明显灰色小结节，多为肠球虫病；盲肠、回肠后段、结肠前段黏膜充血、出血、水肿、坏死，有纤维素性渗出，则多为大肠杆菌病、泰泽氏病。

(5) 生殖器官。阴茎溃疡、皮肤龟裂、红肿，有结节等症状的，多为兔梅毒病；子宫肿大、充血，有小米粒样坏死结节，多为沙门氏杆菌病；子宫呈灰白色，宫内积脓，则多为葡萄球菌病、巴氏杆菌病。

（三）实验室检查

实验室检查，是在经临床诊断和病理解剖仍然无法确诊兔病的情况下，所采取的一种技术手段。与猪牛羊禽等其他畜禽相比较，长毛兔的疾病对公共卫生安全造成的危害较小，况且，相对而言兔病比较容易控制，为此，在对病兔的诊治过程中，是否有必要采用实验室检查手段，应根据实际情况，灵活掌握处理。

一般的小规模长毛兔养殖场（户），如果其所饲养的长毛兔品质性能一般，在发病兔较少的情况下，经临床诊断和病理解剖，对病兔所患疾病还是难以作出诊断时，从兔场健康兔群的安全和经营效益的角度考虑，可以将病兔进行淘汰，并严格无害化处理。如有必要，为了搞清问题，消除隐患，可采集病料进行实验室检查。

养殖规模较大的长毛兔养殖场，或者是良种兔场，经临床诊断和病理解剖，仍然无法对病兔作出诊断的情况下，由于病兔品质优良，或者关系到良种兔的优良遗传基因保护问题，就应另当别论，必须作进一步实验室检查。

一般情况下，实验室检查可通过细菌学、病毒学或粪便检查，对兔病做出客观和准确的判断。

1. 细菌学检查

采集有病变的内脏器官，如心、肝、脾、肾、肠、淋巴结等，作为被检病料。

（1）染色镜检。取清洁载玻片用作被检病料的触片或涂片，进行自然干燥，用火焰加热法对细菌进行固定（即将上述已干的涂片在火焰中迅速通过 3~5 次，温度以手摸时感到热而不烫为度，其目的在于杀死细菌，凝固细胞质，改变细菌对染料的通透性），并经革兰氏、美蓝或姬姆萨染色，实施镜检。A 型魏氏梭菌呈革兰氏阳性大杆菌；巴氏杆菌呈革兰氏阴性菌，在显微镜下可见大小一致的卵圆形小杆菌。

（2）分离培养。采用鲜血琼脂、血清琼脂等培养基，37℃温箱培养 20~24 小时，再取典型菌落接种于马丁肉汤培养基，培养 20~24 小时，再作涂片检查，进行形态学、培养特征、生化特性、致病力和抗原特性鉴定。

（3）动物试验。采用生理盐水将被检病料制成悬液，采用皮下、肌内、腹腔、静脉、滴鼻等方法接种于易感动物，如小白鼠、豚鼠或实验兔等，接种后按规定隔离饲养，注意观察。在1周内如有发病死亡的，应立即剖检，并进行细菌学检查，如超过1周死亡，则应重复试验。

2. 病毒学检查

由于各种病毒在不同组织中含毒量不同，所以必须采集含毒量较高的组织进行病毒学检查，并要求采集的组织新鲜无污染。

（1）病毒分离培养。将被检材料通过鸡胚或组织培养进行分离。将分离所得病毒通过电子显微镜检查、血清学试验及动物接种试验等，进行理化特性及生物学特征鉴定，予以确认。

（2）动物接种试验。将待检病料样品经磷酸缓冲液反复洗涤后剪碎磨细，加磷酸缓冲液制成悬液，经离心沉淀后取上清液，加青霉素、链霉素（一般为1000单位/毫升），接种于鸡胚、组织细胞或易感动物（小白鼠、豚鼠或实验兔）。接种后1周内如有发病死亡的，应立即剖检，根据典型病理变化即可确诊。

（3）免疫学诊断。目前较为常用的有凝集反应、中和反应、沉淀反应等血清学检验，以及免疫扩散、变态反应、荧光抗体技术、酶标记技术、单克隆抗体技术等。这些方法具有灵敏、快速、简易、准确等特点，用于传染病诊断，可明显提高诊断水平和效果。目前，一些科研单位在研制开发快速诊断试剂，对今后的疫病诊断会更加快捷、方便。

3. 粪便检查

寄生虫的卵、幼虫、虫体、节片及某些原虫的卵囊、包囊等，都是通过粪便排出的。因此，粪便检查是许多寄生虫病诊断的主要检查方法。

（1）直接涂片法。在干净的载玻片上滴1~2滴清水或生理盐水，采集新鲜粪便，取少量粪便放入载玻片上，调匀并剔除粗渣及多余粪块，盖上盖玻片，即可镜检。

（2）自然沉淀法。采集新鲜兔粪5~10克，置于500毫升烧杯内，加入少量清水，用玻璃棒捣碎粪球，再加5倍量清水调成稀糊状，用60目铜筛过滤，静置15分钟，弃上清液，留沉渣，再加满清水，静置15分钟，弃上清液，留沉渣，如此反复3~4次，将沉渣涂于载玻片上，用显微镜镜检。

（3）漂浮法。采集新鲜兔粪5~10克，置于50毫升左右的玻璃杯内，加入少量饱和盐水（饱和盐水制作：用1000毫升沸水中加食盐380克，充分搅拌调匀即可），捣碎粪球，再加10倍量饱和盐水，用60目铜筛过滤，静置30分钟，球虫卵即可漂浮于液面。用直径5~10毫米的铁丝圈接触液面，蘸取表面液膜，抖落于载玻片上，加盖玻片后即可镜检。

（4）蠕虫虫体检查法。采集新鲜兔粪5~10克于烧杯内，加10倍生理盐水，搅拌均匀后，静置沉淀20分钟，弃上清液，留沉渣，再加生理盐水，搅拌静置后弃上清液。如此反复3~4次后，取少量沉渣，置于黑色台板上，即可用放大镜查找虫体。

（5）线虫幼虫检查法。采集新鲜兔粪5~10克，放入培养皿内，加入40℃温水浸没粪球，静置10~15分钟后取出粪便。取留下的液体用低倍显微镜检查，查找幼虫。

（6）螨虫检查法。在患病皮肤与健康皮肤交界处，用小刀片刮取皮屑（至皮肤轻微出血），置于载玻片上，加1~2滴煤油，盖上盖玻片，即可用低倍显微镜检查，查找螨虫。

第二节　药物使用方法及注意事项

长毛兔疾病的治疗，除了有正确的诊断外，还有如何治疗的问题，如果只有正确的诊断，没有合理的给药治疗方法，就无法收到良好的治疗效果。

长毛兔机体是内因，药物是外因，外因是变化的条件，内因是变化的根据，外因通过内因而起作用，也就是说药物要通过机体，影响机体的系统、器官、组织、细胞等的生理、生化功能活动而发挥作用。所以，要有效治疗疾病，就要懂得一定的药理理论基础，要懂得如何给药，给什么药，给多少药，给药时间，是否联合用药，疗程长短，如何消除不良因素，让药物对机体发挥最积极的作用，以达到安全、低毒、高效地治好长毛兔疾病，有效控制疾病漫延之目的。这是兔场技术人员需要学习、了解和掌握的药理学基础，也将直接关系到兔病的治疗效果。

药理，是研究药物与动物机体的相互作用，从而阐明用药物防治动物疾病的道理，药理学是一门涉及多个学科基础的系统科学。由于篇幅有限，这里只简单介绍一下药物的使用方法，以及有关基本的注意事项。

一、药物的使用方法

不同的给药途径，不仅影响药物作用的快慢和强弱，甚至还可改变药物的基本作用。如内服硫酸镁可产生泻下作用，而静脉注射则可产生镇静作用。药物性质不同，需要采用不同的给药方法。如氯化钙等刺激性较大的注射剂只能静脉注射，而不能肌内注射，否则会引起肌肉的局部发炎坏死。因此，药物的使用方法非常关键。在实际临床工作中，应根据药物的剂型、药物的性质以及长毛兔的不同病情需要，来选择适宜的给药方法。

药物使用方法较多，临床上常用的可分为内服法、注射法、灌肠法，外用法等多种类型，而每种类型又有多种给药方法。

（一）内服给药法

内服给药的优点是操作简单，使用方便，不直接损伤皮肤或黏膜，药品生产成本相对较低，适用于多种药物，尤其是治疗消化道疾病和驱除体内寄生虫的药物，常采用此法给药。其缺点是药效易受胃肠功能及胃肠内容物的影响，某些药物会对胃肠道产生不良刺激，显效较慢，吸收不完全不规则，剂量较难准确掌握，且喂服或灌服时容易呛药。

1. 饮水给药

将易溶于水的药物，按一定比例加入水中，任兔自由饮用。常用于全群给药，也可用于个别用药。饮水给药法的关键在于正确掌握饮水量，药物在饮水中放置时间过长，往往会降低药效，所以在饮水给药前，可先断水1~2小时（夏季断水时间不宜过长，以控制在1小时内为宜），然后再行饮水给药，以便在较短的时间内将配有药物的饮水用完，也有利于兔群饮用药水的均匀度。

2. 拌料给药

先将药物用少量粉状饲料拌匀，然后再逐级扩大到所有应拌饲料中，拌和均匀后饲喂，或加工成颗粒饲料饲喂。拌料给药的关键点在于两方面：一是药物在饲料日粮中的均匀度；二是应掌握拌有药物的饲料数量，饲料数量过多，存放时间过长，往往会影响药效。

3. 喂服法

此法常用于给单个病兔用药，其用药剂量小且有异味的药物，或给已废食的病兔用药。喂服时，将病兔适当保定，操作者一手固定病兔头部、捏住面颊使口张开，另一手夹取药物送人舌根或会厌部，使其自行咽下。喂服法应注意掌握病兔的保定和喂药的手法，防止伤及病兔，同时要防止病兔将药物吐出和喂服时呛药。

4. 灌服法

常用于有异味药物或已废食病兔。先将药物碾碎、加水调匀，将病兔抓起，头朝上，再用汤勺、吸管或注射器等器具将药物从病兔口角（避开病兔门齿）徐徐灌入口腔。灌药时药物不宜送入口腔深部，速度不可太快。看到病兔有明显吞咽动作后，方可将病兔放下，以防药物流出，同时要防止灌服时呛药。

5. 胃管投药

适用于剂量较大、苦味较浓、刺激性较强的药物，或病兔已经废食时，一般多采用胃管投药。胃管投药时将病兔适当保定，先用开口器张开口腔，将橡胶或塑料导管沿开口器徐徐插入胃内（成年兔需插入20厘米左右），即可连接注射器缓缓投药。胃管投药要注意导管插入时的手法和插入的深度，防止因操作不当而伤及病兔。

（二）注射给药法

注射给药的优点是吸收快，药量准，效果好，口服难以吸收的药物或其他不宜内服的药物，大都可以注射给药。但也有其缺点，注射给药会给机体带来其他应激，特别是静脉注射，当较大剂量的冷药液迅速注射进入血液循环后，会给机体带来不良应激，如果药液浓度过浓或过稀，且剂量大时，会导致电解质失衡。在操作时，须注意药物质量，并要求严格消毒，以免发生病原菌感染。注射给药的方法，通常有肌内注射、皮下注射、静脉注射、腹腔注射，以及气管注射、穴位注射和脊髓注射等。

1. 肌内注射

不宜作静脉注射，但要求比皮下注射更迅速发挥疗效时，可选用肌内注射法给药。选择臀部或腿部肌肉丰满处，局部剪毛、消毒，针头垂直刺入一定深度（达肌肉内），抽动活塞，如无回血后，缓缓注入药液，注入药液后，用棉球按压进针处，同时迅速拔出针头，当局部注入药液较多时，拔出针头后，酒精棉球再压迫针口片刻，防止药液流出。在操作时，要注意避免伤及血管和神经，特别是选择臀部肌内注射时，要防止坐骨神经受损，并要求把握进针深度，避免触及骨骼，切勿将针头全部刺入，以防针头在衔接处折断而难以取出。

2. 皮下注射

多用于疫苗免疫注射和无刺激性或刺激性小的药物。选颈部、肩前、腋下、股内侧或腹下皮肤薄而松弛、易移动的部位。局部剪毛消毒，左手拇指、食指和中指捏起皮肤呈三角形（皮肤形成皱褶），将注射器针头沿皱褶方向刺入皮下，不见回血后缓缓注药。注射完毕后，用酒精棉球按压进针处，同时迅速拔出针头，酒精棉球再压迫针口片刻，防止药液流出。注射正确时可见注射部位局部皮肤稍有鼓起。

3. 静脉注射

将药液直接注射到静脉管内，无需吸收过程，可立即发挥药效。适用于刺激性强、不宜作皮下或肌内注射的药物，但油类药物不宜作静脉注射。将病兔适当保定，固定头部，多取耳外缘静脉，剪毛消毒术部（耳毛短者可不剪毛），左手拇指与无名指和小指相对，捏住耳尖部，用食指和中指夹住并压迫静脉向心侧，使静脉充血怒张，当静脉不明显时，可用手指弹击耳廓数下，或用酒精棉球反复涂擦刺激静脉处皮肤，晚上操作时，可用小手电从兔耳反面照射，以使耳脉更清晰。针头以 15°角刺入血管，针头刺入血管后，使针头与血管平行向血管内送入适当深度，回抽活塞见回血、推送药液阻力小、局部皮肤不隆起，为进针操作正确，再缓缓注入药液。注射完毕后，用酒精棉球按压进针处，同时迅速拔出针头，酒精棉球再压迫针口片刻（掌握棉球按压轻重尺度，不宜过于用力），防止出血。

4. 腹腔注射

常用于补充体液。多在静脉注射困难或长毛兔心力衰竭时选用。注射部位多选在脐后部腹底壁，偏腹中线 2~3 厘米处，局部剪毛消毒，抬高后躯，使腹内脏器前倾，向腹内进针，回抽无回血、气体和血液后即可注药。腹腔注射时，应把握进针深度，当注射针头刺破腹壁而进入腹腔即可，不宜过深，以防伤及内脏，胃和膀胱空虚时进行腹腔注射比较适宜，另外，作腹腔注射用的药液，应予以加温，药液温度以接近长毛兔体温为宜。

（三）直肠给药法

直肠给药常用于便秘、毛球病等。内服给药效果不佳时，可采用直肠灌注给药，效果较好。

操作时将病兔侧卧保定，稍微抬高后躯，用涂有润滑油的橡胶导管，经肛门缓缓插入直肠 7~10 厘米（应根据长毛兔个体大小而定），然后将盛有药液的注射器连接导管注入药液，压堵管口及肛门，缓缓抽出导管，5~10 分钟后松开肛门，任其自由排便，目的是促使积粪或毛球等阻塞物的排出。作直肠给药用的药液，应适当加温，药液温度以接近长毛兔体温为宜。

（四）体外给药法

体外给药常用于体表杀菌消毒、外创清洗消炎和杀灭体外寄生虫等，以防治局部感染和寄生虫病等。在体外大面积用药时，应防止经体表皮肤或黏膜吸收而引起中毒，需掌握药物的性质、毒性、浓度、用量和作用时间等，必要时可分部位、分时间、分次数给药。

1. 清洗

将药物配制成适当浓度的水溶液，用以清洗眼结膜、鼻腔和口腔等部的黏膜，以及清洗污染部位或感染创面等。操作时可用注射器或吸液球吸取药液作局部冲洗，或用棉球或棉签蘸取药液擦洗局部。

2. 涂擦

主要用于治疗皮肤或黏膜的各种损伤、局部感染或疥癣等。将药膏或药剂均匀涂擦于患部皮肤、黏膜或创面。

3. 药浴

主要用于杀灭体表寄生虫等。将药物配成一定浓度的溶液或混悬液，将病兔浸没其中或洗浴。由于长毛兔对药浴较为敏感，操作时应掌握时间。

4. 点眼

适用于眼结膜炎、眼部清洗或作眼球检查。操作时，用手指将下眼睑内角捏起，可将药物滴入下眼睑和眼球之间的凹槽内，每次滴入 2~3 滴，每天 3~4 次。如用眼膏，也可将药物直接挤入眼结膜囊内。药物滴（挤）入眼结膜囊后，稍微活动一下眼睑，稍等片刻后才可松开手指，以防药物挤出。

二、注意事项

1. 用药剂量

一般来说，开始用药时剂量宜适当加大，然后根据病情适时减量。若以成年兔药量为标准，则 4~8 月龄兔的用药量为成年兔的 3/4，断奶至 4 月龄兔为 1/2；如以内服剂量为标准，则皮下注射为内服剂量的 1/3~1/2，肌内注射为 1/4~1/3，静脉注射为1/5~1/4。

2. 给药间隔和疗程

为了清楚地说明给药间隔时间的长短原因，这里讲一下药物的半衰期，半衰期是药代动力学中的一个概念，半衰期通常是指血浆中药物浓度从最高值下降一半所需的时间。例如一种药物的半衰期(用时间 1/2 表示）为 6 小时，那么超过 6 小时则血药浓度为最高值的一半，而再过 6 小时又消减一半，此时，血浆中药物浓度仅仅为最高值的 1/4。药物的半衰期反映了药物在机体内的消减速度，反映了药物在机体内的作用时间与血药浓度之间的关系，它是决定给药剂量、给药间隔的主要依据。

抗生素的血药浓度超过最小抑菌浓度（MIC）的时间，是影响其抗菌作用的主要因素，而半衰期长短是保持药物水平高于 MIC 的重要因素，所以说，给药间隔的时间长短，主要影响因素是半衰期。

一般抗生素肌内注射或静脉注射吸收迅速，如青霉素 G 盐，于肌内注射后 30 分钟血液中的浓度就可达到顶峰期，但有效浓度只能维持 6~8 小时，所以最好每隔 6~8 小时注射 1 次。

抗生素的治疗疗程，一般为连用 3~5 天，在症状消失后再用 1~2 天即可，若停药过早则容易导致疾病复发。

3. 药物选用

治疗疾病应选用敏感、低毒、低廉（即疗效好、不良反应小、价格低廉）的药物。如大肠杆菌引起的消化道感染等，首选药物为卡那霉素和庆大霉素，次选药物为多黏菌素、链霉素和磺胺类药物。葡萄球菌引起的创口化脓、呼吸道感染等，首选药物为青霉素，次选药物为红霉素、四环素和增效磺胺等。巴氏杆菌引起的出血性败血症、肺炎等，首选药物为链霉素、卡那霉素，次选药物为磺胺类药和四环素等。

4. 联合用药

两种或两种以上药物同时或先后应用称之为联合用药，而联合用药的目的是为了增强疗效，减轻毒性反应，避免或延缓耐药菌株的产生。我们要认识到，药物之间可通过影响受体或竞争性与受体相结合等方式，使药效产生变化，也就是使药物效应增强（协同作用）或减弱（拮抗作用），如果所联合的药物其产生的药物效应是减弱或无关，就不能采取联合用药或合并用药措施。

临床上常用的联合用药，有青霉素加链霉素合用；磺胺类药与抗菌增效剂合用等。但是，如果滥用联合用药，不仅不能增加疗效，而且可使耐药菌株增多，不良反应增加，混淆诊断，延误治疗，产生不良后果，应予以重视，要根据药物性质和疾病治疗需要来决定是否采取联合用药方式给药。

5. 配伍禁忌

药物在体外配伍，直接发生物理性、化学性或药理性的相互作用，影响药物疗效或发生毒性反应，称配伍禁忌。用药时应注意避免。配伍禁忌通常可分为物理性的、化学性的和药理性 3 类。

物理性的配伍禁忌，是两种或多种药物配在一起时，会引起分层、液化、沉淀、潮解等物理变化，从而影响疗效。例如，水合氯醛与樟脑两种粉末混合研磨，会降低熔点而产生液化现象；酸性药物中加碱，会析出沉淀；碳酸钠与醋酸铅共研会潮解；如水溶剂与油溶剂两种溶液配合，会出现分层现象等。

化学性的配伍禁忌，是两种或多种药物配在一起时，会引起沉淀、变色等现象，使药物产生中和、氧化、分解等化学变化，改变了药物性状，甚至使药物失效或毒性增强。例如，氯化钙溶液与碳酸氢钠溶液配合时，会产生碳酸钙沉淀；鞣酸遇氯化高铁溶液时，即变成黑色等。

药理性的配伍禁忌，亦称疗效性配伍禁忌，是指两种药物配伍，其治疗作用相互抵消或毒性增强，从而降低治疗效果或产生严重的副作用及毒性，例如，中枢兴奋药与中枢抑制药、拟胆碱药与抗胆碱药配伍时，其治疗作用一般会抵消或减弱；如青霉素和四环素并用时，会产生拮抗作用，从而明显降低青霉素对细菌的抑制和杀灭作用。

目前，新的兽药不断出现，但有的药物只是改变了生产工艺，有的兽药只换了一个商品名称，并没有改变药物的理化性质，所以，广大长毛兔养殖场的技术人员，在对兔病预防治疗的实际生产应用中，要充分掌握一种药物本身的构效关系和内在本质，科学配伍，合理应用。

第三节　常见传染病和寄生虫病

传染病，包括寄生虫病，是由各种病原体引起的能在人与人、动物与动物或人与动物之间相互传播的一类疾病，其病原体是微生物和寄生虫，但微生物占多数。传染病的特点是有病原体，有传染性和流行性，感染后常有免疫性。有些传染病还有季节性和地方性。传染病具有一定的潜伏期和临床表现。传染病的传播和流行必须具备三个条件：传染源、传播途径和易感动物。通常把这三个条件称为传染病传播“三要素”。

一、兔瘟病

兔瘟，又称病毒性出血症，是由兔瘟病毒引起的急性、高度接触性、败血性传染病。主要危害青年兔和成年兔，病兔死亡率较高，对母源抗体低且首免不及时的幼兔发病率死亡率也较高。对免疫效果不好，日常管理不规范的长毛兔场，常呈大面积流行，对长毛兔生产带来巨大的威胁。

【发病特点】本病自然感染只发生于兔子，尤以长毛兔最易感。病兔和带毒兔只是主要的传染源，污染的饲料、饮水，以及配种、剪毛等等是主要的传播媒介。3 月龄以上的青年兔和成年兔发病率和死亡率可高达 100%，传播途径为呼吸道、消化道、伤口和黏膜。本病一年四季均可流行蔓延，尤以春、秋、冬季多发，夏季少见。

【主要症状】本病自然发病的潜伏期为 2~3 天，根据病程可分为最急性型、急性型和慢性型 3 种。

(1) 最急性型。多见于非疫区或流行初期，病兔无任何先兆而突然倒地、抽搐、尖叫死亡；少数病兔可见鼻孔中流出带泡沫血液，呈角弓反张，有的粪球表面有淡黄色胶冻样附着物。

(2) 急性型。病兔精神不振，食欲减退，体温升高至41~42℃，有时胀肚、便秘或腹泻，病程一般为1~2天。临死前出现兴奋、挣扎、狂奔、乱咬症状，全身抽搐、尖叫死亡。死后呈角弓反张，部分鼻孔等天然孔中流出带泡沫血液。妊娠母兔发生流产和死胎。

(3) 慢性型。多见于流行后期或刚断奶的幼兔，病兔体温41℃左右，精神不振，食欲减退，被毛乱而无光泽，迅速消瘦。病兔多呈耐过，1~3天后逐渐恢复，但仍带毒、排毒，容易感染其他兔子。即使耐过，但生长缓慢，发育不良。

剖检：鼻、喉、气管黏膜呈弥漫性充血、出血；肺水肿，有出血斑点；肝肿质脆，脾、肾淤血肿大，有针尖状出血点；小肠、盲肠、直肠浆膜出血；膀胱积液，尿液黄褐色，膀胱黏膜有出血点或出血斑。

【防治方法】

(1) 预防措施。做好兔瘟病的预防工作，主要有三方面：一是要及时接种兔瘟疫苗，兔瘟的免疫接种，如果母源抗体水平较高，一般在40日龄左右对断奶兔进行首免，每只兔皮下注射1~2毫升，65~70日龄时二免，再皮下注射2毫升。免疫期一般为6个月。成年种兔每年免疫接种2次。确保其抗体水平；二是以消灭传染源，切断传播途径为目标，坚持做好消毒、隔离、规范处理病死兔等各项卫生防疫工作，坚持严格执行各项防疫制度；三是要加强饲养管理，增强兔群体质，保持兔群良好的健康水平，使兔群对免疫疫苗有良好的应答，提高兔群抵抗疫病能力。

(2) 治疗方法。药物治疗，发病初期兔群可用高免血清治疗，成年兔每千克体重3毫升，青年兔每千克体重2毫升，肌内注射，治愈率可达75%~90%。对未表现临床症状的兔群，进行兔瘟疫苗紧急接种，每只兔3毫升，但必须做到一兔一针头。

二、巴氏杆菌病

巴氏杆菌病是由多杀性巴氏杆菌引起的各种病症的总称。其病原为多杀性巴氏杆菌，为革兰氏阴性菌，兔对巴氏杆菌非常敏感，常引起大批发病和死亡，对养长毛兔养殖业威胁很大。

【发病特点】多数长毛兔的鼻黏膜及扁桃体均带有本菌，但不表现症状。易发季节为春秋两季，呈散发或地方性流行，特别是在饲养管理不当、卫生条件不良、笼舍拥挤、长途运输等应激因素影响下，兔只抵抗力降低，容易暴发本病。带菌兔是发生和流行本病的重要原因。呼吸道、消化道或皮肤、黏膜、伤口为本病的主要传染途径，发病率高。如不及时采取有效措施，可引起大批死亡。

【主要症状】本病潜伏期长短不一，根据病程长短及表现，常可分为以下几种临床类型。

(1) 传染性鼻炎。病兔表现为流出浆液性或黏液性鼻液为特征的鼻炎或鼻窦炎，常咳嗽、打喷嚏，因炎症刺激病兔常用前爪抓擦鼻部，引起局部脱毛、红肿、发炎。剖检可见鼻腔内积有多量浆液、黏液或脓性鼻液，黏膜发炎。

(2) 肺炎型。通常呈现急性过程，病兔精神沉郁，食欲减退，逐渐消瘦衰竭甚至死亡。急性的往往未见任何症状而突然死亡。剖检常呈急性纤维素性肺炎和胸膜炎，肺部有出血点、实变和灰白色小病灶，心胞膜也常被纤维素包裹。严重病例可能形成肺脓肿，甚至出现肺部空洞。

(3) 败血型。病兔精神不振，食欲减退，体温41℃以上，少数病兔突然死亡。病程稍长者鼻腔流出浆液性、脓性分泌物，有的出现下痢。剖检可见鼻、喉、气管黏膜充血、出血，肺水肿、出血，肝变性有点状坏死灶，胸腔、腹腔有淡黄色渗出液等。

(4) 中耳炎。又称斜颈病。单纯的中耳炎并不会出现斜颈，当炎症蔓延至内耳或脑膜时，则表现斜颈。在临床上主要表现为，头向一侧偏斜，严重病例，出现运动失调，病兔采食、饮水困难，可能出现脱水现象。剖检可见一侧或两侧鼓室有白色或淡黄色分泌物，有时鼓膜破裂，流出脓性渗出物。

(5) 脓肿。病兔全身皮下和体表出现脓肿，内含白色、黄褐色脓汁。病程较长者多形成纤维素性包囊。病兔发生脓肿后，常可导致败血症而死亡。

【防治方法】

(1) 预防措施。一是加强饲养管理。保持笼舍清洁卫生，加强通风，定期消毒，控制饲养密度，坚持自繁自养，定时检查兔群，发现流鼻涕、打喷嚏的兔子应及时隔离、治疗或淘汰。二是定期免疫接种。本病多发地区每年春、秋两季可用巴氏杆菌灭活疫苗预防接种，每兔皮下或肌内注射 1 毫升，免疫期 5 个月左右。

(2) 治疗方法。可用链霉素加青霉素混合注射，以发挥青霉素加链霉素的协同作用，使用方法为：每只病兔用链霉素 5 万~10 万单位，青霉素 10 万单位，混合后肌内注射，每日 2 次，连用 5 天；硫酸卡那霉素、庆大霉素都有良好疗效。 慢性病例可用土霉素、长效磺胺、磺胺二甲嘧啶等，值得注意的是，在使用磺胺类药物期间，应在长毛兔的日粮或饮水中添加小苏打。

三、大肠杆菌病

大肠杆菌为革兰氏阴性菌，大肠杆菌病是由致病性大肠杆菌及其毒素引起的一种发病率、死亡率很高的肠道传染病，其特征为病兔排水样或胶冻样粪便，易脱水。对长毛兔生产危害性大。

【发病特点】本病一年四季均可发生，尤以夏、秋高温、高湿季节多发。饲养管理不当、气候骤变、饲料营养不全、其他疾病感染等，均有可能导致肠道菌群失调，抗病力降低，引发内源性感染；病兔腹泻排出病原菌，污染饲料、饮水及兔舍、兔笼环境等，均可导致外源性感染。各种年龄兔均有易感性，但以仔兔、幼兔和青年兔最为敏感，尤以 20 日龄及断奶前后兔最敏感，成年兔发病率较低。

【主要症状】临床上以水样腹泻、黏液性腹泻、脱水为主要特征。最急性型病例未见任何症状即突然死亡；病程长者食欲减退，精神沉郁，腹部膨大，初期粪便细小、成串、外包透明胶冻状黏液，随后出现水样腹泻，腹部和后腿被毛沾有黏液和淡黄色水样粪便，病兔四肢发冷，迅速消瘦，眼眶下陷，最后衰竭死亡。剖检可见胃、十二指肠和空肠充满大量液体和气体，回肠内容物呈淡黄色胶冻样黏液。肠黏膜充血、出血、水肿、坏死，肠壁变薄，肠黏膜脱落，肝肿质脆，表面有点状灰黄色坏死灶。

【防治方法】

(1) 预防措施。加强饲养管理，注重兔舍环境卫生，特别是对断奶的幼兔要加强管护，断奶幼兔换笼时，尽量减少其他应激，兔舍内日夜温差不宜过大，防止急速更换饲料日粮。病兔应及时隔离饲养。发病兔场，可从本场病兔中分离大肠杆菌制成氢氧化铝甲醛疫苗，进行预防注射。

(2) 治疗方法。治疗该病前，最好先用本场分离菌进行药敏试验，选用敏感药物。一般可选用卡那霉素、链霉素或庆大霉素治疗。卡那霉素治疗：每兔 1 万~2 万单位，肌内注射，每日 2 次，连用 3~5 天；链霉素治疗：每千克体重 3 万~4 万单位，肌内注射，每日 2 次，连用 3~5 天；庆大霉素治疗：每兔 1 万~2 万单位，肌内注射，每日 2 次，连用 3~5 天。应用药物治疗时，可配合使用活性炭、多维素、小苏打等作辅助治疗，效果更佳。

四、魏氏梭菌病

魏氏梭菌即产气荚膜杆菌，为革兰氏阳性杆菌，魏氏梭菌病又称魏氏梭菌性肠炎，是由 A 型魏氏梭菌毒素引起的肠毒血症，魏氏梭菌广泛存在于土壤、牧草、蔬菜、粪便和污水中，发病率和死亡率很高。

【发病特点】本病一年四季均可发生，尤以冬、春季节发病率较高。除哺乳仔兔外，不同年龄、性别的长毛兔均易感，纯种兔的发病率高于杂交毛用兔，尤以 1~3 月龄幼兔发病率最高。主要经消化道或伤口感染，病兔和带菌兔及排泄物为主要传染源。卫生条件不良、笼舍拥挤等饲养管理不当，以及气候骤变、长途运输、急速更换饲料日粮等各种应激因素可诱发本病。

【主要症状】主要表现为急剧水样腹泻。病初食欲减退，精神沉郁，拱背蜷缩。先排黑色软粪，继而出现黄色水样腹泻，于水泻当天或次日死亡。剖检可见胃内充满食物和气体，胃黏膜出血、溃疡，胃黏膜脱落；小肠充满气体，小肠壁有充血出血，肠壁薄而透明，盲肠和结肠内充满黑色稀薄内容物，有腐败腥臭味；脾肿大，肝质脆，膀胱积液少。

【防治方法】

(1) 预防措施。一是要加强饲养管理。搞好日常饲养管理和清洁卫生工作，防止饲喂过多的玉米、稻谷、豆粕等谷物饲料和蛋白质饲料，日粮中有足够的粗纤维，变换饲料要逐步进行，气候多变季节要尽量缩小兔舍内温差。发现病兔及时隔离，对兔笼及周边环境进行彻底消毒。二是定期免疫接种。本病多发地区每年春、秋季可用魏氏梭菌氢氧化铝灭活苗免疫接种，皮下注射，成年兔 2 毫升，青年兔 1.5 毫升，免疫期 6 个月左右。三是要规范用药，切勿滥用抗生素。

(2) 治疗方法。发病初期，可用高免血清治疗，先皮下注射 0.5~1 毫升，10 分钟后未见过敏反应的，再用血清 5 毫升，加 5% 葡萄糖盐水 10~15 毫升，混合均匀，耳静脉缓注，每天 1 次。视病情轻重，病兔经 2~3 天治疗，会明显减轻腹泻症状，效果良好。全血疗法，采健康兔耳静脉血 20 毫升（4%枸橼酸钠 4 毫升抗凝），全血立即给病兔肌内注射，每兔 5 毫升，重症者 6 小时后再注射 1 次。抗生素、磺胺类药物疗效不佳。

五、葡萄球菌病

葡萄球菌病是由金黄色葡萄球菌引起的一种全身各部位、各组织器官发生化脓性脓毒败血症。金黄色葡萄球菌为革兰氏阳性，能产生多种毒素。是集约化养兔场的常见传染病之一，死亡率较高，对长毛兔健康影响较大。

【发病特点】葡萄球菌广泛存在于自然界。长毛兔对本病菌较为敏感，主要通过损伤的皮肤和黏膜等途径感染致病，并可导致脓毒败血症；如经消化道感染则可引起食物中毒和胃肠炎；经呼吸道感染可引起鼻炎、肺炎、气管炎；经哺乳母兔乳房损伤感染则可引起乳房炎和仔兔黄尿病；通过损伤的皮肤感染时，可发生局部炎症，并可导致转移性脓毒败血症。

【主要症状】本病因感染部位不同，所表现出的临床症状也多种多样，除内脏器官脓肿外，一般不难做出诊断。确诊则需进行病原分离鉴定。

（1）转移性脓毒血症。病兔头、颈、背、腿等处的皮下、肌肉及内脏器官形成 1 个或数个脓肿，手摸时兔有疼痛感，脓肿稍硬，有弹性，随着病程的发展，脓肿增大变软，直至自行破溃，流出乳白色、黏稠脓汁。多成瘘管经久不愈，少数引起内脏器官转移性化脓病灶，引起全身感染时多呈败血症，迅速死亡。

（2）仔兔脓毒败血症。常见于 2~5 日龄仔兔，在胸、腹、颈、颌下和腿部内侧皮肤表面出现粟米粒状脓肿，3~5 天后因败血症而死亡；部分日龄较大的仔兔，皮肤表面出现黄豆粒状的白色脓疱，病程较长，最后因消瘦衰竭而死亡。

（3）仔兔黄尿病。又称仔兔急性肠炎。由吸吮患乳房炎母兔的乳汁所致，常全窝发病。急性腹泻，病兔昏睡，全身发软，肛门周围及后肢被毛沾污黄色粪便，潮湿腥臭。病程 2~3 天。死亡率很高。

（4）乳房炎。哺乳母兔因乳房损伤侵入本病菌而致病。患急性乳房炎的病兔体温升高，精神沉郁，乳房肿大呈紫红色或蓝紫色；患慢性乳房炎的病兔，乳房局部有硬结或脓肿，症状较轻，泌乳量减少，可逐步变软而化脓，直至破溃。

（5）脚皮炎。由于病兔脚掌损伤使本病菌侵入，发生炎症，脚底脱毛、充血、红肿，继而出现脓肿、流液，破溃后形成溃疡面经久不愈。因脚底疼痛，病兔呈跛行，卧立不安，食欲减退，逐渐消瘦，抵抗力降低，最后呈败血症死亡。

【防治方法】

（1）预防措施。一是要加强饲养管理。兔笼底板竹条要光而平整，防止笼底板上的金属钉伤兔，保持笼舍清洁卫生，定期严格消毒；垫草要柔软清洁，以防各种外伤的发生，如兔只受外伤，要及时对伤口进行消毒处理。二是要做好预防工作。患病兔场可用金黄色葡萄球菌蜂胶灭活苗对兔群进行预防注射，注射时要严格消毒；另外，可在母兔日粮中添加土霉素或磺胺嘧啶，有一定预防效果。

(2) 治疗方法。全身给药：肌内注射青霉素，每千克体重 5 万单位，肌内注射，每日 2 次，连用 3~5 天；但金黄色葡萄球菌很容易对青霉素类的抗生素出现耐药，则可换成红霉素类等大环内酯类的抗生素。局部治疗：皮肤脓肿、脚皮炎等，手术排脓，清除坏死组织，用 0.2%高锰酸钾溶液清洗创口，然后涂擦抗菌消炎软膏。

六、链球菌病

链球菌病是由溶血性链球菌引起的一种急性败血性传染病，各种年龄的长毛兔均可感染，但主要危害幼兔。

【发病特点】本病一年四季均可发生，尤以春、秋两季更为多见。溶血性链球菌普遍存在于自然界，健康兔的口腔、呼吸道和阴道中均存在该菌，饲养管理不当、气候突变、受寒感冒、长途运输等应激因素，均可诱发本病。病兔和带菌兔是主要传染源，病菌随病兔排泄物污染饲料、用具、空气、饮水和周边环境，通过这些途径感染兔群。病菌随消化道和呼吸道感染本病。

【主要症状】病兔体温升高，精神沉郁，食欲减退，呼吸困难，间歇性腹泻，如不及时治疗即可发生脓毒败血症，经 1~2 天后死亡。剖检可见皮下组织出血性浆液浸润，胸膜及心包液呈微黄色，心、肺有出血点，脾肿大，肝、肾脂肪变性，肠黏膜出血、充血。

【防治方法】

(1) 预防措施。加强饲养管理，避免长毛兔群受寒感冒等应激刺激，加强消毒卫生工作，发现病兔应及时隔离，对笼舍、用具、环境等进行严格消毒。

(2) 治疗方法。一是药物治疗。治疗病兔最好先做药敏试验，筛选高敏药物，用高敏药物进行治疗。无此条件者可选用以下药物：可用青霉素加链霉素混合注射，使用方法为：每只病兔用青霉素15万单位，链霉素15万单位，混合后肌内注射，每日2次，连用5天；或磺胺嘧啶注射液，成年兔2毫升，中兔1.5毫升，幼兔1毫升，首次注射剂量加倍，肌内注射，每日1次，连用3天，用磺胺类药物期间，应在长毛兔的饮水或日粮中添加适量小苏打。二是排脓消炎。对手压感觉较硬的脓肿，可涂以鱼石脂软膏，而对触摸手感较软的成熟脓肿，可切开排脓，用3%过氧化氢溶液冲洗脓腔后，涂以消炎软膏。

七、波氏杆菌病

该病是由波氏杆菌引起的一种慢性呼吸道传染病，以鼻炎和肺炎为主要特征，幼兔多呈支气管炎症状，成年兔多出现鼻炎症状。

【发病特点】本病一年四季均可发生，以秋冬和春季多发。主要经呼吸道感染，幼兔发病率高，成年兔发病相对较少，从饲养环境和饲养条件看，以环境阴暗、通风不良、卫生条件差的兔舍为多发。仔兔、幼兔发病多呈急性型，成年兔呈慢性型。

【主要症状】本病可分为鼻炎型和肺炎型。开始发病时多呈鼻炎型，病兔从鼻腔中流出浆液性或黏液性分泌物，鼻腔黏膜充血，有多量浆液或黏液。随病情发展转变成支气管肺炎型，其特征是鼻炎长期不愈，鼻腔中流出脓性分泌物，打喷嚏、咳嗽，严重时呼吸困难，食欲不振，逐渐消瘦，病程较长。剖检可见肺部有大小不等的化脓灶和脓疱，有的病变部隆起而坚硬，胸腔积脓，肌肉脓肿，脓肿内积有乳白色或灰白色的黏稠脓液。严重的病例，肺大部分有病变灶。易呈胸膜与肺、心包粘连、化脓或纤维素性渗出。

【防治方法】

（1）预防措施。一是加强饲养管理。保持兔舍清洁卫生，空气流通而新鲜。病兔流出的鼻液、打喷嚏的飞沫，可成为本病的传染源。所以对体弱而久治不愈的病兔应及时淘汰，笼舍、用具和环境应严格消毒。二是免疫接种。有本病史的兔场，可用波氏杆菌灭活菌苗对兔群进行免疫接种，免疫期为4~6个月。

(2) 治疗方法。病兔的治疗，可选用替米考星、卡那霉素、庆大霉素、红霉素、链霉素及磺胺类药物。

八、沙门氏杆菌病

沙门氏杆菌病又称兔副伤寒，是由鼠伤寒沙门氏杆菌或肠炎沙门氏杆菌引起的一种消化道传染病，以急性腹泻、败血症、流产、死亡为主要特征。两种病原均为革兰氏阴性菌。

【发病特点】本病一年四季流行，春秋两季发病率较高，以幼兔和妊娠母兔多发，死亡率极高。传播方式主要有外源 性感染和内源性感染两种。病兔或鼠类污染的饲料、饮水是外源性感染发病的主要原因；饲养管理不当、气候突变、卫生条件不良、兔群抗病力下降，在健康兔消化道内的病原菌乘机繁殖且毒力增强，是引起内源性发病的主要原因。

【主要症状】潜伏期 2~5 天，除了个别病例因败血症突然死亡外，多数病例表现为腹泻，粪便呈糊状带黏液、泡沫，体温升高，精神不振，消瘦，食欲减退或废绝，饮欲增加，妊娠母兔常于流产后死亡，康复兔很难再次妊娠产仔。根据发病的急慢性，其剖检表现有所不同，多数可见内脏器官充血或出血，胸、腹腔积有浆液性或纤维素性渗出物，胸、腹腔脏器表面有淤血斑点，肝脏有弥散性坏死灶，肾脏有出血点，消化道黏膜有充血、出血、水肿。有的母兔生殖系统也会出现子宫肿大等病变。

【防治方法】

(1) 预防措施。一是加强饲养管理。由于本病的传播与鼠类关系密切，故兔场应做好防鼠灭鼠工作，发现病兔应及时隔离，搞好环境卫生，兔舍、兔笼和用具等应定期严格消毒。二是做好预防接种工作。本病流行地区，母兔配种前可用鼠伤寒沙门菌灭活菌苗预防接种，每兔皮下或肌内注射 1 毫升，每年 2 次。

(2) 治疗方法。可选用链霉素 15 万~20 万单位，肌内注射，每日 2 次，连用 3~5 天；诺氟沙星、恩诺沙星、土霉素都有疗效，也可用中草药治疗，1 份大蒜加 5 份清水，制成 20%大蒜汁内服，每日3次，每次5毫升，连用1周。

九、传染性水疱性口炎

兔传染性水泡性口炎（俗称流涎病）是由水疱性口炎病毒引起的兔急性传染病，其特征是口腔黏膜形成水疱性炎症并伴有大量流涎，具有较高的发病率和死亡率。本病毒主要存在于病兔口腔黏膜的坏死组织和唾液中。

【发病特点】本病多发于春、秋季，仔兔和幼兔易感，青年兔、成年兔发病率较低。其传染源主要是病兔，病毒随污染的饲料、饮水经嘴唇或口腔黏膜而侵入。饲养管理不当，饲喂霉变饲料，而引起机体抵抗力下降，采食带尖刺的饲料引起口腔黏膜损伤，也是本病发生的诱因。

【主要症状】潜伏期为5~7天，典型症状为口腔黏膜发生水疱性炎症，并伴随大量流涎。病初口腔黏膜潮红、充血，随后在嘴唇、舌和口腔其他部位黏膜出现粟粒大至扁豆大的水疱。进而转变成白色或灰色的小脓疱，水疱破后形成溃疡，同时有大量唾液沿口角流下，可继发细菌性感染，沾湿嘴脸、颈部、胸前和前肢被毛，绒毛黏成一片，易发生炎症和脱毛。由于大量流涎，丧失大量水等物质，加上口腔受损咀嚼不便，病兔表现食欲下降或废绝，精神沉郁，消化不良，常发生腹泻，日渐消瘦虚弱，最终因衰竭而死亡。病程2~10天不等，死亡率在50%以上。青年兔、成年兔死亡率较低。剖检时可见口腔黏膜、舌、唇黏膜有水疱、脓疱、糜烂、溃疡，唾液腺红肿，咽、喉头部聚集大量的泡沫性液体。胃内有黏稠液体和稀薄食物，肠尤其是小肠有卡他性炎症。

【防治方法】

（1）预防措施。加强饲养管理，仔细检查饲料质量，禁用带尖刺的饲料喂兔或过于粗糙的饲草饲喂幼兔，以免损伤黏膜而感染本病。发现病兔及时隔离治疗，加强消毒卫生工作，对笼舍、用具、环境等进行严格消毒。

（2）治疗方法。目前尚无疫苗，可采取综合措施，防止继发感染，对症治疗，可用防腐消毒液（如2%硼酸溶液、2%明矾溶液、0.1%高锰酸钾溶液或1%食盐水）冲洗口腔，然后涂擦消炎药剂，如碘甘油、冰硼散、黄芪粉、青霉素粉、四环素等，每日2次。为控制继发感染，可配合全身治疗，可口服磺胺嘧啶或磺胺二甲嘧啶，每千克体重0.2~0.5克，每日1次，连用数日。用磺胺类药物期间，应在饮水或日粮中添加适量小苏打。

十、兔痘

兔痘是由兔痘病毒引起的，以皮肤出现红斑和丘疹，淋巴结肿大，眼炎，鼻腔渗出液增加为特征。是一种热性、急性、高度接触性传染病。

【发病特点】本病只有家兔能自然感染发病，各年龄长毛兔都易感，本病不分年龄，但以幼兔和妊娠母兔的死亡率最高，可达70%，成年兔死亡率30%~40%。病兔鼻、眼等分泌物含有大量病毒，主要经消化道、呼吸道、创口、交配感染，在兔群中传播非常迅速。常呈地方性流行散发。

【主要症状】潜伏期2~14天，新疫区潜伏期相对较短，老疫区潜伏期为2周左右。病兔初期体温升高、厌食、流鼻液、全身淋巴结尤其是腹股沟淋巴结肿大并变硬，扁桃体肿大，之后皮肤出现痘疹，从红斑发展为丘疹，丘疹最后干燥结痂。病灶多见于耳、唇、眼睑、腹背和外生殖器。从而引起眼怕光羞明、流泪，继而发生眼睑炎、化脓性眼炎或溃疡性角膜炎。口腔、鼻腔水肿、坏死以及生殖器官周围水肿，怀孕母兔可致流产。通常病兔有运动失调、痉挛、眼球震颤、肌肉麻痹等神经症状，在感染后1~2周死亡。病理变化最典型的为皮肤的痘疹以及病变部皮肤水肿、出血和坏死。肺脏、肝脏、脾脏出现坏死结节。睾丸水肿和坏死，子宫常有坏死灶或脓肿。卵巢、淋巴结、肾上腺等也可见坏死灶。相邻组织出现水肿和出血。

【防治方法】

（1）预防措施。加强饲养管理，严格执行动物防疫制度，避免引入传染源。发现病兔及时隔离，加强消毒卫生工作，对笼舍、用具、环境等进行定期消毒。当兔场受疫情威胁时，可用牛痘疫苗做紧急预防接种。

(2) 治疗方法。目前本病尚无有效治疗方法。

十一、真菌病

真菌病是由真菌感染皮肤而引起皮肤炎症和脱毛的一种传染性皮肤病，具有传染途径复杂，治疗顽固性，复发率高，难以根除，自然界广泛存在和人畜共患的特点。常给长毛兔场带来经济损失。

【发病特点】本病为人兽共患传染性皮肤病。病原体为真菌，主要经病兔与健康兔直接接触，通过抓、舔、哺乳和交配等传播，多为散发，也可通过用具、垫草、笼舍及饲养人员间接传播，据试验，也可通过飞虫（如蚊子、苍蝇）传播。笼舍潮湿、光照不足、通风不良、环境卫生条件差可促使本病发生，一般幼兔比成年兔易感。

【主要症状】病初多发生在头部、颈部、嘴边、眼眶边、耳部等，继则感染肢端和腹下。患部以环形、突起、带灰色或黄色痂皮为特征，患部兔毛在皮层处断裂脱落，易损伤毛根毛囊。真菌分泌有毒物质，病兔经常啃咬或舔舐患部，引起患部皮肤发炎，绒毛生长停止，如同刚剪过兔毛的形状。此病易并发其他细菌感染。

【防治方法】

(1) 预防措施。一是要加强饲养管理。本病多发生于饲养管理和卫生条件不良的兔场，故平时应加强饲养管理，搞好环境卫生。二是要加强隔离和消毒。发现病兔应立即隔离治疗，笼舍及环境应严格消毒，耐火部件可用喷灯火焰消毒。

(2) 治疗方法。笔者认为，目前最有效的方法是：①剪去患部兔毛，用温碱水洗拭患部，软化后除去痂皮，再用70%乙醇，加甘油10%、克霉唑 2%，搅匀，涂擦患部。②对于仔兔的预防，产仔箱使用前，可用克霉唑、滑石粉、硫磺粉、青霉素混匀后，对产仔箱内壁进行涂抹。

其他的治疗方法：也可用药用硫磺粉加煤油，调成糊状，对患部进行涂擦；对群体性的防治，可用灰黄霉素拌料，每吨饲料添加灰黄霉素300克，连用14天，6个月后再重复一次。

十二、球虫病

球虫病是由艾美耳属的多种球虫引起的一种家兔内寄生虫病，本病是危害长毛兔最严重，也是最普遍的疾病之一，尤其对幼兔危害极大，发病后死亡率高达80%以上。

【发病特点】危害家兔的球虫种类较多。病兔所排出的粪便中含有大量球虫卵囊，多数卵囊可以越冬，但对日光和干燥很敏感，直射阳光数小时内可杀死卵囊，而当外界空气相对湿度为55%~75%，温度为20℃~28℃时，经2~3天球虫卵囊即发育成熟，而具有感染性，兔子采食被污染的饲料、饮水和垫草后，就会感染球虫病。尤以断奶至3月龄幼兔易感性最强，死亡率很高，成年兔感染后发病轻微。

【主要症状】本病在温暖、潮湿、多雨季节最易流行。因球虫种类和感染部位不同，临床上可分为肠型、肝型和混合型3种。

(1) 肠型。多呈急性经过，病兔常突然倒地死亡，头向后仰，两后肢划动，死前发出惨叫。急性未死病兔转为慢性，食欲不振，腹部胀气，腹泻和便秘交替发生。

(2) 肝型。多呈慢性，病初症状不明显，后期可视黏膜黄染，肝区触诊有痛感，时有腹水，被毛无光泽，眼睑发紫，眼结膜苍白。后期病兔多有神经症状，四肢痉挛、麻痹，最后衰竭死亡。

(3) 混合型。多发生于成年兔。具有肠型和肝型两种症状表现。病初食欲减退，精神不振，伏卧不动，消瘦、贫血，腹泻与便秘交替发生。尿频，尿液黄色浑浊。腹围增大。预后不良。

【防治方法】

(1) 预防措施。一是搞好环境清洁卫生工作，防止兔粪污染饲料、饮水、用具等，以免循环感染。二是对引进种兔要隔离饲养，确诊无病后方可入群饲养。三是做好消毒工作，笼具应每周清洗、消毒1次，通常可用药物消毒，耐火部件也可采用火焰消毒。四是要及时收集兔粪，并及时堆积发酵，将兔尿及时导入处理池，以杀灭球虫卵囊。青绿饲料种植基地严禁使用未经堆积发酵的兔粪。五是对死于球虫病的兔只要及时进行无害化处理，以防病原污染扩散。

(2) 治疗方法。笔者认为，目前最经济最有效，也符合有关用药规定的治疗方法，是在长毛兔日粮中添加氯苯胍，预防用每吨饲料添加氯苯胍 150 克（按国家有关规定），但从实际生产应用来看，以每吨饲料添加氯苯胍 250~300 克效果更好。幼兔从断奶开始连续饲喂 45 天，治疗量则按每日每千克体重 10~15 毫克内服，连用 10 天左右。成年兔每年预防 1~2 次即可。这里要特别提醒的是：不要选用马杜霉素来杀灭长毛兔球虫，因为长毛兔对马杜霉素极为敏感，其防治有效剂量与中毒剂量十分接近，风险高，安全系数小，如果剂量把握不准确，或在长毛兔日粮中搅拌不是十分均匀的话，就有可能引起中毒。

十三、肝片吸虫病

本病为人兽共患的体内寄生虫病，特别是利用水草养兔的南方地区常见，发病后死亡率较高。肝片吸虫虫体扁平，呈叶片状，虫体长 20~35 毫米，宽 5~13 毫米，其中间宿主为淡水螺（椎实螺）。

【发病特点】家畜中以牛、羊等反刍动物发病率最高，兔也可寄生感染，其病原体为肝片吸虫，主要寄生在病兔的肝脏和胆管内，产生大量虫卵，随粪便排出体外，在适宜的温度以及充足的光线、水分和氧气环境条件下，经 10~25 天孵出毛蚴，经中间宿主体内继续发育后变成尾蚴，离开中间宿主附着于水生植物变成囊蚴，兔子在采食附有囊蚴的水草后就会感染发病。本病多为夏秋季感染，冬春季发病。

【主要症状】病兔体温升高至 41~42℃，食欲减退。先便秘，后腹泻，或二者交替发生。病兔消瘦、衰弱、贫血和黄疸，眼结膜苍白、黄染，有时便中带血。严重者颌下、胸前出现水肿，肝脾肿大。可用沉淀法从新鲜兔粪中检查出虫卵。

【防治方法】

（1）预防措施。一是严禁用江河、水塘、湿地中的水草直接喂兔。二是要注意饮水卫生。三是应及时收集粪便堆积发酵，以杀灭粪便中的虫卵。

（2）治疗方法。对发病兔场在每年春、秋两季进行驱虫。驱虫药可选用丙硫咪唑、硫双二氯粉（别丁）、硝氯酚、三氯苯唑（肝蛭净）等。

丙硫咪唑：每千克体重 10~15 毫克，一次灌服。

硫双二氯粉：每千克体重 50~80 毫克，一次灌服。

硝氯酚：每千克体重 3~5 毫克，一次灌服。

三氯苯唑：每千克体重 10~12 毫克，一次灌服。

十四、栓尾线虫病

栓尾线虫病又称蛲虫病，是由蛔虫目栓尾属的栓尾线虫寄生于家兔盲肠和结肠而引起的一种消化道线虫病。

【发病特点】病原体为栓尾线虫，虫卵随病兔粪便排出后，即为感染性虫卵，健康兔因采食了被感染性虫卵污染的饲料或饮水而致病，被病兔粪便污染的垫草、笼舍、用具等也是传染源。虫体在盲肠或结肠中发育为成虫。

【主要症状】病兔少量感染时，一般无明显临床症状，严重时表现为食欲下降、精神不振、被毛粗乱、进行性消瘦，严重者可造成慢性肠炎，严重者衰竭死亡。夜间检查时，可见病兔肛门周围有乳白色线状蛲虫爬出。剖检可见盲肠黏膜附有虫体，也可通过饱和盐水漂浮法检查粪便中的虫卵。

【防治方法】

（1）预防措施。一是应加强饲料和饮水的卫生管理，及时清理收集兔粪，堆积发酵，杀灭虫卵。同时做好消毒卫生工作，及时处理垫草，对笼舍、用具予以定期消毒。二是对兔群定期驱虫，春秋季节全场兔群驱虫各 1 次，感染较重的兔场可每隔 2~3 个月驱虫 1

次，药物可选用丙硫咪唑，用量为每千克体重 8~10 毫克，1 次内服。

(2) 治疗方法。①丙硫咪唑，每千克体重 10~15 毫克，内服，每天1 次，连用 2 天。②左旋咪唑，每千克体重 5~6 毫克，内服，每天1 次，连用 2 天。

十五、豆状囊尾蚴病

该病是由豆状带绦虫的幼虫——豆状囊尾蚴寄生于长毛兔肝脏、肠系膜及肠腔所引起的一种寄生虫病，多呈慢性经过。

【发病特点】病原体为豆状囊尾蚴，成虫寄生于狗、猫或肉食兽小肠内，成熟绦虫随粪便排出含卵节片，若兔采食被污染的饲料或饮水，卵内六钩蚴在兔肠道内孵出，六钩蚴经肠壁侵入血管，随血液流至肝脏继续发育，经 2~3 个月发育成囊尾蚴，侵袭病兔的胃、脾、肝、肺和腹膜等器官。该病一般呈慢性经过，很少引起病兔死亡，但可导致感染兔生长发育缓慢。狗、猫等为终末宿主，兔为中间宿主。

【主要症状】病兔少量感染时无明显症状，仅表现为生长发育缓慢；大量感染时表现有肝炎、消化障碍等症状，严重影响肝功能，病兔精神不振，嗜睡，食欲减退，逐渐消瘦、腹部胀大、眼结膜苍白等。剖检可见肝肿大，有暗红色或黄白色条纹状坏死灶，肠系膜、网膜、肝脏表面及肌肉中可见灰白色、黄豆状半透明囊泡，囊泡内充满液体，其中有白色头节。

【防治方法】

(1) 预防措施。兔场内严禁饲养狗、猫等动物（也要防止外来狗、猫进入兔场）。如果兔场养有狗、猫等动物，要圈定狗、猫活动范围，防止狗、猫粪便污染饲料和饮水，并对狗、猫定期驱虫。

(2) 治疗方法。主要方法就是驱虫，对可疑病兔，可用选用下列药物治疗：①吡喹酮，皮下或肌内注射，每千克体重 10~15 毫克，每天 1 次，连用 2~3 天。②丙硫咪唑，每千克体重 10 毫克，一次内服。

十六、兔虱病

兔虱病是由兔血虱寄生于长毛兔皮肤表面所引起的一种慢性外寄生虫病，1只兔虱1天可吸血0.2~0.6毫升，当兔虱大量感染时，因兔虱大量吸血，病兔失血严重，对长毛兔的生长发育及生产性能发挥带来严重影响，对幼兔危害更为严重。

【发病特点】秋冬季节最易感染本病。饲养管理不当，卫生条件较差的兔群，虱病往往比较严重。病原体为兔血虱，发育史可分为卵、若虫、成虫等3个阶段，终生不离开宿主，若虫和成虫以吸食兔体血液为生。其传播途径主要通过病兔和健康兔的直接接触传播，也可通过病兔污染的笼舍、用具等方式传播。

【主要症状】兔虱叮咬吸血时能分泌有毒素的唾液，刺激神经末梢产生搔痒，影响兔群采食和休息。患兔啃咬或搔蹭患部导致皮肤损伤、出血或继发感染，严重时可引起化脓性皮炎，有脱毛、脱皮现象，患兔消瘦、贫血。易在病变部位发现兔虱和虱卵。

【防治方法】

(1) 预防措施。加强饲养管理，保持笼舍、用具清洁干燥，勤换垫草，垫草垫料使用前多晒太阳。对兔群应定期检查，发现病兔要及时隔离治疗，对笼舍及用具应经常刷洗、消毒。

(2) 治疗方法。

敌百虫：用1%~2%敌百虫溶液（也可用精制敌百虫片剂溶解配制），逆毛涂擦患部或喷雾器喷雾灭虱；或用敌百虫1克、滑石粉50克、樟脑丸1粒，研末后用纱布包装，撒布在患处，每天1次，连用3~5天。

中草药：百部或烟叶煎汁置凉后逆毛涂擦患部。

另外，也可用伊维菌素针剂驱虫，按说明书使用。

十七、螨病

螨病又称疥癣病，是长毛兔最常见的一种慢性皮肤病，发病率高，很难根治，是对兔群危害最为严重的外寄生虫病之一。

【发病特点】病原体为兔螨，最常见的有疥螨、痒螨和足螨等多种。本病具有高度传染性，一年四季均可发生，尤以秋冬季的阴雨潮湿环境下蔓延最快，感染率可达40%以上。管理不善和营养不良，可加重发病。主要通过病兔和健康兔的直接接触传播，也可通过病兔污染的笼舍、用具等方式传播。疥螨在离开兔体后的生存时间，一般不超过3周；痒疥螨离开兔体后的存活时间为2个月左右。

【主要症状】

①疥螨病（体癣）：病初出现在鼻尖、口唇，逐渐蔓延至眼、面部和全身，患部皮肤红肿，逐渐变厚，脱毛。病兔常用足爪搔抓或啃咬止痒，引起皮肤炎症，导致继发感染以至病情加重。

②痒螨病（耳癣）：主要寄生在耳部，引起外耳道炎。病初皮肤红肿，随后破伤，流出白灰色或黄褐色渗出物，数日后结成黄褐色痂块，痂块逐渐加厚、干裂，布满整个耳朵。病兔因经常搔痒，烦躁不安，频频换脚，啃咬患部，食欲减退，逐渐消瘦，甚至死亡。

③足螨病（足癣）：主要寄生在脚掌底部的皮肤内，也有寄生于头部或外耳道的。病初皮肤红肿，逐渐加厚，病足跛行。

【防治方法】

（1）预防措施。一是笼舍应保持清洁、干燥、通风、透光，勤清粪便，勤换垫草；加强饲养管理，增强兔群体质。

二是加强消毒，兔舍、兔笼、用具应定期消毒。

（2）治疗方法。治疗可选用灭虫丁、二氯苯醚菊酯、敌百虫、百部、烟叶等，也可选用虫克星、伊维菌素针剂驱虫，具体按说明书使用。

第四节　普通病和中毒病

一、感冒

感冒是长毛兔的常见病之一，兔群受寒冷应激，特别是兔群剪毛后突遇寒潮袭击，气温突然大幅下降时，兔群引起的一种急性发热性上呼吸道疾病。

【病因与特点】感冒多发生于秋末至早春季节，诱发长毛兔感冒的因素较多，主要是由于气候多变，兔舍潮湿，通风不良，贼风或穿堂风侵袭，剪毛后受寒，越冬措施不到位、病原微生物感染等因素引起。

【主要症状】病兔食欲减退，先流清鼻涕，后渐变稠或呈脓样，打喷嚏，鼻黏膜潮红，轻度咳嗽；重症病兔连续咳嗽，体温 40℃以上。后期呼吸困难，如治疗不及时，护理不到位，则可引起支气管炎，甚至肺炎。

【防治方法】

（1）预防措施。加强饲养管理，气温突变时，及时做好兔舍防寒保温工作，注重兔舍内的通风换气方法，防止室温骤变，保持兔舍干燥，保持充足饮水。及时隔离病兔，适量补充维生素。

（2）治疗方法。对病兔的治疗，要根据病兔的不同情况，分别采取相应措施，总的治疗原则是：疏风解表，祛风散寒，解热镇痛，防止继发感染。可选用下列药物治疗。

① 复方氨基比林注射液：每千克体重 0.5~1 毫升，肌内注射，每天1~2 次，连用 2~3 天。

② 青霉素、链霉素：每千克体重各 5 万~8 万单位，混合肌内注射，每天 2 次，连用 2~3 天。

③ 银翘解毒片：成年兔每次 1~2 片，幼兔减半，内服，每日 2 次，连用 2~3 天。

另外，也可选用磺胺类药、柴胡注射液、板蓝根注射液等等。

二、腹泻

腹泻也是长毛兔的常见病，而且多数不是独立性疾病，是多种疾病的共有症状，并可继发其他消化道疾病，其主要表现为粪便不成球，稀软，呈粥样或水泻。应引起高度重视。

【病因与特点】引起长毛兔腹泻的原因很多，如一些传染病、寄生虫病、中毒病等会表现腹泻症状，但这些病除了腹泻外，还有其各自固有的症状。另外，还有许多影响因素：一是饲养管理不当，饲料突然变换，饲喂不定时定量；二是饲料含水量过高，饲喂露水草或冰冻饲料；三是饲料配方不合理，精饲料比例过高，粗纤维含量过低；四是饲料不清洁，混有泥沙污物，饲料霉烂变质，夏季食槽清理不及时；五是饮水不卫生，兔场供水品质低下，或不及时清理供水管污物；六是兔舍寒冷潮湿；七是幼兔断奶过早；八是某些物质刺激消化道或引起消化障碍等因素均可导致腹泻，尤以幼兔为多见。一些人为管理不当造成的腹泻，如护理控制不当，病兔抗病力下降，会诱发大肠杆菌、魏氏梭菌等细菌性疾病，导致腹泻加剧，病情加重。

【主要症状】病兔的临床症状，由于其病因不同而有不同表现。通常表现精神不振，食欲减退或废绝，被毛松乱。粪便稀软，重症者粪便呈稀糊状或水样，混有不消化的食物碎片、气泡和浓稠的黏液，后躯被粪便污染呈黑黄色。随着病情加剧，逐渐消瘦，眼眶下陷，蹲卧不动，有的伴有体温升高，严重者可导致死亡。

【防治方法】

(1) 预防措施。加强饲养管理，日粮配方科学合理，保证日粮中的粗纤维含量，渐进变换饲料，饲喂定时定量，不喂霉烂变质饲料、含露水或冰冻的草料和不洁饮水，及时清理食槽残留物和供水管污物，保持兔舍干燥通风，防止兔舍内突然变温过大。发现病兔应及时隔离，病兔隔离舍要保持干燥、温暖，并注意通风。查明发病原因后，针对病因采取相应措施，停喂青绿多汁饲料，喂给少量易消化饲料。

(2) 治疗方法。一般情况下，在消除病因的同时，应尽早用药，如庆大霉素、磺胺类药、乳酶生片；轻微腹泻的，可给病兔饲喂一些清洁的干稻草，或在日粮中拌一些干燥的木炭粉末，效果明显；病症较重者，为防止病兔机体脱水，可用人工补液盐，按产品说明书配制后，代替病兔的饮用水，让病兔自由饮用。

三、中暑

中暑又称热射病或日射病，多发于气候炎热的夏季，特别是在天气暑热，通风不良，湿度大，烈日暴晒而无风的环境条件下，表现以体温调节功能障碍、电解质代谢紊乱为特征的疾病。

【病因与特点】长毛兔的汗腺极不发达，体表散热慢，加上天气炎热，兔舍潮湿，通风不良，饮水不足，兔笼内饲养密度过大，或露天兔场受强烈阳光照射，夏季长途运输，闷热拥挤，不易散热，体内热量过度积蓄，均可引发本病，尤其是未及时剪毛的长毛兔，更易发生中暑。

【主要症状】本病主要是身体过热，脑部充血，继而呼吸系统和循环系统发生障碍。病兔口腔、鼻腔、眼结膜充血而潮红、紫绀，体温升高，心跳加快，步态不稳，摇晃不定，用手触摸病兔时，感觉其全身灼热。病情严重时，呼吸困难，静脉淤血，黏膜发绀，从口、鼻中流出带血色的黏液。病兔常伸腿伏卧，下颌触地，四肢呈间歇性震颤或抽搐，有时突然虚脱，昏倒，尖叫后死亡。

【防治方法】

(1) 预防措施。炎热的夏季，兔舍必须注意通风。笔者认为，气温超过 30℃时，就应采取降温措施，特别是超过 32℃ 时，必须通过打开通风设备、凉水喷洒兔舍屋顶及室内地面、增设遮阳网、降低饲养密度等有效措施，同时保证充足饮水，适当缩短养毛期，及时剪毛，以利兔群个体散热。

(2) 治疗方法。

①护理措施：发现病兔应及时移至阴凉通风处，可用凉水浸湿

的毛巾（或冰袋）冷敷病兔头部、胸部，每隔数分钟更换冷敷毛巾，并采取耳静脉或耳尖、尾尖放血。

②药物治疗：取人丹 2~3 粒，1 次灌服；或十滴水 2~3 滴，加水适量，1 次灌服；若病情严重而昏迷，可用大蒜汁、生姜汁或韭菜汁滴鼻，每次 2~3 滴，以刺激病兔而苏醒，效果良好。如病兔是高品质的种兔，可利用盐酸氯丙嗪调节体温中枢、扩张血管、降低耗氧和松弛肌肉的药理作用，来选择使用盐酸氯丙嗪注射液（目前国家批准的生产规格有两种：2 毫升含 0.05 克；10 毫升含 0.25 克）进行肌内注射，用量为每千克体重 0.5 毫升。

四、眼结膜炎

眼结膜炎是由于多种因素引起长毛兔眼结膜的炎症，是规模兔场最常见的疾病之一。

【病因与特点】引起长毛兔眼结膜炎的因素很多，主要是由于饲养管理不当所致。一是兔舍内扬尘（草屑、沙土、兔毛、皮屑）等异物进入眼中，眼睑外伤；二是兔舍内通风不良，饲养密度大，空气污浊，致使有害气体刺激兔子眼睛；三是消毒剂、强光直射等因素伤害兔眼；四是寄生虫侵害、细菌感染；五是长毛兔日粮中缺乏维生素 A 等。

【主要症状】患兔初期眼结膜红肿，流泪，随后流出大量黏液性眼泪，有痒感，上下眼皮粘连，上下眼睑无法睁开，眼睑闭合或半闭合，如不及时治疗，常发展为化脓性结膜炎，眼中流出或在结膜囊内积聚黄白色脓性眼眵，溃烂化脓，甚至造成患兔失明。

临床上眼结膜炎相对容易诊断，但要注意非传染性结膜炎与传染性结膜炎的鉴别。

【防治方法】

（1）预防措施。主要是要加强兔舍通风，及时清除粪便和尿液，保证兔舍内空气质量；保持兔舍、兔笼的清洁卫生，减少扬尘；把握好消毒剂的浓度，防止消毒剂浓度过高刺激兔群；开放式室外养兔，要合理采光；日粮配方要科学合理，要含有足够的维生素 A，也可给长毛兔补充一些胡萝卜等富含维生素 A 的青绿饲料。

（2）治疗方法。可在清除病因的基础上，用眼药水或眼膏治疗，在用药前应先清洗患眼，清洗液可选用 0.9%的生理盐水，清除患眼分泌物后，可用氯霉素眼药水、硫酸锌眼药水、金霉素眼药水等眼药水滴眼，每天 4~5 次，连用 3~4 天；也可用青霉素眼膏、红霉素眼膏等眼膏上药涂眼，每天 2~3 次，连用 3~4 天；为了镇痛，可用 1%盐酸普鲁卡因溶液滴眼，每天 2~3 次，连用 3~4 天。

五、湿性皮炎

湿性皮炎是长毛兔的皮肤慢性炎症，又称垂涎病、湿肉垂病，多发部位为下颌和颈下，少量在后肢和肛门周围。

【病因与特点】发病原因多为下颌和颈下皮肤长期潮湿，继发细菌性感染所致。导致该部位长期潮湿的原因通常有四种：一是供水方法方式不当，如水槽、陶瓷盘或陶瓷水鉢等饮水器具过大过平过浅，或饮水器位置偏低，当长毛兔饮水的同时，容易浸湿下颌和颈下；二是由于自动供水系统水压过高，当长毛兔在自动饮水器饮水时，自动饮水器喷出水量过大过急，容易喷湿长毛兔下颌和颈下部位；三是由于饮水器具过大过浅，加上位置偏低，兔笼过小等原因，长毛兔休息时经常会浸湿兔体。如在炎热的夏季，长毛兔喜欢靠在饮水器具上降温。四是长毛兔口腔疾病治疗不及时或牙齿疾病，咬合错位等因素引起。另外，长毛兔长期腹泻时，其后肢和肛门周围也会发生湿性皮炎。

【主要症状】病兔患部皮肤发炎，表现患部脱毛、糜烂、溃疡等症状。如继发感染细菌病，各种细菌病有其临床表现特征。

【防治方法】

（1）预防措施。供水的槽、盘器具不宜过大过浅，饮水器位置要适当提高，要经常检查自动供水系统的水压，根据长毛兔的品种，合理设置笼舍面积，及时治疗口腔疾病和腹泻病，及时淘汰牙齿异常兔只，保持笼舍干燥清洁。

（2）治疗方法。先剪去患部被毛，用 0.9%生理盐水清洗患部，如果病情较轻，可涂擦碘酊，对于感染较严重的病兔，可涂上抗菌素软膏，或选用抗生素注射。

六、乳房炎

乳房炎是由多种因素引起长毛兔乳腺组织的一种炎症性疾病，本病多发于产后5~20天的哺乳母兔，是严重危害繁殖母兔和仔兔的一种常见病。

【病因与特点】母兔分娩前后由于饲喂精饲料过多，造成母兔分娩后泌乳量过多、乳汁过于浓稠，进而堵塞乳腺管后发生炎症；母兔产仔数过少或仔兔体质较弱而造成乳汁不能及时吸出或吸完，时间稍长，一个或多个乳头会因大量的乳汁蓄积而引起乳房发生炎症；母兔笼底板或产仔箱过于粗糙、有钉头外露、竹底板有尖刺，母兔活动时，母兔乳房受到机械性损伤，伤口感染葡萄球菌、链球菌等病原菌，致使乳房发生炎症；母兔营养不良（日粮营养不全面或饲喂量不足），泌乳量过少，导致仔兔咬伤母兔乳头，致使病原菌感染发炎；青年母兔过早配种繁殖，早配导致母兔体况差而缺乳；兔舍和兔笼卫生条件差，也容易诱发本病。

【主要症状】病兔初期乳房局部红、肿、热、痛，继之精神不振，食欲降低或废绝，体温升高，行走困难，多伏卧，饮欲增加，拒绝哺乳，患部呈蓝紫色，局部化脓形成脓肿，严重者感染扩散引起败血症。仔兔相继死亡或患黄尿病。

【防治方法】

（1）预防措施。一是要加强饲养管理，注重蛋白质、维生素和矿物质的合理供给，为泌乳母兔提供全价日粮，适当增加饲喂量，并饲喂一定量的青绿多汁饲料；二是确保繁殖母兔笼舍、产仔箱平整无尖锐物，以免损伤母兔乳房；三是要保持兔舍、兔笼的清洁卫生，并要求干燥而通风；四是要适时配种，长毛兔的性成熟比体成熟要早，青年母兔要在体成熟后才可选用配种繁殖；五是采用调剂哺乳，将产仔数过多的仔兔，调剂出一部分给产仔数少的母兔喂养（为防止母兔排异，可将刚调剂来的仔兔涂擦一点该母兔的尿液等排泄物）；六是给仔兔及时补饲，随着仔兔的生长发育，母兔的乳汁逐渐不能满足仔兔的需要，为了仔兔的健康生长，也为了母兔的乳房免受咬伤，当长毛兔仔兔满 18 日龄时就应开始补充饲喂优质、易消化的全价饲料。

（2）治疗方法。患病初期先用冷毛巾冷敷，同时挤出乳汁，1 天后用热毛巾进行热敷，每次 15~30 分钟，每日 2~3 次，或局部涂以消炎软膏（如 5%鱼石脂软膏、10%樟脑软膏等）。局部可用普鲁卡因青霉素（0.25%盐酸普鲁卡因注射液 10~15 毫升，加青霉素 5 万单位）封闭注射，在患病的乳房基部分点皮下注射。如发生脓肿，应及时手术切开排脓，然后作清创消毒抗菌消炎处理，按化脓创治疗，根据病情，也可采用注射器将脓液抽出，再向脓腔内注入青霉素溶液的方法治疗。全身性治疗可用青霉素、链霉素各 20 万单位肌内注射，每日 2 次，连用 3~5 天。对于多个乳头发生脓肿的母兔，因其泌乳功能受损，应作淘汰处理。

如果哺乳仔兔出现黄尿病，可选用青霉素治疗，每只仔兔 1 万~2 万单位，肌内注射，每天 2 次，连用 3 天；或用青霉素经注射用水稀释后，每只仔兔 1 万~2 万单位滴服，每天 2 次，连用 3 天。

七、脚皮炎

本病是脚部皮肤及脚垫创伤性或压迫性的坏死性炎症，是长毛兔常见的四肢疾病，以后肢最为常见，前肢发病较少。

【病因与特点】本病多因脚部在笼底或粗糙地面上承受压力过大，引起脚部皮肤或脚垫的压迫性坏死，多发于成年兔，幼兔或体型较小的兔只很少发生。兔发情时经常脚踏笼底板，易发生本病；剪兔毛时剪破脚垫皮肤、笼底潮湿、粪尿浸渍，更易引起溃疡性的脚垫、脚皮炎。

【主要症状】患部覆有干性痂皮或有大小不等的溃疡灶，由于病原菌感染，溃疡上皮及周围引起脓肿。病兔畏痛、拱背，重心前倾，四肢频频交换支撑躯体，严重时食欲减退，体重减轻，甚至引起败血症而死亡。

【防治方法】

（1）预防措施。长毛兔笼底板以竹条铺垫为好，应平整无尖刺，不能过于光滑，坚固而有弹性，笼底板应定期洗刷、消毒，勤于更换，保持清洁卫生和干燥。

（2）治疗方法。对患部可作一般外科处理。早期对患部可用医用橡皮膏缠绕包扎，但包扎时要松紧适度，必要时，可在包扎前对患部进行清洗消毒，涂上抗生素软膏。对于有脓肿的患部，应作切开排脓处理，必要时用抗生素作对症治疗。

八、积食

又称伤食或胃扩张。是由于一时采食过多，致使胃急剧膨胀的一种消化机能障碍疾病。多见于2~6月龄的幼兔和青年兔，尤以饲养管理不当兔群易发本病。

【病因与特点】主要是由于兔只贪食过多适口性好的饲料，特别是含露水的豆科饲草，难消化的玉米、小麦等精饲料，易膨胀的麸皮等副产品饲料和腐败、冰冻饲料等所致。兔舍潮湿、寒冷，运动不足等均可诱发本病。也可继发便秘。

【主要症状】通常在采食后数小时内发病。病初患兔表现不安，蹲伏一角，频繁移动位置，有痛苦感，流涎磨牙。腹部逐渐增大，触诊可明显感到胃容积胀大，叩诊呈鼓音。心跳加快，呼吸急促，眼结膜潮红。随着病程发展，精神沉郁，腹胀加剧，不爱走动，由于胃压迫膈肌，病兔表现呼吸困难，可视黏膜发绀。常伴发肠臌气和胃肠炎，如不及时治疗则可发生胃破裂或窒息死亡。

【防治方法】

（1）预防措施。加强饲养管理，注重定时定量饲喂，尤其是刚断奶的幼兔应逐渐增加喂量，切忌饥饱不均，暴饮暴食。

（2）治疗方法。一是加强饲养管理，病初可停喂1天，或停喂精料，只喂易消化的青绿饲料，严禁饲喂腐败变质、带有露水或冰冻的饲料。二是作对症治疗，治疗方法较多，可根据病情选用：①作腹部按摩，对腹部按摩以促使胃肠蠕动；②可内服食醋30~50毫升，或用液状石蜡 10~15 毫升，或用蓖麻油 10~15 毫升；③内服大黄苏打片或龙胆苏打片 1~2 片， 每天 2~3 次，连用 2~3 天。

九、胃肠臌气

该病又称鼓胀病或肚胀，多发于 2~6 月龄幼兔，是引起长毛兔急性死亡的重要原因之一。

【病因与特点】 主要是由于采食过多新鲜的紫云英、三叶草、黄豆秸等易产气发酵的豆科牧草、堆积发热青草、腐败变质或冰冻饲料，引起胃肠功能紊乱，在胃肠道内产生大量气体不能排出而发病。气温突变，兔舍潮湿，光照不足，兔笼空间过于狭小等环境因素可成本病诱因；消化不良、胃肠炎、肠阻塞等可继发本病。

【主要症状】 病兔多在采食后不久发病，望诊病兔形似腰鼓，腹围渐大，两侧肷部膨起，叩诊呈明显鼓音，触诊有弹性。病兔食欲废绝，口腔流涎，腹痛不安，呼吸困难，可视黏膜潮红、紫绀。剖检可见胃肠高度扩张，充满大量气体。

【防治方法】

(1) 预防措施。加强饲养管理，严格控制新鲜豆科牧草的饲喂量，严禁饲喂含雨水或露水的饲草和霉烂变质、冰冻饲料。加强护理，对病情稳定的病兔，可内服适量植物油，以疏通肠道和排除泡沫性气体。停喂易发酵饲料，适量饲喂优质干草。

(2) 治疗方法。可选用制酵剂和缓泻剂治疗。一般可用大蒜泥 6 克、食醋 15~30 毫升，一次内服；内服大黄苏打片 2~3 片，每天 2 次，连用 2~3 天。

对于病兔腹部特别膨大，两侧肷部膨起明显，呼吸非常困难的情况下，应立即采取穿刺胃肠放气，以降解压力，可用较长的注射用针头或套管针来穿刺胃肠排气。对这种病兔实施穿刺放气，必须要注意：针刺入胃肠就会有气体急速排出，但放气要掌握节奏，放气速度不能过快，可采用放出一点气体后，用手指堵住针孔，停歇一会后再放气，这样反复操作，直至将气体全部排出。对于胃肠臌气特别严重的病兔，如果让气体一次性急速排出，可能会造成病兔暂时性脑部失血而产生不良后果。

十、产后瘫痪

该病是以四肢或后肢麻痹，出现跛行、昏睡为特征的一种母兔产后常见病。

【病因与特点】病因有多方面，母兔产前光照不足，缺少运动，体质虚弱，兔舍阴暗潮湿，饲料日粮营养不全，尤其是钙、磷缺乏或比例不当，受惊吓，难产时助产不当，产仔胎次过密，哺乳仔兔过多，体能消耗过大等，都可能引起产后瘫痪。饲料中毒，以及患有球虫病、梅毒病、子宫炎、肾炎等，均会引起产后瘫痪。

【主要症状】母兔精神沉郁，食欲减退或食欲废绝。病兔粪便小而干，或便秘，尿量减少或无尿。乳汁分泌减少或停止泌乳，产仔后四肢或后肢突然麻痹，出现跛行，不能自主，精神委靡，昏睡，反应迟钝。有的病例会继发时子宫脱出，流血过多而死亡。

【防治方法】

(1) 预防措施。加强饲养管理，对临产和产后母兔应供给营养丰富、容易消化的饲料，防止饲料钙、磷或维生素等营养物质不足。合理光照，适当运动，保持兔舍通风干燥。

(2) 治疗方法。病情较轻者，应加强护理，可移至光照充足、清洁干燥的笼舍中饲养，轻轻按摩麻痹的肢脚，以利活血通络，促进神经功能恢复。

药物治疗可选用：①10%葡萄糖酸钙注射液 15~25 毫升，静脉注射，每天 1 次，连用 3~5 天；或用维丁胶性钙注射液 2~3 毫升，肌内注射，每天 1 次，连用 3 天。②口服维生素 B_1、维生素 B_{12}，每次各 1 片，每天 2 次，连用 3~5 天。③口服蜂蜜 10~20 毫升，每日 2 次，连用 3~5 天。④出现便秘时，可用硫酸镁 5 克，加水灌服；也可用温肥皂水灌肠。

十一、骨折

长毛兔好动，易发生四肢骨折，引起骨骼的连续性或完整性受到损害，直接影响长毛兔的采食、运动和健康。

【病因与特点】主要是兔笼底板粗糙不整，特别是兔笼底板的竹片条子间有宽大缝隙，肢体陷入后常因惊慌、挣扎而发生骨折；管理不当，未能及时关闭兔笼门，兔只从高层笼位坠落造成骨折；抓兔方法不当，兔只挣扎造成骨折。另外，运输途中剧烈跌撞也可引起骨折。软骨症时更易发生骨折。

【主要症状】长毛兔骨折多发于胫腓骨，患肢拖拽不能负重，被动运动时，骨折部有骨摩擦音、病兔疼痛、挣扎和尖叫，数小时后骨折部明显肿胀。有的骨折端可刺破皮肤，造成开放性骨折。

【防治方法】

(1) 预防措施。为防止长毛兔骨折，兔笼不可粗制滥造，特别是笼底板，应光而平整，笼底板竹片条子间间距空隙适宜。加强管理，及时关闭兔笼门，规范捕捉兔只。

(2) 治疗方法。对非开放性的骨折，应先对患部去毛，予以复位，用纱布、棉花等衬垫于骨折部，然后用新鲜的桑白皮紧贴患部缠绕，再用小竹片夹住绷带包扎固定，1 月后拆除，愈后良好。

治疗开放性骨折，发现后应及时除去异物，患部去毛，清创消毒，复位后对创伤部位覆盖无菌纱布，然后用新鲜的桑白皮紧贴患部缠绕，再用小竹片夹住绷带包扎固定，并肌内注射青霉素、链霉素等抗生素以防感染。

十二、外伤

本病多为突发病例，如刺伤、咬伤、误伤等。如不及时处理则可引起感染。

【病因与特点】各种机械性的外力作用均可造成外伤，如笼舍铁皮、铁钉等尖锐异物刺划伤，长毛兔之间的相互咬斗，或其他动物侵害，以及剪毛时的误伤，捕捉兔只方法不当、兔只挣扎等也可引起伤害。

【主要症状】外伤部位多见于耳、臀、四肢、睾丸等处。新鲜创可见出血、疼痛，如伤及四肢可发生骨折、跛行；如为化脓创，则患部局部出现红、肿、热、痛症状，伤口流脓或形成脓痂。重创者，可出现不同程度的全身症状。

【防治方法】

(1) 预防措施。加强饲养管理，消除笼舍内的尖锐物。成年公、母兔应单笼饲养，防止狗、猫进入兔舍。剪毛时要细心，不要剪破皮肤，抓兔方法要规范。

(2) 治疗方法。轻伤者，局部涂擦碘酊或涂擦康复新液即可痊愈。对新鲜创，首先是止血，除用压迫、钳夹、结扎等方法外，可局部应用止血粉止血，也可用干燥的木炭粉末止血，再涂抗生素软膏或康复新液。

① 化脓创用：0.1%高锰酸钾、3%双氧水或 0.1%新洁尔灭 等冲洗伤口，除去患部异物和坏死组织，排出脓汁，用生理盐水冲洗后，局部撒上青霉素等抗菌素粉末，或局部涂擦抗生素软膏。

② 肉芽创：用生理盐水清洗创面后，涂抹大黄软膏，3%龙胆紫等，以促进肉芽及上皮组织生长。如出现肉芽赘生时，可切除赘生物或用硫酸铜腐蚀。

③ 骨折：具体介绍可参见骨折病相关内容。

十三、维生素 A 缺乏症

维生素 A 缺乏症是由于维生素 A 或胡萝卜素长期摄取不足或消化吸收障碍所引起的一种营养代谢病。

【病因与特点】发病原因主要是饲料日粮中青绿饲料缺乏，胡萝卜素或维生素 A 添加不足；饲料原料收贮和加工方法不当，如饲料原料存放过久而变质，可使其中的维生素 A 前体化合物（胡萝卜素或维生素 A 原）遭到破坏；母兔乳汁中维生素 A 含量过低，无法满足哺乳期仔兔对维生素 A 的需要；慢性消化道疾病，可使胡萝卜素转化为维生素 A 的过程受阻和对维生素 A 的吸收障碍；肝功能障碍也影响维生素 A 的储存。

【主要症状】长毛兔发病后黏膜上皮细胞萎缩，出现不同程度的炎症；有的出现咳嗽、腹泻等症状，病兔生长发育缓慢；神经功能紊乱，听觉迟钝，视力减弱，角膜浑浊而干燥，眼周围有结痂样眼眵，眼结膜边缘有色觉着沉着，甚至失明；走路不稳或转圈，甚至四肢麻痹，出现惊厥；当母兔维生素 A 缺乏时，可造成繁殖率下降，不易受胎，受胎者易早产、死产或生产畸形仔兔等。

【防治方法】

(1) 预防措施。保证饲料日粮中有足够的胡萝卜素或维生素 A，尤其是妊娠、泌乳母兔更为需要，日粮中的添加量应考虑制粒过程中的破坏因素。经常喂给青绿多汁饲料。谷类饲料原料不宜贮存过久，颗粒饲料要及时喂用，不要长期存放，及时治疗消化道疾病和肝脏疾病。

(2) 治疗方法。治疗可选用维生素 A 和富含维生素 A 的鱼肝油。可口服维生素 AD 滴剂，每次 0.2~0.5 毫升，每天 1 次，连用数天；口服鱼肝油，每次 0.5~1 毫升，每天 1 次，连用数天；肌内注射维生素 A 制剂，每次 1~2 万单位，每天 1 次，连用 5 天。

十四、维生素 E 缺乏症

维生素 E 又称生育酚，其不仅影响产生繁殖，而且也影响机体的新陈代谢、调节腺体功能和心肌等肌肉的活动。维生素 E，也可导致营养性肌肉萎缩。

【病因与特点】饲料日粮中维生素 E 含量不足；饲料中不饱和脂肪酸含量过高时，对维生素 E 的需要量也相对增加，长期饲喂不饱和脂肪酸含量高的日粮，易引起维生素 E 缺乏。

患肝脏疾病时（如肝球虫病），由于维生素 E 储存减少，而利用和破坏增加，从而导致发病。

【主要症状】维生素 E 缺乏的病兔，表现强直，进行性肌肉无力，不喜运动，喜卧地，全身紧张性降低。肌肉萎缩并引起运动障碍，步态不稳，平衡失调。食欲减退至废绝，体重逐渐减轻。最终导致骨骼肌和心肌变性，全身衰竭，排粪、排尿失禁，直至死亡。幼兔表现生长发育停滞。母兔缺乏维生素 E 时，受胎率降低，发生流产或死胎；公兔缺乏维生素 E 时，睾丸损伤，精子产生障碍。剖检可见骨骼肌、心肌、咬肌、膈肌萎缩，外观极度苍白，呈透明样变性。横纹消失，肌纤维碎裂。

【防治措施】

(1) 预防措施。给兔群多喂青绿多汁饲料，增加大麦芽、苜蓿等富含维生素 E 饲料的供给，配方设计时，要考虑维生素 E 的添加量；少喂含不饱和脂肪酸的饲料；及时治疗兔肝脏疾病，如兔肝球虫病等。

(2) 治疗方法。发生维生素 E 缺乏症时，可在日粮中添加维生素E，每日每千克体重 0.32~1.4 毫克。或肌肉注射维生素 E 制剂，每次 1000 单位，每天 2 次，连用 2~3 天。

十五、毛球病

该病又称毛团病，是长毛兔误食大量兔毛纤维，在胃肠道内形成毛团，阻塞了幽门或肠管引起的消化功能障碍症。一般多发于早春季节。

【病因与特点】主要是因为饲料营养不全，如缺乏钙、磷、钠、铁等元素或某些氨基酸、维生素等，引起食欲减退，导致异食癖；或因脱落在料盆、水盆中和垫料中的兔毛，未能及时清理，被长毛兔误食，或混入饲料中的兔毛被兔误食；某些外寄生虫病，如疥螨、兔虱的刺激而搔痒，使兔子啃咬自身患部，误食兔毛，也可成为本病诱因。

【主要症状】粪球内有明显的兔毛，或可见到串珠状干结粪球。病兔精神不振，食欲减退，如果形成毛球，结球过大时可引起胃肠堵塞，表现疼痛不安。发病严重时，触诊腹部可摸到硬质块状物体，极易导致便秘或胃肠臌胀。剖检病兔，可见胃肠容积增大，胃肠道内有毛球。

【防治措施】

(1) 预防措施。及时清理笼舍内的残留兔毛，科学配合饲料日粮，保证饲料营养全面，防止引起异食癖。

(2) 治疗方法。加强护理，对病情稳定的患兔，可喂给适量易消化饲料，作腹部按摩，以促使胃肠蠕动，利于毛球排出。治疗原则是促进毛球软化，松弛幽门，兴奋胃肠，促进毛球排出。一般可用植物油，每次 20~30 毫升，或用蓖麻油，每次 10~15 毫升灌服。毛球排出后可用健胃药治疗，喂给橘子叶或大黄苏打片。

十六、霉菌毒素中毒

霉菌毒素中毒是指长毛兔食入发霉饲料产生的毒素而引起的中毒性疾病，长毛兔对霉菌毒素极为敏感，对长毛兔生产影响较大。

【病因与特点】常见的毒素有黄曲霉毒素、赤霉毒素等。

长毛兔采食了发霉变质饲料、饲草，即可引起中毒。目前已知的霉菌毒素已有数百种，最常见的有黄曲霉素、赤霉菌素、白霉菌素、棕霉菌素等。自然环境中，许多霉菌寄生于含淀粉的粮食、糠麸和青、粗饲料中，如果温度（28℃左右）和湿度（80%~100%）适宜，就会大量生长繁殖，产生毒素，长毛兔采食即可引起中毒。霉菌中毒病例，一般很难确定为何种霉菌毒素中毒，常呈急性发作，为多种毒素共同作用的结果。

【主要症状】中毒病兔多表现为精神沉郁，食欲减退或食欲废绝，先便秘后腹泻，腹泻、粪便恶臭，混有黏液或血液。流涎、口唇皮肤发绀。病兔精神沉郁，体温升高，呼吸急促，运动受阻，出现神经症状，全身麻痹，瘫痪或倒地不起，最后衰竭死亡。母兔普遍不孕，妊娠母兔流产或产出死胎。慢性者精神萎靡，不食，腹围膨大。剖检可见肝脏明显肿大，肝实质变性、质脆；胸膜、腹膜、肾、心肌及胃肠道出血，肠黏膜脱落，肺充血、出血。该病的特点是有饲喂霉变饲料史，具有群发性，如母兔受胎率较低，流产、死胎窝数增加，腹泻，触诊大肠内有硬结，饲料检测有霉菌或毒素。

【防治方法】

(1) 预防措施。禁喂霉变饲料是预防本病的根本措施。所以应加强饲养管理，在收集、运输、加工、储存饲料的各个环节上都应引起高度重视。注重贮存保管工作，防止用于饲料日粮的各种原料霉变。

为了防止饲料原料有霉变情况存在，在加工饲料日粮时，可添加防霉剂（脱霉剂）。如丙酸钠，丙酸钙等对霉菌有一定的抑制作用，近年刚进入中国市场的麦特霉胶素，每吨饲料添加 0.5~1.0 千克，效果良好。

(2) 治疗方法。目前，尚无本病的特效解毒方法。当疑为霉菌毒素中毒时，首先要停喂发霉饲料饲草，一天后改喂优质饲料和清洁的饮用水。

急性中毒时，可用 10%葡萄糖注射液 30 毫升，加维生素 C 2 毫升，静脉注射，每日 1 次；内服 5%硫酸镁溶液 15 毫升，大蒜泥 2 克，有一定疗效。

十七、有毒植物引起的中毒

食用植物中毒，是指长毛兔误食了某些有毒植物，引起具有中毒表征的一类疾病。

【病因与特点】长毛兔的青绿饲料，除农作物外，还广泛来源于野外自然生长的植物，在自然环境中生长的一些植物种类，对长毛兔具有毒害作用，而在采集青绿饲料过程中一旦混入了这些有毒植物，就很可能被长毛兔误食，特别是长毛兔处于饥饿状态或长期没有饲喂青绿饲料时，更易误食，从而引起长毛兔中毒。

常见的有毒植物种类，主要有秋水仙、草木樨属、千里光属、毛地黄属等；常见的有毒植物，主要有毒芹、夹竹桃、蓖麻、苍耳、毛茛、乌头、狼毒、菖蒲、龙葵、曼陀罗等；能引起长毛兔中毒的植物化学成分主要有生物碱、苷类（氰苷、硫氰苷、强心苷和皂苷等）、植物蛋白、草酸、鞣质和挥发油等。

【主要症状】由于有毒植物种类繁多，其所表现的中毒症状也多种多样。根据中毒程度，一般表现为低头、流涎，俗称“低头病”，全身肌肉表现出不同程度的松软或麻痹，呼吸缓慢，体温下降，排出柏油状粪便等。

误食毒芹引起的中毒，表现为腹部膨大，痉挛（先由头部开始，逐渐波及全身），脉搏增速，呼吸困难；曼陀罗中毒，初期表现兴奋，后期变为衰弱、痉挛和麻痹；三叶草中毒，主要是引起母兔的生殖功能障碍；毛茛中毒表现为流涎、呼吸缓慢、血尿和腹泻。夹竹桃中毒可引起心律失常和出血性胃肠炎等。植物中毒，常可引起中毒死亡。

【防治方法】

(1) 预防措施。一是要调查了解当地有毒植物种类，以引起注意；二是饲养人员要学会识别毒草，提高饲养管理人员识别有毒植物的能力，以防止误采有毒植物混入长毛兔的青绿饲料中；三是为防止误采有毒植物，凡不认识或怀疑有毒的野草等植物一律清除，严禁进场和饲喂。

(2) 治疗方法。发现有毒植物中毒时，必须立即停喂可疑饲料。对发病长毛兔可内服1%鞣酸溶液或活性炭，并给予盐类泻剂，以清除胃肠道毒物。

对症治疗，可根据病兔的症状表现采用补液、强心、镇痉等措施。

十八、食盐中毒

食盐的主要化学成分为氯化钠，氯化钠在食盐中的含量为99%。饲料中添加适量食盐不但能改善适口性，有助于增进食欲，帮助消化，而且钠离子和氯离子是维持细胞外液渗透压和容量的重要部分，能调节细胞内外水分平衡；正常浓度的钠是维持组织细胞兴奋性、神经肌肉应激性等生理功能的必要保证。当机体缺钠或大量失钠时，可引起肌肉痉挛、虚弱无力、精神倦怠；氯离子在体内参与胃酸的生成；所以食盐是长毛兔机体正常生理活动必不可少的物质，但若添加过量，则可引起中毒，甚至死亡。

【病因与特点】饲料中添加食盐过量或长期超量使用含盐量高的鱼粉，有些地区采用咸水为长毛兔的饮用水，均可引起食盐中毒，甚至死亡。一般以神经症状和消化机能紊乱为主要特征。

【主要症状】病兔病初食欲减退，精神沉郁，结膜潮红，饮欲增加，呕吐，腹泻，有的粪便中混有血液。继而出现兴奋不安，肌肉痉挛，头部震颤，头单侧性转向，步态不稳。严重者角弓反张，呼吸困难，卧地不起，衰竭死亡。剖检可见胃肠道黏膜充血，肺、肾、脑血管扩张，心肌、肾脏、肠黏膜有出血点。

【防治方法】

(1) 预防措施。控制日粮中的食盐含量，以控制在0.5%左右为宜，当使用鱼粉时，应将鱼粉中的食盐量计算在内，平时应供给充足饮水，保管好饲料用盐。

(2) 治疗方法。一旦发现食盐中毒，应立即停喂含盐饲料，内服油类泻剂5~10毫升，促进消化道内毒物排除。另外，也可用黄豆制成豆浆灌服。

药物治疗：为恢复电解质平衡，可静脉注射5%葡萄糖酸钙溶液或10%氯化钙溶液；为缓和脑水肿，降低颅内压，可静脉注射25%山梨醇溶液或高渗葡萄糖溶液；为缓解兴奋和肌肉痉挛，可应用硫酸镁、溴化钾等镇静剂。

十九、农药中毒

目前应用较广的农药主要有杀虫、杀菌和除草等化学制品，农药中毒是长毛兔采食被农药污染的饲料后，所引起的一系列毒性反应的疾病。

【病因与特点】病兔采食被农药污染的饲料、饲草或饮水即可引起中毒。氯丹、毒杀芬等有机氯农药使用后，消失缓慢，容易在饲料、饲草中残留，有机氯农药对长毛兔的毒性，主要表现在侵犯神经及实质性脏器，大剂量时可引起中枢神经及肝、肾等实质器官的严重损害；敌百虫、敌敌畏、乐果等有机磷农药主要抑制乙酰胆碱酯酶的活性，使乙酰胆碱积聚，引起神经传导功能的紊乱。

【主要症状】有机氯农药中毒时，病兔表现为多种形式的兴奋症状，如肌肉震颤，阵发性痉挛，共济失调，流涎，剖检可见肝明显损伤，粪尿等病料有机氯检验呈阳性；有机磷农药中毒，病兔表现精神沉郁，反应迟钝，食欲废绝，流涎吐沫，瞳孔缩小，呼吸急促，心跳加快，肌肉震颤，间或兴奋不安，最后衰竭死亡。剖检可见肺充血、水肿，胃肠黏膜肿胀，间或有出血斑块，心、肝、肾、脾有点状出血，气管和支气管内有多量分泌物。

【防治方法】

(1) 预防措施。加强饲料和饮水管理，严禁使用短期内喷洒过农药的青绿饲料喂兔，用敌百虫等农药驱虫时，应严格按照说明书使用，避免直接在兔舍内使用农药杀灭蚊蝇。

(2) 治疗方法。护理发现病兔应单独隔离饲养，及时查明原因，立即停喂被农药污染的饲草、饲料或饮水。同时可采取催吐和导泻的方法，以减少农药吸收。

发病初期可静脉注射5%葡萄糖盐水40~50毫升，以促 进毒物排出，保护肝肾和缓解中毒过程。有机氯农药中毒时，可应用适量苯巴比妥及25%硫酸镁溶液肌内注射治疗；有机磷农药中毒时，可肌内注射硫酸阿托品0.5~1毫升治疗，硫酸阿托品治疗有机磷农药中毒，其用药量与中毒程度有关，要求达到中毒症状明显好转和轻度阿托品化；也可用解磷定静脉注射治疗。另外，为维护心脏功能，防止心力衰竭，可用西地兰0.1毫克，溶于5%葡萄糖盐水，静脉注射。

二十、灭鼠药中毒

灭鼠药种类繁多，目前我国使用的灭鼠药有20多种。根据毒性作用速度，可将灭鼠药分为两类：一类是速效药，主要包括磷化锌、毒鼠磷、甘氟等；另一类是缓效药，主要有杀鼠灵、敌鼠钠盐、氯鼠酮等。一旦长毛兔误食，就会引起中毒。

【病因与特点】灭鼠药中毒，是由于长毛兔误食灭鼠毒饵或被灭鼠药污染的饲料、饲草所引起，主要有以下几种情况：一是灭鼠药管理不严，污染的饲料、饲草或饲养环境；二是在兔舍或饲料间投放灭鼠毒饵时，管理松懈，防范长毛兔接触和防止污染饲料日粮的措施不力；三是长毛兔的饲喂器具被灭鼠药污染；四是兔场内清理出来的灭鼠毒饵未作有效而规范地处理，污染饲草或水源。

【主要症状】不同种类的灭鼠药中毒，其临床表现也不相同。

(1) 磷化锌中毒。病兔拒食、作呕或呕吐、呕吐物有大蒜臭味、腹痛、腹泻，粪便带血，呼吸困难，意识障碍，抽搐，甚至昏迷死亡。胃内容物在暗处可见有磷光。

(2) 毒鼠磷中毒时。主要表现出为全身出汗，心跳加快，呼吸急促，流涎，腹泻，抽搐，痉挛，瞳孔缩小，甚至昏迷死亡。

(3) 杀鼠灵中毒。病兔多表现为跛行，关节肿大，拒食，呕吐，继而表现鼻、齿龈出血，血便，血尿，皮肤紫癜。重症者休克。剖检时全身肌肉点状出血。

(4) 安妥中毒。病兔表现为腹痛、腹泻，时有鸣叫，流泡沫状鼻液，心跳加快，呼吸困难。

【防治方法】

(1) 预防措施。加强灭鼠药的管理与使用，防止饲料和饮水被污染，严禁在施放过灭鼠毒饵的地方割草喂兔，规范处理兔场内清理出来的灭鼠毒饵，以防污染饲草或水源。

(2) 治疗方法。根据病情可适当采取补液、强心、镇静等措施。中毒初期，可用温水、0.1%高锰酸钾溶液反复洗胃；如毒物已进入肠道，则可内服盐类泻剂，以促使毒物排出。

药物治疗：磷化锌中毒，可用解磷定，肌内或静脉注射，剂量为每千克体重 30 毫克；杀鼠灵中毒，可用维生素 K，肌内注射，每千克体重 0.1~0.5 毫克，每天 2 次，连用 3~5 天；毒鼠磷中毒时，可皮下或肌内注射硫酸阿托品注射液 0.5~1 毫升治疗，也可选用解磷定、氯解磷定治疗；敌鼠钠盐中毒，用维生素 K 治疗，每千克体重 0.1~0.5 毫克，每天 2 次，连用 3~5 天，具有特效；另外，各类中毒均应配合补液、强心、保肝、利尿、镇静等对症治疗，同时配合应用维生素制剂，可获得良好疗效。

主要参考文献

鲍国连，韦强，佟承刚，等. 2005. 兔病鉴别诊断与防治［M］. 北京：金盾出版社.

何世山，马美蓉. 2009. 家兔生产实用技术［M］.北京：中国农业科学技术出版社.

何世山，杨军香，邓良伟，等. 2016. 畜禽粪便资源化利用技术——达标排放模式［M］.北京：中国农业科学技术出版社.

李登忠，杨军香，李保明，等. 2016. 畜禽粪便资源化利用技术——种养结合模式［M］.北京：中国农业科学技术出版社.

梁樟标. 2006. 长毛兔之乡［M］. 新昌县档案局（馆），新昌县档案学会印.

刘建新，王恬，张宏福. 2002. 饲料营养研究进展［J］.南京：畜牧与兽医杂志.

陶岳荣. 2013. 长毛兔高效益饲养技术［M］.北京：金盾出版社.

规模兔场模拟布局效果图

长毛兔养殖场

兔舍内景

技术培训

高产长毛兔幼兔

高产长毛兔幼兔

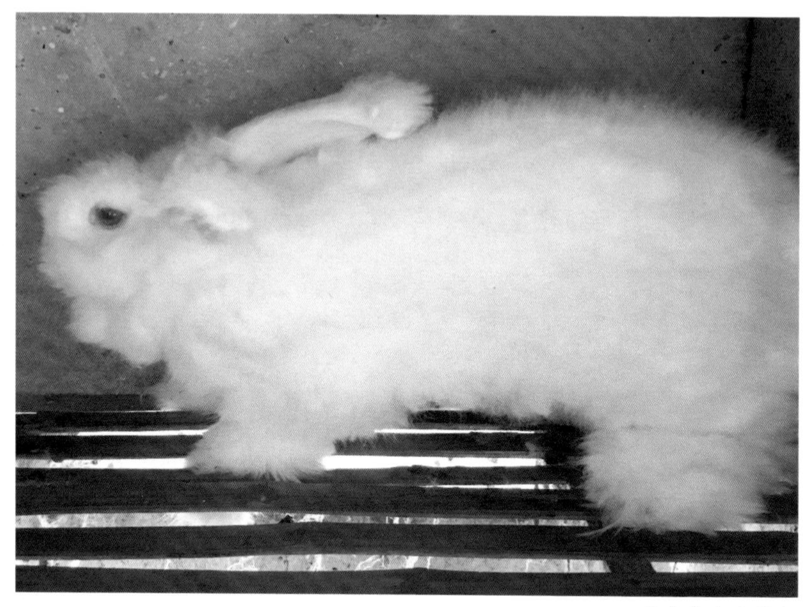

高产长毛兔幼兔

高产长毛兔

高产长毛兔

高产长毛兔

剪兔毛

剪兔毛

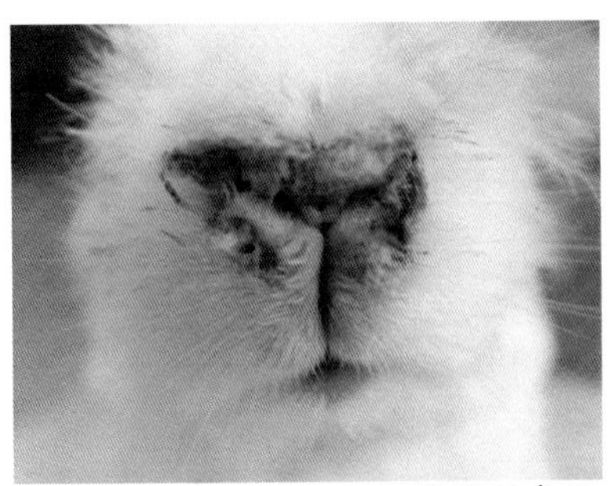

传染性鼻炎

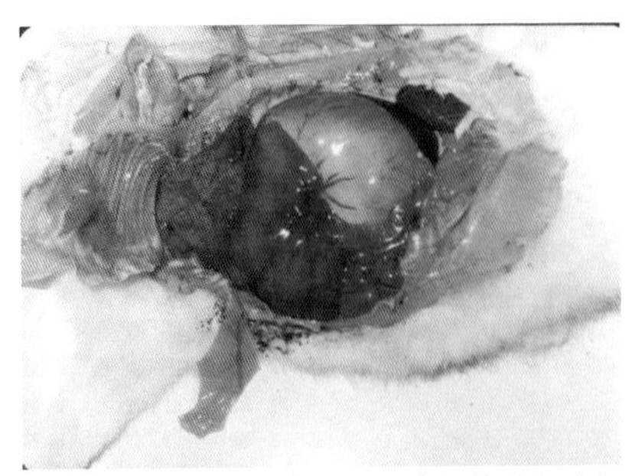

兔瘟病：肺出血水肿，肝、脾、肾淤血肿大

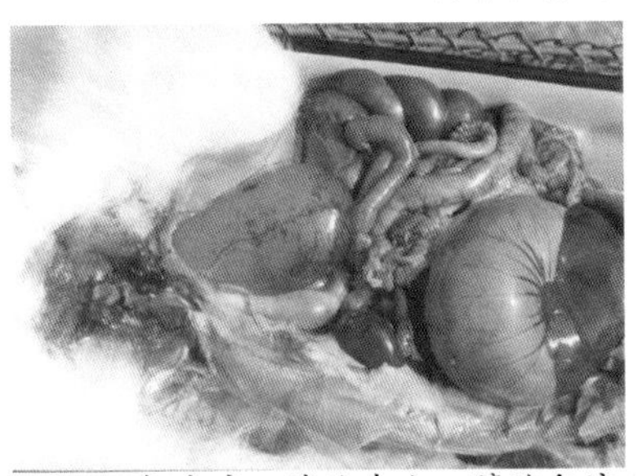

兔瘟病：膀胱出血，膀胱积液

兔瘟病：气管黏膜呈弥漫性充血、出血

兔瘟病：死后呈角弓反张，天然孔出血

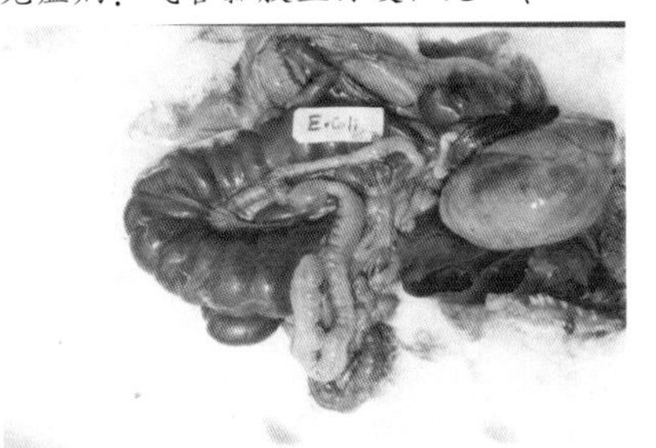

大肠杆菌病：肠出血臌气

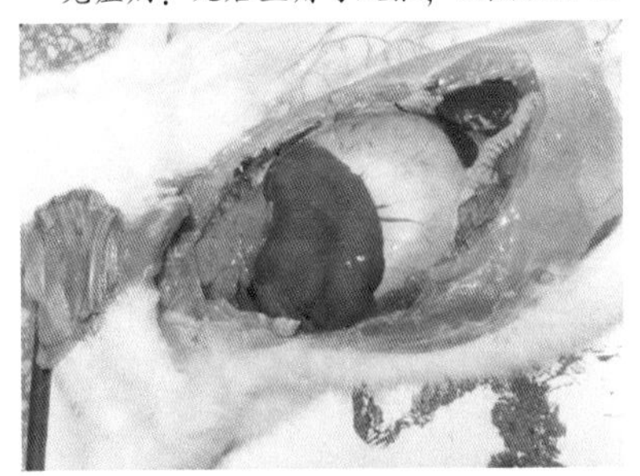

兔瘟病：肺出血水肿，肝、脾、肾淤血肿大

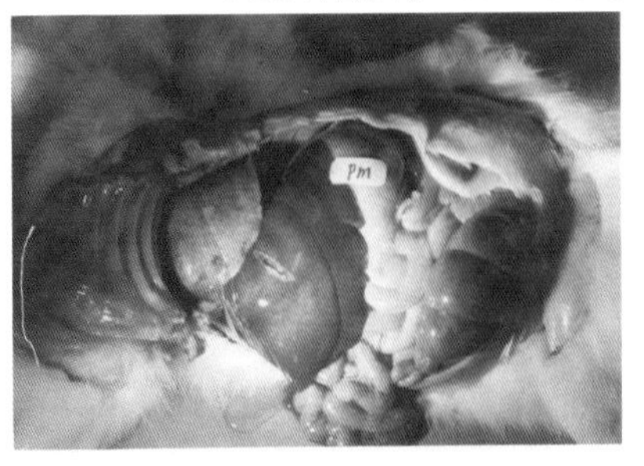

巴氏杆菌病：肺出血，肝脏有散在性坏死灶，胸腹腔有淡黄色渗出液

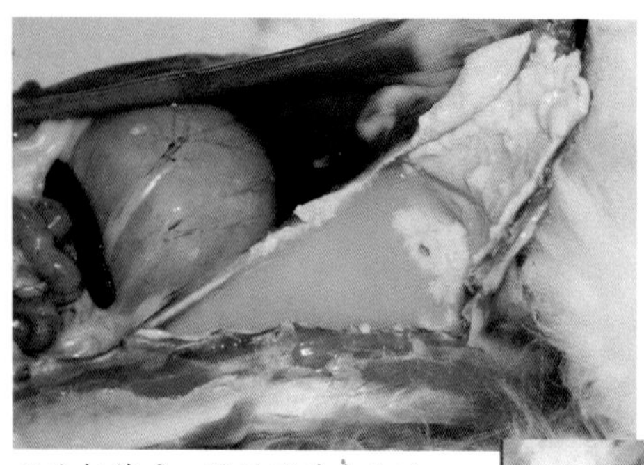

巴氏杆菌病：胸腔淡黄色积液

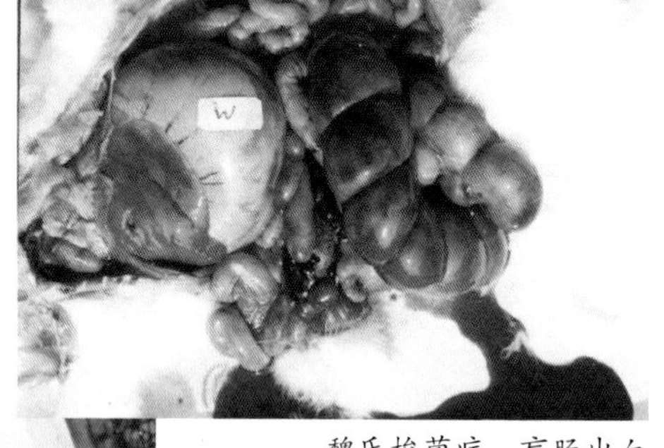

魏氏梭菌病：盲肠出血

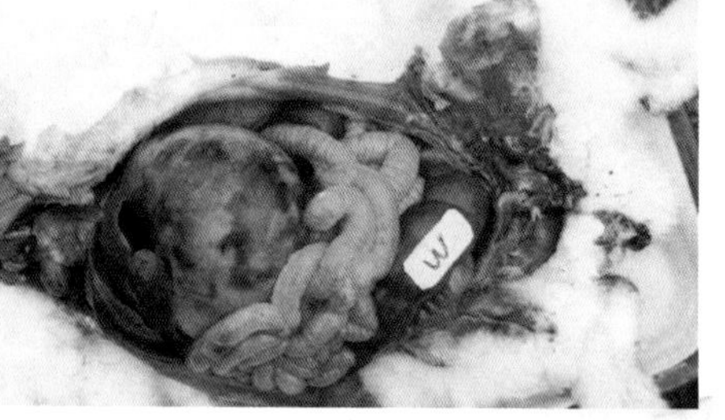

魏氏梭菌病：胃出血溃疡臌气，肠臌气

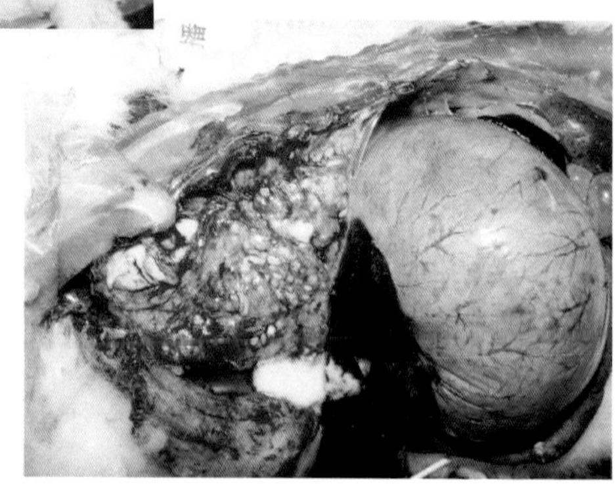

波氏杆菌病：肺部化脓灶，与胸膜粘连

长毛兔种兔交易

长毛兔青饲料：大豆茎叶

长毛兔青饲料：串叶松香草

长毛兔青饲料：蕃薯叶

长毛兔青饲料：黑麦草

长毛兔青饲料：墨西哥玉米

长毛兔青饲料：杂交狼尾草